高等职业教育"十三五"规划教材
中国高等职业技术教育研究会推荐
高等职业教育精品课程

机械制造技术基础

李东和　主编

国防工业出版社
·北京·

内 容 简 介

本书是为适应新世纪高职高专教学改革的需要,将"金属切削原理""金属工艺学""机械制造工艺学""金属切削机床""机床夹具设计"等几门专业课程中的核心教学内容整合在一起,本着加强工程素质教育和培养技术应用能力的目的,突出当前高职高专教育的特点,汲取了国内同类教材的精华进行综合编写而成的机械制造类基础教材。本书内容涵盖机械工程材料、金属材料的成型、金属切削原理、金属切削加工、机械加工过程及工艺规程制定、机床夹具、典型零件加工工艺、装配工艺、现代制造新工艺9个知识模块。每个知识模块后附有学习目标、重点难点、知识拓展、小结及思考与练习,便于广大读者更好地掌握所学的知识和技能。

本书内容全面、语言简洁、图示丰富,密切结合生产实际,可作为高职高专机械类和近机类相关专业的基础教材,亦可作为成人教育学院机械类、高等教育自学考试相关专业的教学用书,以及有关工程技术人员的参考用书。

图书在版编目(CIP)数据

机械制造技术基础/李东和主编. —北京:国防工业出版社,2016.3
高等职业教育"十三五"规划教材
ISBN 978-7-118-10804-0

Ⅰ.①机… Ⅱ.①李… Ⅲ.①机械制造工艺—高等职业教育—教材 Ⅳ.①TH16

中国版本图书馆 CIP 数据核字(2016)第 029968 号

※

国防工业出版社出版发行
(北京市海淀区紫竹院南路23号 邮政编码100048)
三河市鼎鑫印务有限公司印刷
新华书店经售

*

开本 787×1092 1/16 印张 17¾ 字数 400 千字
2016年3月第1版第1次印刷 印数 1—4000 册 定价 43.00 元

(本书如有印装错误,我社负责调换)

国防书店:(010)88540777 发行邮购:(010)88540776
发行传真:(010)88540755 发行业务:(010)88540717

高等职业教育制造类专业"十三五"规划教材编审专家委员会名单

主任委员　方　新(北京联合大学教授)
　　　　　　刘跃南(深圳职业技术学院教授)

委　　员　(按姓氏笔画排列)
　　　　　　白冰如(西安航空职业技术学院副教授)
　　　　　　刘克旺(青岛职业技术学院教授)
　　　　　　刘建超(成都航空职业技术学院教授)
　　　　　　米国际(西安航空技术高等专科学校副教授)
　　　　　　孙　红(辽宁省交通高等专科学校教授)
　　　　　　李景仲(江苏财经职业技术学院教授)
　　　　　　段文洁(陕西工业职业技术学院副教授)
　　　　　　徐时彬(四川工商职业技术学院副教授)
　　　　　　郭紫贵(张家界航空工业职业技术学院副教授)
　　　　　　黄　海(深圳职业技术学院副教授)
　　　　　　蒋敦斌(天津职业大学教授)
　　　　　　韩玉勇(枣庄科技职业学院副教授)
　　　　　　颜培钦(广东交通职业技术学院教授)

总 策 划　江洪湖

《机械制造技术基础》
编委会

主　编　李东和

副主编　丁　韧　高洪波

编　委　王雁彬　石亮婷　张红岩　李滨慧　赵宏立

　　　　马　刚　王　梅　杨建军　徐　慧　刘振昌

　　　　付　强　高　杉

主　审　孙　红　魏祥武

总　序

在我国高等教育从精英教育走向大众化教育的过程中,作为高等教育重要组成部分的高等职业教育快速发展,已进入提高质量的时期。在高等职业教育的发展过程中,各院校在专业设置、实训基地建设、双师型师资的培养、专业培养方案的制定等方面不断进行教学改革。高等职业教育的人才培养还有一个重点就是课程建设,包括课程体系的科学合理设置、理论课程与实践课程的开发、课件的编制、教材的编写等。这些工作需要每一位高职教师付出大量的心血,高职教材就是这些心血的结晶。

高等职业教育制造类专业赶上了我国现代制造业崛起的时代,中国的制造业要从制造大国走向制造强国,需要一大批高素质的、工作在生产一线的技能型人才,这就要求我们高等职业教育制造类专业的教师们担负起这个重任。

高等职业教育制造类专业的教材一要反映制造业的最新技术,因为高职学生毕业后马上要去现代制造业企业的生产一线顶岗,我国现代制造业企业使用的技术更新很快;二要反映某项技术的方方面面,使高职学生能对该项技术有全面的了解;三要深入某项需要高职学生具体掌握的技术,便于教师组织教学时切实使学生掌握该项技术或技能;四要适合高职学生的学习特点,便于教师组织教学时因材施教。要编写出高质量的高职教材,还需要我们高职教师的艰苦工作。

国防工业出版社组织一批具有丰富教学经验的高职教师所编写的机械设计制造类专业、自动化类专业、机电设备类专业、汽车类专业的教材反映了这些专业的教学成果,相信这些专业的成功经验又必将随着本系列教材这个载体进一步推动其他院校的教学改革。

方新

前　言

本书是新世纪高职高专教学改革研究课题成果系列教材之一，适用于机电、数控、模具、汽车、工程机械等机械类和近机类专业，整合了"金属切削原理""金属工艺学""机械制造工艺学""金属切削机床""机床夹具设计"等几门专业课程中的核心教学内容，打破原有学科体系，本着加强工程素质教育和培养技术应用能力的目的，以机械制造技术的基本原理为主线，根据教育部"新世纪高职高专教育机械制造基础课程教学内容体系改革、建设的研究与实践"课题改革方案的要求，突出当前高职高专教育的特点，认真总结和充分吸收各院校近几年来的教改成果和成功经验，汲取了国内同类教材的精华编写而成。

本书主要特点如下：

（1）以适应新世纪高职高专教学改革的需要，吸收近年来高等教育教学改革经验，将工程材料、金属切削原理、金属工艺学、机械制造工艺学、金属切削机床、机床夹具设计等内容进行优化整合，在叙述上力求通俗易懂，深入浅出，对于各种基本原理的阐述简明扼要。

（2）根据企业生产一线对技能型高等技术人才在机械制造技术方面的技能要求，结合机械制造技术的发展趋势，以培养技能型人才为目标，贯彻高职高专教育基础理论"以应用为目的"，以"必须、够用为度"的原则，精选内容，突出实用性，体现高职高专教育的特色。

（3）为了便于教师教学和学生自学，每个课题前有学习目标、重点难点内容的提示，课后的知识拓展、小结及思考与练习便于广大读者更好地掌握所学的知识和技能，以深化教学内容，注重联系工程实际，加强应用理论知识解决实际问题能力的训练。

（4）采用国际单位制，尽量采用已正式颁布的最新国家标准和有关的技术规范、数据及资料。

全书共分9个知识模块，主要内容有机械工程材料、金属材料的成型、金属切削原理、金属切削加工、机械加工过程及工艺规程制定、机床夹具、典型零件加工工艺、装配工艺、现代制造新工艺，各位教师在教学过程中可以根据专业的需要以及教学的学时数加以取舍。本书建议学时数为70学时～90学时。

本书由李东和任主编，丁韧、高洪波任副主编，孙红、魏祥武主审。参加本书编写的还有石亮婷、王雁彬、李滨慧、赵宏立、马刚、张红岩、王梅、杨建军、徐慧、刘振昌、付强、高杉。

本书在编写过程中得到了辽宁省交通高等专科学校、铜川职业技术学院、甘肃畜牧工程职业技术学院领导和教师的大力支持,得到了国防工业出版社编辑们的悉心指导,同时书中引用的所有参考文献已列于书后,编者对所有支持者、出版社、相关作者一并表示衷心感谢!

由于编者水平所限,书中难免有不足之处,恳请读者提出宝贵意见。

编 者

目 录

知识模块 1　机械工程材料 ······ 1
课题 1　金属材料的性能 ······ 1
【学习目标】 ······ 1
【重点难点】 ······ 1
1.1.1　工程材料的种类 ······ 1
1.1.2　金属材料的力学性能 ······ 2
课题 2　金属与合金的结构及铁碳合金相图 ······ 10
【学习目标】 ······ 10
【重点难点】 ······ 10
1.2.1　纯金属的晶体结构及其结晶 ······ 10
1.2.2　合金的晶体结构 ······ 13
1.2.3　铁碳合金相图 ······ 15
课题 3　钢的热处理 ······ 19
【学习目标】 ······ 19
【重点难点】 ······ 19
1.3.1　热处理的定义及组织转变 ······ 19
1.3.2　热处理的常用方法 ······ 20
课题 4　常用金属材料 ······ 22
【学习目标】 ······ 22
【重点难点】 ······ 22
1.4.1　黑色金属材料 ······ 22
1.4.2　有色金属材料及粉末冶金材料 ······ 26
【小结】 ······ 28
【知识拓展】 ······ 28
思考与练习 ······ 28

知识模块 2　金属材料的成型 ······ 30
课题 1　铸造 ······ 30
【学习目标】 ······ 30
【重点难点】 ······ 30
2.1.1　铸造的工艺基础 ······ 30
2.1.2　砂型铸造 ······ 31
2.1.3　特种铸造 ······ 35

IX

课题2 锻压加工 ·· 38
    【学习目标】 ··· 38
    【重点难点】 ··· 38
      2.2.1 锻压的工艺基础 ··· 38
      2.2.2 自由锻造 ·· 40
      2.2.3 模锻 ·· 41
      2.2.4 板料冲压 ·· 42
      2.2.5 其他锻压方法简介 ··· 44
  课题3 焊接生产 ·· 44
    【学习目标】 ··· 44
    【重点难点】 ··· 44
      2.3.1 焊接的工艺基础 ··· 44
      2.3.2 焊条电弧焊 ··· 45
      2.3.3 气焊与气割 ··· 48
  【小结】 ··· 50
  【知识拓展】 ··· 51
  思考与练习 ·· 51

知识模块3 金属切削原理 ·· 52
  课题1 基本定义 ·· 52
    【学习目标】 ··· 52
    【重点难点】 ··· 52
      3.1.1 切削运动 ·· 52
      3.1.2 切削要素 ·· 53
      3.1.3 金属切削刀具 ·· 55
  课题2 金属切削过程及基本规律 ·· 61
    【学习目标】 ··· 61
    【重点难点】 ··· 61
      3.2.1 金属切削的变形过程 ··· 61
      3.2.2 加工硬化、残余应力、鳞刺和积屑瘤 ···································· 64
      3.2.3 切削力 ··· 66
      3.2.4 切削热、切削温度与切削液 ·· 66
  课题3 刀具磨损与刀具耐用度 ··· 69
    【学习目标】 ··· 69
    【重点难点】 ··· 69
      3.3.1 刀具的磨损 ··· 69
      3.3.2 刀具的耐用度 ·· 72
  课题4 工件材料的切削加工性 ··· 72
    【学习目标】 ··· 72
    【重点难点】 ··· 73

  3.4.1　切削加工性的评定依据 ·· 73
  3.4.2　影响切削加工性的主要因素 ···································· 74
  3.4.3　改善材料切削加工性的途径 ···································· 74
 课题5　金属切削条件的合理选择 ··· 75
 【学习目标】·· 75
 【重点难点】·· 75
  3.5.1　合理选用刀具角度 ··· 75
  3.5.2　切削用量的合理选择 ··· 77
 【小结】·· 80
 【知识拓展】·· 80
 思考与练习 ·· 81

知识模块4　金属切削加工 ··· 82
 课题1　金属切削机床的基本知识 ··· 82
 【学习目标】·· 82
 【重点难点】·· 82
  4.1.1　机床的分类和编号 ··· 82
  4.1.2　机床的传动原理与运动分析 ···································· 84
 课题2　车削加工及车床 ·· 88
 【学习目标】·· 88
 【重点难点】·· 88
  4.2.1　车床 ·· 88
  4.2.2　车削加工 ·· 94
  4.2.3　加工实例 ·· 98
 课题3　铣削加工及铣床 ·· 100
 【学习目标】·· 100
 【重点难点】·· 100
  4.3.1　铣床与铣刀 ·· 100
  4.3.2　铣削加工 ·· 103
  4.3.3　平面铣削加工实例 ··· 105
 课题4　磨削加工及磨床 ·· 107
 【学习目标】·· 107
 【重点难点】·· 107
  4.4.1　磨床 ·· 107
  4.4.2　磨削加工 ·· 110
  4.4.3　加工实例 ·· 113
 课题5　钻、镗加工及钻、镗机床 ··· 114
 【学习目标】·· 114
 【重点难点】·· 115
  4.5.1　钻削加工 ·· 115

  4.5.2 镗削加工 ············· 118
  4.5.3 加工实例 ············· 120
 课题 6 齿轮加工 ············· 121
  【学习目标】 ············· 121
  【重点难点】 ············· 121
  4.6.1 齿轮加工机床 ············· 122
  4.6.2 齿轮加工 ············· 123
  4.6.3 齿轮加工实例 ············· 125
 课题 7 其他切削加工方法 ············· 127
  【学习目标】 ············· 127
  【重点难点】 ············· 127
  4.7.1 刨削加工 ············· 127
  4.7.2 插削加工 ············· 128
  4.7.3 拉削加工 ············· 128
  4.7.4 平面刨削加工实例 ············· 130
 课题 8 工程实训 ············· 132
 【小结】 ············· 133
 【知识拓展】 ············· 134
 思考与练习 ············· 134

知识模块 5 机械加工过程及工艺规程制定 ············· 135
 课题 1 基本概念 ············· 135
  【学习目标】 ············· 135
  【重点难点】 ············· 135
  5.1.1 生产过程和工艺过程 ············· 135
  5.1.2 机械加工工艺过程的组成 ············· 135
  5.1.3 生产纲领及生产类型 ············· 138
 课题 2 机械加工工艺规程概述 ············· 141
  【学习目标】 ············· 141
  【重点难点】 ············· 141
  5.2.1 工艺规程的作用和制定工艺规程的原则 ············· 141
  5.2.2 制定工艺规程的原始资料及步骤 ············· 142
  5.2.3 工艺文件的格式 ············· 143
 课题 3 零件图的工艺分析 ············· 144
  【学习目标】 ············· 144
  【重点难点】 ············· 145
 课题 4 毛坯的选择 ············· 147
  【学习目标】 ············· 147
  【重点难点】 ············· 147
  5.4.1 毛坯种类的选择 ············· 149

5.4.2　确定毛坯时的几项工艺措施 ………………………………………………… 150

　课题5　定位基准的选择 ……………………………………………………………… 151
　　【学习目标】 ………………………………………………………………………… 151
　　【重点难点】 ………………………………………………………………………… 151
　　5.5.1　基准及分类 ……………………………………………………………… 151
　　5.5.2　定位基准的选择 ………………………………………………………… 153
　　5.5.3　辅助基准 ………………………………………………………………… 156

　课题6　机械加工工艺路线的拟定 …………………………………………………… 156
　　【学习目标】 ………………………………………………………………………… 156
　　【重点难点】 ………………………………………………………………………… 157
　　5.6.1　零件表面加工方法的选择 ……………………………………………… 157
　　5.6.2　加工阶段的划分 ………………………………………………………… 160
　　5.6.3　工序的划分 ……………………………………………………………… 162
　　5.6.4　加工顺序的安排 ………………………………………………………… 162

　课题7　工序设计 ……………………………………………………………………… 165
　　【学习目标】 ………………………………………………………………………… 165
　　【重点难点】 ………………………………………………………………………… 165
　　5.7.1　加工余量的确定 ………………………………………………………… 165
　　5.7.2　工序尺寸及公差的确定 ………………………………………………… 169

　课题8　工艺方案的技术经济分析 …………………………………………………… 173
　　【学习目标】 ………………………………………………………………………… 173
　　【重点难点】 ………………………………………………………………………… 173

　课题9　提高机械加工生产率的措施 ………………………………………………… 174
　　【学习目标】 ………………………………………………………………………… 174
　　【重点难点】 ………………………………………………………………………… 174
　　5.9.1　机械加工时间定额 ……………………………………………………… 174
　　5.9.2　提高机械加工生产率的具体措施 ……………………………………… 175

　课题10　应用实例 …………………………………………………………………… 176
　【小结】 ……………………………………………………………………………… 177
　【知识拓展】 ………………………………………………………………………… 178
　思考与练习 …………………………………………………………………………… 178

知识模块6　机床夹具 …………………………………………………………………… 180
　课题1　概述 …………………………………………………………………………… 180
　　【学习目标】 ………………………………………………………………………… 180
　　【重点难点】 ………………………………………………………………………… 180
　　6.1.1　机床夹具的功用 ………………………………………………………… 180
　　6.1.2　机床夹具的分类 ………………………………………………………… 182
　　6.1.3　机床夹具的组成 ………………………………………………………… 183

　课题2　工件的定位 …………………………………………………………………… 184

【学习目标】	184
【重点难点】	184
6.2.1 工件定位的基本原理	184
6.2.2 常用定位元件	187
课题3 定位误差的分析	196
【学习目标】	196
【重点难点】	196
6.3.1 定位误差产生的原因	196
6.3.2 组合表面定位及误差	197
课题4 工件的夹紧	198
【学习目标】	198
【重点难点】	198
6.4.1 夹紧装置的组成及其设计要求	198
6.4.2 夹紧力的确定原则	199
6.4.3 常用夹紧机构	202
6.4.4 夹紧动力源装置	209
6.4.5 夹具体及其他装置	210
课题5 各类机床夹具	212
【学习目标】	212
【重点难点】	212
6.5.1 车床夹具	212
6.5.2 钻床夹具	216
6.5.3 镗床夹具	222
6.5.4 铣床夹具	225
课题6 专用夹具的设计	230
【学习目标】	230
【重点难点】	230
6.6.1 专用夹具的基本要求	231
6.6.2 专用夹具的设计步骤	231
【小结】	232
【知识拓展】	232
思考与练习	233
知识模块7 典型零件加工工艺	**234**
课题1 轴类零件的加工	234
【学习目标】	234
【重点难点】	234
7.1.1 轴类零件的基本概况	234
7.1.2 轴类零件的材料、热处理及装夹方式	235
7.1.3 轴类零件工艺过程实例	236
课题2 套筒类零件的加工	237

【学习目标】 237
　　【重点难点】 237
　　　7.2.1 套筒类零件的基本概况 237
　　　7.2.2 套筒类零件工艺过程实例 238
　课题3 圆柱齿轮加工 240
　　【学习目标】 240
　　【重点难点】 240
　　　7.3.1 齿轮的基本概况 240
　　　7.3.2 圆柱齿轮零件加工工艺过程实例 241
　课题4 箱体类零件 243
　　【学习目标】 243
　　【重点难点】 243
　　　7.4.1 箱体类零件概述 243
　　　7.4.2 箱体类零件加工工艺过程实例 244
　【小结】 244
　【知识拓展】 245
　思考与练习 245

知识模块8 装配工艺 247
　课题1 概述 247
　　【学习目标】 247
　　【重点难点】 247
　　　8.1.1 装配的概念 247
　　　8.1.2 装配工作的基本内容 248
　　　8.1.3 装配精度与零件精度的关系 248
　课题2 装配方法 250
　　【学习目标】 250
　　【重点难点】 250
　课题3 装配工艺规程的制定 251
　　【学习目标】 251
　　【重点难点】 251
　【小结】 254
　【知识拓展】 254
　思考与练习 255

知识模块9 现代制造新工艺 256
　【学习目标】 256
　【重点难点】 256
　课题1 特种加工工艺 256
　　　9.1.1 电火花加工 256
　　　9.1.2 激光打孔、切割、焊接、打标 257
　　　9.1.3 电子束加工和离子束加工 259

XV

   9.1.4 超声波加工 ··· 260
   9.1.5 电解加工 ··· 261
  课题2 受迫成型工艺 ··· 261
   9.2.1 先进铸造工艺 ·· 262
   9.2.2 高分子材料注射成型工艺 ··· 263
  课题3 精密加工和超精密加工与机械制造自动化 ··· 263
   9.3.1 精密加工和超精密加工 ·· 264
   9.3.2 机械制造自动化 ··· 265
【小结】 ··· 265
【知识拓展】 ·· 266
思考与练习 ·· 266
参考文献 ·· 267

知识模块 1　机械工程材料

材料是用来制造人类社会所能接受的有用器具的物质。材料与能源是人类生存和发展的重要物质基础。机械制造的重要任务之一,就是合理地选用材料和正确制定材料的加工工艺。

课题 1　金属材料的性能

【学习目标】
(1)掌握金属材料的各种力学性能的概念。
(2)理解硬度实验的原理。
(3)了解金属材料的工艺性能。

【重点难点】
(1)课题的重点是掌握材料的力学性能及相关的实验原理。
(2)课题的难点是对低碳钢拉伸过程的理解。

1.1.1　工程材料的种类

常用工程材料分为四大类:金属材料、陶瓷材料、高分子材料和复合材料等。

1. 金属材料

由一种或多种金属元素组成,并可以含有非金属元素。金属材料又包括黑色金属(钢铁)和有色金属材料两大类。虽然目前钢铁材料在应用中仍占有统治地位,但对航空航天等高科技行业来说,则需要采用既具有较高承载能力,而密度又相对较低(轻)的轻金属以及合金材料,如铝、镁、钛等及其合金。

2. 陶瓷材料

由金属和非金属元素的化合物所构成的各种无机非金属材料的统称。以天然或人工合成的各种化合物为基本原料,经原料处理、成形、干燥、高温烧结而成的一种无机非金属固体材料。

陶瓷的性能特点是硬度高,其抗拉强度较低,但抗压强度高,陶瓷在室温下塑性几乎为零,韧性和疲劳性能较差;具有高的熔点和高温强度,在1000℃仍能保持其室温下的强度;高的抗氧化能力;较好的绝缘性能。

工程中常见的工程陶瓷有氮化物、碳化物和氧化物三类。传统陶瓷主要应用于日用、电气、化工、建筑等领域;而现代工业陶瓷则开始用来制造一些具有高抗热、抗蚀、抗磨性能要求高的产品及其构件。其中氧化铝陶瓷以 Al_2O_3 为主要成分,它具有耐高温性能好,耐酸、碱和化学药品的腐蚀;碳化硅陶瓷的高温强度大,其抗弯强度在1400℃仍可保持在

500MPa~600MPa,有很高的热传导能力,良好的热稳定性、耐磨性、耐蚀性和抗蠕变性;氮化硅陶瓷具有良好的化学稳定性,除氢氟酸外,能耐各种无机酸和碱溶液的腐蚀。

3. 高分子材料

由相对分子质量很大,并以碳、氢元素为主的有机化合物组成的材料。高分子化合物的特点是化学组成简单、构成高分子化合物的每个分子不完全是一样大、具有长链及相对分子质量巨大。工程中常见的高分子材料有塑料、橡胶和胶黏剂三种。塑料是在一定温度和压力下可塑制成形的高分子合成材料的通称。一般以合成树脂为基础,再加入各种添加剂而制成。塑料的密度小、比强度高;化学稳定性好、能耐大气、水、酸、碱、有机溶液等的腐蚀;优异的电绝缘性、减摩性、耐磨性好;消声吸振性好、成形加工性好。橡胶是以生胶为基础加入适量的配合剂而组成的高分子材料。橡胶具有高弹性、有一定的耐蚀性、良好的耐磨性、隔声性和绝缘性,并有足够的强度,吸振能力强。

普通高分子材料主要用来制造一些日用生活品、包装材料以及一些小型零件;而一部分具有高强度的工程塑料,则可以代替金属材料,用来制造某些机械零件。

4. 复合材料

指为了满足特殊的使用要求,而将上述两种或多种单一材料人工合成到一起的材料。复合材料可以克服或改善单一材料的弱点,充分发挥其优点,并能得到单一材料不易具备的性能和功能。比如混凝土性脆,但抗压强度高,钢筋韧性好又有较高的抗拉强度,为使性能上取长补短,人工制成了钢筋混凝土复合材料。再比如增强橡胶材料制成的轮胎;玻璃纤维—塑料复合材料制作的车身、顶篷、车体结构件等。

复合材料具有高的比强度和比模量(弹性模量/密度);有好的抗疲劳性能;减振性能强;还有高温性能好、断裂安全性高的优点。

复合材料主要有分散复合型和叠层复合型两类。分散复合型材料由基体与增强体组成,其基体是连续的,而增强体是离散的,增强体分为纤维和颗粒两类。比如玻璃钢中玻璃纤维是增强材料,金属陶瓷中陶瓷颗粒是增强材料。叠层复合型材料则是将满足不同性能要求的材料按层组合在一起。

根据材料的性能特征,又分为结构材料与功能材料。结构材料主要是利用材料所具有的力学性能,通常用来制造工程建筑中的构件,机械装备中的各种零件,以及加工材料用的工具、模具等。功能材料则主要利用其所具有物理或化学性能,即材料在电、磁、声、光、热等方面所具有的特殊性能,如磁性材料、电子材料、光学材料、信息记录材料、敏感材料、能源材料、生物材料等。需要指出的是,目前许多国家已经开始研究结构功能一体化(复合化)材料。

1.1.2 金属材料的力学性能

金属材料的性能包括使用性能和工艺性能。使用性能是指材料在使用过程中所表现出的特性,主要指力学性能、物理性能和化学性能。物理性能的主要技术指标有密度、熔点、导电性、导热性、导磁性和热膨胀性。化学性能是指金属材料在外部介质化学作用下表现的性能,包括耐腐蚀性、抗氧化性和化学稳定性。优良的使用性能可满足生产和生活上的各种需要。而工艺性能是指材料在加工制造过程中所表现出的特性。在选择和研制材料时,主要依据使用性能;工艺性能则对提高材料及其产品的劳动生产率、改善质量、降低成本有重要作用。

材料在载荷作用下所表现出的特性,称为力学性能,评定材料的各项力学性能指标可采用国家标准所规定的实验来测定。根据实验条件的不同,有静态力学性能(如强度、塑性、硬度)、动态力学性能(如冲击韧性、疲劳强度)及高温力学性能等。下面介绍工程材料常用的力学性能指标。

1. 强度

强度是指金属材料在静载荷作用下抵抗变形和断裂的能力。由于所受载荷的形式不同,金属材料的强度可分为抗拉强度、抗压强度、抗弯强度、抗扭强度、抗剪强度等,各种强度之间有一定的联系。一般情况下多以抗拉强度作为判别金属强度高低的指标。

抗拉强度是通过拉伸实验测定的。拉伸实验的方法是用静拉伸力对标准试样进行轴向拉伸,同时连续测量力和相应的伸长,直至断裂。根据测得的数据,即可求出有关的力学性能。

为了使金属材料的力学性能指标在测试时能排除因试样形状、尺寸的不同而造成的影响,并便于分析比较,实验时应先将被测金属材料制成标准试样。图 1-1 所示为圆形拉伸试样。

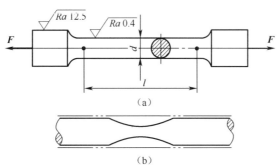

图 1-1 圆形拉伸试样
(a)拉伸前;(b)拉伸后试样缩颈现象。

图中,d 是试样的直径,l 是标距长度。根据标距长度与直径之间的关系,试样可分为长试样($l=10d$)和短试样($l=5d$)。

拉伸实验中记录的拉伸力与伸长的关系曲线称为力—伸长曲线,也称拉伸图。图 1-2 是低碳钢的力—伸长曲线。图中纵坐标表示力 F,单位为 N;横坐标表示绝对伸长 Δl,单位为 mm。如果作变换 $\sigma = \dfrac{F}{A}$;$\varepsilon = \dfrac{\Delta L}{L}$,就得到应力—应变曲线($\sigma$-$\varepsilon$ 曲线)。

由图 1-2 可见,低碳钢在拉伸过程中,其载荷与变形关系有以下几个阶段。

当载荷不超过 F_e 时,拉伸曲线 OA 为直线,即试样的伸长量与载荷成正比。如果卸除载荷,试样仍能恢复到原来的尺寸,即试样的变形完全消失。这种随载荷消失而消失的变形称为弹性变形。这一阶段属于弹性变形阶段。

当载荷超过 F_e 后,试样将进一步伸长,此时若卸除载荷,弹性变形消失,而另一部分变形却不能消失,即试样不能恢复到原来的尺寸,这种载荷消失后仍继续保留的变形称为塑性变形。

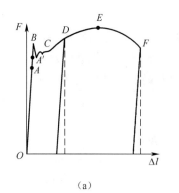 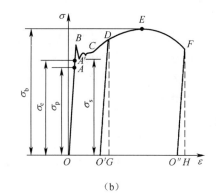

图 1-2 F-Δl 曲线和 σ-ε 曲线

当载荷达到 F_s 时，拉伸曲线出现了水平或锯齿形线段，这表明在载荷基本不变的情况下，试样却继续变形，这种现象称为"屈服"。引起试样屈服的载荷称为屈服载荷。

当载荷超过 F_s 后，试样的伸长量与载荷以曲线关系上升，但曲线的斜率比 OA 段的斜率小，即载荷的增加量不大，而试样的伸长量却很大，这表明在超过 F_s 后，试样已开始产生大量的塑性变形。当载荷继续增加到某一最大值 F_b 时，试样的局部截面缩小，产生所谓的"缩颈"现象。由于试样局部截面的逐渐缩小，故载荷也逐渐降低，当达到拉伸曲线上 F 点时，试样随即断裂。F_f 为试样断裂时的载荷。

在试样产生缩颈以前，由载荷所引起试样的伸长，基本上是沿着整个试样标距长度内发生的，属于均匀变形；缩颈后，试样的伸长主要发生在颈部的一段长度内，属于集中变形。

强度指标是用应力值来表示的。根据力学原理，试样受到载荷作用时，则内部产生大小与载荷相等而方向相反的抗力（即内力）。单位截面积上的内力，称为应力，用符号 σ 表示。

从拉伸曲线分析得出，有三个载荷值比较重要：一个是弹性变形范围内的最大载荷 F_e；第二个是最小屈服载荷 F_s；另一个是最大载荷 F_b。通过这三个载荷值，可以得出以下金属材料的三个主要强度指标。

1) 弹性极限

弹性极限是金属材料能保持弹性变形的最大应力，用 σ_e 表示，即

$$\sigma_e = \frac{F_e}{S_0} \tag{1-1}$$

式中 F_e——弹性变形范围内的最大载荷(N)；

S_0——试样原始横截面积(mm^2)。

2) 屈服强度

屈服强度是使材料产生屈服现象时的最小应力，用 σ_s 表示，即

$$\sigma_s = \frac{F_s}{S_0} \tag{1-2}$$

式中 F_s——使材料产生屈服的最小载荷(N)；

S_0——试样的原始横截面积(mm^2)。

对于低塑性材料或脆性材料，由于屈服现象不明显，因此这类材料常以产生一定的微

量塑性变形(一般用变形量为试样长度的 0.2%表示)的应力为屈服强度,用 $\sigma_{0.2}$ 表示,称为条件屈服强度,即

$$\sigma_{0.2}=\frac{F_{0.2}}{S_0} \tag{1-3}$$

式中　$F_{0.2}$——塑性变形量为试样长度的 0.2%时的载荷(N);
　　　S_0——试样原始横截面积(mm^2)。

3) 抗拉强度

试样断裂前能够承受的最大应力,称为抗拉强度,用 σ_b 表示,即

$$\sigma_b=\frac{F_b}{S_0} \tag{1-4}$$

式中　F_b——试样断裂前所能承受的最大载荷(N);
　　　S_0——试样的原始横截面积(mm^2)。

低碳钢的屈服强度约为 240MPa,抗拉强度约为 400MPa。

工程上所用的金属材料,不仅希望具有较高的 σ_s,还希望具有一定的屈服比(σ_s/σ_b)。屈服比越小,结构零件的可靠性越高,万一超载也能由于塑性变形而使金属的强度提高,不致于立即断裂。但如果屈服比太小,则材料强度的有效利用率就太低。

2. 塑性

金属发生塑性变形但不破坏的能力称为塑性,其衡量指标分别为伸长率和断面收缩率。

1) 伸长率

伸长率是指试样拉伸断裂时的绝对伸长量与原始长度比值的百分率,用符号 δ 表示,即

$$\delta=\frac{\Delta l}{l_0}\times100\%=\frac{l_1-l_0}{l_0}\times100\% \tag{1-5}$$

式中　l_0——试样的原始标距长度(mm);
　　　l_1——试样拉断时的标距长度(mm)。

2) 断面收缩率

断面收缩率是指试样拉断后,试样断口处横截面积的缩减量与原始横截面积之比值的百分率,用符号 Ψ 表示,即

$$\Psi=\frac{\Delta S}{S_0}\times100\%=\frac{S_0-S_1}{S_0}\times100\% \tag{1-6}$$

式中　S_0——试样原始横截面积(mm^2);
　　　S_1——试样断裂处的横截面积(mm^2)。

必须说明,伸长率的大小与试样的尺寸有关;试样长短不同,测得的伸长率是不同的。长、短试样的伸长率分别用 δ_{10} 和 δ_5 表示,习惯上,δ_{10} 常写成 δ。对于同一材料而言,短试样所测得的伸长率(δ_5)要比长试样测得的伸长率(δ_{10})大一些,两者不能直接进行比较。

δ 和 Ψ 是材料的重要性能指标。它们的数值越大,材料的塑性越好。$\delta>5\%$ 为塑性材料;$\delta<5\%$ 为脆性材料。金属材料的塑性好坏,对零件的加工和使用有十分重要的意义。例如,低碳钢的塑性较好,故可以进行压力加工;普通铸铁的塑性差,因而不便进行压

力加工,只能进行铸造。同时,由于材料具有一定的塑性,故能够保证材料不致因稍有超载而突然断裂,这就增加了材料使用的安全可靠性。

3. 硬度

硬度是指材料抵抗局部变形,尤其是塑性变形、压痕或划痕的能力。它是金属材料的重要性能之一,是衡量金属软硬程度的判据,也是检验工模具和机械零件质量的一项重要指标。由于测定硬度的实验设备比较简单,操作方便、迅速,又属无损检验,故在生产上和科研中应用都十分广泛。

测定硬度的方法比较多,其中常用的硬度测定法是压入法,它用一定的静载荷(压力)把压头压在金属表面上,然后通过测定压痕的面积或深度来确定其硬度。常用的硬度实验方法有布氏硬度、洛氏硬度和维氏硬度三种。

1) 布氏硬度

布氏硬度的测定原理是用一定大小的载荷 F,把直径为 D 的淬火钢球或硬质合金球压入被测金属表面,保持一定时间后卸除载荷,用金属表面压痕的面积 s 除载荷所得的商,作为布氏硬度值,如图1-3所示。

$$布氏硬度值 = \frac{F}{S} = 0.102 \frac{2F}{\pi D(D - \sqrt{D^2 - d^2})} \quad (1-7)$$

式中　D——球体直径(mm);
　　　F——载荷(N);
　　　d——压痕平均直径(mm)。

实验时测量出压痕的平均直径 d,经计算或查表即可得出所测材料的布氏硬度值。材料越软,压痕直径越大,则布氏硬度值越低。

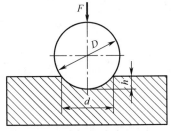

图1-3　布氏硬度实验原理

布氏硬度的符号是:当压头为淬火钢球时,用 HBS 表示,适合于布氏硬度值在 450 以下的材料;当压头为硬质合金球时,用 HBW 表示,适合于布氏硬度值为 450~650 的材料。目前,大多淬火钢球作压头测量材料硬度,主要用来测定灰铸铁、有色金属及退火、正火和调质的钢材等。符号 HBS 或 HBW 之前为硬度值。符号后面按压球直径、载荷及载荷保持时间(10s~15s 不标注)的顺序用数字表示实验条件。例如:

150HBS10/10000/30 表示用直径为 10mm 的淬火钢球在 10000N 载荷作用下保持 30s 测得的布氏硬度值为 150。

500HBW5/7500 表示用直径为 5mm 的硬质合金球在 7500N 载荷作用下保持 10s~15s 测得的布氏硬度值为 500。

由于金属材料有硬有软、有厚有薄,如果采用一种标准的载荷 F 和压球直径 D,就会出现:若对硬的材料合适,而对软的材料会发生压球陷入金属材料内的现象;若对厚的工件合适,而对薄的工件可能发生压穿的现象。因此在生产中进行布氏硬度实验时,要求使用大小不同的载荷 F 和压球直径 D。

布氏硬度实验的优点是测定的数据准确、稳定,数据重复性强,常用于测定退火、正火、调质钢、铸铁及有色金属的硬度;其缺点是压痕较大,易损坏成品的表面,不能测定太薄的试样硬度。

2) 洛氏硬度

当材料的硬度较高或试样过小时,需要用洛氏硬度计进行硬度测试。

洛氏硬度实验,是用顶角为120°的金刚石圆锥或直径为1.588mm(1/16″)的淬火钢球作压头,在初实验力 F_0 及总实验力 F(初实验力 F_0 与主实验力 F_1 之和)分别作用下压入金属表面,然后卸除主实验力 F_1,在初实验力 F_0 下测定残余压入深度,用深度的大小来表示材料的洛氏硬度值,并规定每压入0.002mm为一个硬度单位。

洛氏硬度实验原理如图1-4所示。图中0-0为金刚石压头没有和试样接触时的位置,1-1为压头在初载荷(100N)作用下压入试样 h_1 位置;2-2为压头在全部规定载荷(初载荷+主载荷)作用下压入 h_2 位置;3-3为卸除主载荷保留初载荷后压头的位置 h_3。这样,压痕的深度 $h = h_3 - h_1$。

洛氏硬度的计算公式为

$$\text{洛氏硬度值} = C - \frac{h}{0.002} \tag{1-8}$$

式中 h——压痕深度;

C——常数(压头为淬火钢球时 $C=130$;压头为金刚石圆锥时 $C=100$)。

材料越硬,h 便越小,而所测得的洛氏硬度值越大。

淬火钢球压头适用于退火钢、有色金属等较软材料的硬度测定;金刚石压头适用于淬火钢等较硬材料的硬度测定。洛氏硬度所加载荷根据被测材料本身硬度不同而作不同规定,组成不同的洛氏硬度标尺。

洛氏硬度实验的优点是操作迅速、简便,可从表盘上直接读出硬度值,不必查表或计算,而且压痕小,可测量较薄工件的硬度;其缺点是精确性较差,硬度值重复性差,通常需要在材料的不同部位测试数次,取其平均值来代表材料的硬度。

3) 维氏硬度

维氏硬度的测定原理基本上和布氏硬度相同,也是以单位压痕面积的力作为硬度值计量。所不同的是所用压头为锥面夹角为136°的金刚石正四棱锥体,如图1-5所示。实验时在载荷 F 作用下,在试样表面上压出一个正方形锥面压痕,测量压痕对角线的平均长度 d,借以计算压痕的面积 S,以 F/S 的数值来表示试样的硬度值,用符号HV表示,即

$$\text{HV} = 0.102 \frac{F}{S} = \frac{2F\sin\frac{136°}{2}}{d^2} = 0.1891 \frac{F}{d^2} \tag{1-9}$$

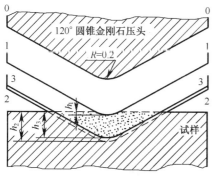

图1-4 洛氏硬度实验原理

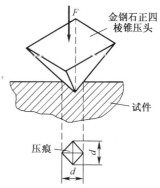

图1-5 维氏硬度实验原理

式中　F——载荷(N);

　　　d——压痕对角线的算术平均值(mm)。

HV 可根据所测得的 d 值从维氏硬度表中直接查出。由于维氏硬度所用的压头为正四棱锥,当载荷改变时,压痕的几何形状恒相似,所以维氏硬度所用载荷可以随意选择(如 50N、100N、150N、200N、300N、500N、1000N、1200N 等),而所得到的硬度值是一样的。

维氏硬度标注时,在符号 HV 前方标出硬度值,在 HV 后面按载荷大小和保持载荷时间(10s～15s 不标出)的顺序用数字表示实验条件。例如:

640HV300 表示用 300N 载荷保持 10s～15s 测定的维氏硬度为 640。

640HV300/20 表示用 300N 载荷保持 20s 测定的维氏硬度值为 640。

维氏硬度可测软、硬金属,尤其是极薄零件和渗碳层、渗氮层的硬度,它测得的压痕清晰,数值较准确,而且不存在布氏硬度实验那种载荷与压头直径的比例关系的约束,也不存在压头变形问题。但是其硬度值需要测量压痕对角线,然后经计算或查表才能获得,效率不如洛氏硬度实验高,所以不宜用于成批零件的常规检验。

布氏、洛氏、维氏三种硬度值没有直接的换算公式,如要换算需要查换算表。

4. 冲击韧度

许多机械零件在工作中,往往要受到冲击载荷的作用,如活塞销、锤杆、冲模、锻模、凿岩机零件等。制造这些零件的材料,其性能不能单纯用静载荷作用下的指标来衡量,而必须考虑材料抵抗冲击载荷的能力。冲击载荷是指加载速度很快而作用时间很短的突发性载荷。

金属抵抗冲击载荷而不破坏的能力称为冲击韧度。目前常用一次摆锤冲击弯曲实验来测定金属材料的韧度,其实验原理如图 1-6 所示。

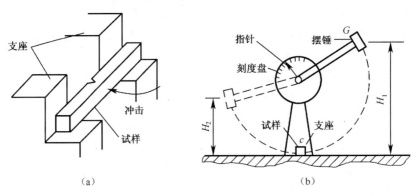

图 1-6　冲击实验原理

(a)试样安放位置;(b)冲击示意图。

实验时,把按规定制作的标准冲击试样的缺口(脆性材料不开缺口)背向摆锤方向放在冲击实验机上(图 1-6(a)),将摆锤(质量为 m)扬起到规定高度 H_1 然后自由落下,将试样冲断。由于惯性,摆锤冲断试样后会继续上升到某一高度 H_2。根据功能原理可知:摆锤冲断试样所消耗的功 $A_{KV}=mg(H_1-H_2)$。A_{KV} 常叫做冲击吸收功,可从冲击实验机上直接读出。用试样缺口处的横截面积 S 去除 A_{KV} 所得的商即为该材料的冲击韧度值,用符号 α_{KV} 表示,单位为 J/cm^2,即

$$\alpha_{KV} = \frac{A_{KV}}{S} \qquad (1-10)$$

试样缺口有 U 和 V 两种，冲击韧度值分别以 α_{KU} 和 α_{KV} 表示。

α_{KV} 值越大，材料的冲击韧度越好，断口处则会发生较大的塑性变形，断口呈灰色纤维状；α_{KV} 值越小，材料的冲击韧度越差，断口处无明显的塑性变形，断口具有金属光泽而较为平整。

一般来说，强度、塑性两者均好的材料，α_{KV} 值也高。材料的冲击韧度除了取决于其化学成分和显微组织外，还与加载速度、温度、试样的表面质量（如缺口、表面粗糙度等）、材料的冶金质量等有关。加载速度越快，温度越低，表面及冶金质量越差，则 α_{KV} 值越低。

在一次冲断条件下测得的冲击韧度值 α_{KV}，对于判别材料抵抗大能量冲击能力，有一定的意义。而绝大多数机件在工作中所承受的多是小能量多次冲击，机件在使用过程中承受这种冲击有上万次或数万次。对于材料承受多次冲击的问题，如果冲击能量低、冲击周次较多时，材料的冲击韧度主要取决于材料的强度，材料的强度高，则冲击韧度较好；如果冲击能量高时，则主要取决于材料的塑性，材料的塑性高，则冲击韧度较好。因此冲击韧度值 α_{KV} 一般只作设计和选材的参考。

5. 疲劳强度

有许多机件（如齿轮、弹簧等）是在交变应力（指大小和方向随时间作周期性变化）下工作的，零件工作时所承受的应力通常都低于材料的屈服强度。机件在这种交变载荷作用下经过长时间工作也会发生破坏，通常这种破坏现象叫做金属的疲劳。

金属的疲劳是在交变载荷作用下，经过一定的循环周次之后出现的。实验证明，金属材料能承受的交变应力，与断裂前应力循环基数 N 有关。图 1-7 是某材料的疲劳曲线，横坐标表示循环周次，纵坐标表示交变应力。

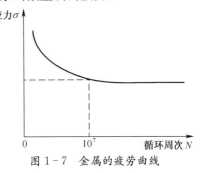

图 1-7 金属的疲劳曲线

从该曲线可以看出，材料承受的交变应力越大，疲劳破坏前能循环工作的周次越少；当循环交变应力减少到某一数值时，曲线接近水平，即表示当应力低于此值时，材料可经受无数次应力循环而不破坏。把材料在无数次交变载荷作用下而不破坏的最大应力值称为疲劳强度。通常光滑试样在对称弯曲循环载荷作用下的疲劳强度用 σ_{-1} 表示。对钢材来说，当循环次数 N 达到 10^7 周次时，曲线便出现水平线，所以把经受 10^8 周次或更多周次而不破坏的最大应力定为疲劳强度。对于有色金属，一般则需规定应力循环次数在 10^8 或更多周次，才能确定其疲劳强度。影响疲劳强度的因素很多，其中主要有循环应力、温度、材料的化学成分及显微组织、表面质量和残余应力等。

应该注意：上述力学性能指标，都是用小尺寸的光滑试样或标准试样，在规定性质的载荷作用下测得的。实践证明，它们不能直接代表材料制成零件后的性能。因为实际零件尺寸往往很大，尺寸增大后，材料中出现缺陷（如孔洞、夹杂物、表面损伤等）的可能性也越大；而且零件在实际工作中所受的载荷往往是复杂的，零件的形状、表面粗糙度值等也与试样差异很大。这些将在以后课程中讨论。

课题 2 金属与合金的结构及铁碳合金相图

【学习目标】
(1) 了解金属及合金的结构;了解晶体的基本特性及结晶过程。
(2) 理解铁碳合金基本组织的概念和特点。
(3) 掌握铁碳相图主要点、线的含义及典型铁碳合金的结晶过程。
(4) 了解铁碳合金的分类。

【重点难点】
(1) 课题的重点是掌握铁碳合金相图及其特性点、特性线的意义。
(2) 课题的难点是对铁碳合金相图的理解。

不同的金属材料有不同的力学性能,即使是同一金属材料在不同的条件下其力学性能也是不同的,金属力学性能的这种差异是由化学成分和组织结构决定的。因此,要了解材料的特性,就必须首先了解其内部结构。

1.2.1 纯金属的晶体结构及其结晶

1. 晶体与非晶体

在自然界中,除了少数固态物质(如松香、沥青、玻璃等)属于非晶体外,大多数固态无机物都是晶体,其内部的原子排列具有规律性。其内部原子呈周期性有规律排列的固体物质,称为晶体,如图 1-8(a)所示。原子呈不规则排列的固体物质,称为非晶体。

晶体具有固定的熔点和各向异性的特征,而非晶体没有固定熔点,且各向同性。

2. 晶体结构的基本知识

1) 晶格

为了便于理解和描述晶体中原子排列的情况,可以把实际原子向其中心简化成为一质点,然后用一些假想的线条连接起来,构成一个空间格子,这种抽象的、用于描述原子在晶体中排列方式的空间格子称为晶格,如图 1-8(b)所示。

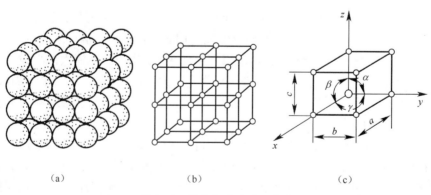

图 1-8 晶格与晶胞的示意图
(a)晶体;(b)晶格;(c)晶胞。

2）晶胞

由于晶格中原子排列具有周期性变化的特点,通常从晶格中取出一个能够反映晶格特征的最小的几何单元来研究晶体中原子排列的规律,这个最小的几何单元称为晶胞,如图1-8(c)所示。显然,晶格是由无数个晶胞重复堆积而成的。晶胞的棱边长度和棱边夹角称为晶格常数。

3. 常见金属的晶格类型

1）体心立方晶格

体心立方晶格的晶胞是一个立方体,立方体的中心有一个原子,八个顶角各排列着一个原子,如图1-9(a)所示,属于这类晶格的金属有铁(α-Fe)、铬(Cr)、钨(W)、钼(Mo)、钒(V)等,这类金属的塑性较好。

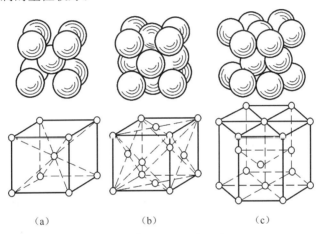

图1-9 常见晶格晶胞示意图
(a) 体心立方晶格;(b) 面心立方晶格;(c) 密排六方晶格。

2）面心立方晶格

面心立方晶格的晶胞也是一个立方体,立方体的八个顶角和六个面的中心各排列着一个原子,如图1-9(b)所示。属于这类晶格的金属有铝(Al)、铜(Cu)、镍(Ni)、铁(γ-Fe)等。这类金属的塑性优于体心立方晶格的金属。

3）密排六方晶格

密排六方晶格的晶胞是一个六棱柱体,原子位于两个底面的中心和12个顶角上,棱柱内部还包括三个原子,如图1-9(c)所示。属于这类晶格的金属有镁(Mg)、锌(Zn)、铍(B)等。这类金属较脆。

金属的晶格类型不同,原子排列的致密度(晶胞密度中原子所占体积与晶胞体积的比值)也不同。体心立方晶格为68%,面心立方晶格为74%。各种晶体由于原子结构和原子结合力不同,其性能必然存在差异。即使晶格类型相同的金属,由于各元素的原子直径和原子间距不同等原因,其性能也不相同。但在实际金属材料中,一般却见不到它们具有这种各向异性的特征,这是因为实际晶体结构与理想晶体结构有很大的差异所致。

4. 实际金属的晶体结构

晶体内部的晶格方位完全一致的晶体,称为单晶体,具有各向异性的特性。金属的单晶体只能靠特殊的方法制得。实际使用的金属材料都由许多晶格方位不同的微小单晶体组成,如图1-10所示,每个小晶体都相当于一个单晶体,内部晶格位向是一致的,而小晶体之间的位向却不相同。这种外形不规则的颗粒状小晶体称为晶粒。晶粒与晶粒之间的界面称为晶界。由许多晶粒组成的晶体称为多晶体。由于多晶体的性能是位向不同晶粒的平均性能,因此,多晶体的性能是各向同性。实际金属的晶体结构为多晶体且晶体内部有缺陷。由于许多因素(如结晶条件、原子热运动及加工条件等)的影响,使某些区域的原子排列受到干扰和破坏,这种区域称为晶体缺陷,各种缺陷会对晶体的性能产生很大影响,如晶界的耐腐蚀性差、熔点低等。

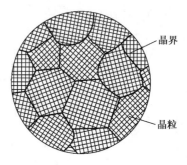

图1-10 金属的多晶体结构

5. 纯金属的结晶

1) 冷却曲线与过冷度

金属由液态转变为固态而形成晶体的整个过程,称为结晶。金属的结晶过程可用冷却曲线来描述,图1-11为用热分析法测绘的冷却曲线。

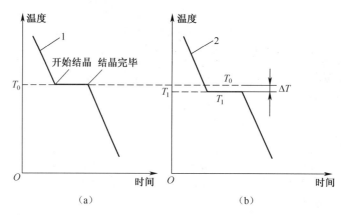

图1-11 纯金属的冷却曲线与过冷度
(a) 理想冷却曲线;(b) 实际冷却曲线。

纯金属的结晶是在一定温度下进行的,这个温度称为结晶温度。每种金属都有一定的理论结晶温度,用 T_0 表示。金属液的实际结晶温度 T_1 总是低于理论结晶温度 T_0,如图1-11(b)所示,这种现象称为过冷现象。理论结晶温度与实际结晶温度之差 ΔT,称为过冷度,即 $\Delta T = T_0 - T_1$。过冷度的大小与冷却速度、金属的性质和纯度等因素有关。冷却速度越快,过冷度越大。实际上,金属都是在过冷情况下结晶的,过冷是金属结晶的必要条件。

2) 结晶过程

纯金属的结晶过程是晶核形成和长大的过程,如图 1-12 所示。当液态金属冷却到结晶温度时,某些部位的原子按金属固有的晶格,有规律地排列成小晶体,这种细小的晶体称为晶核,也称自发晶核。晶核周围的原子按固有的规律向晶核聚集,使晶核长大。在晶核不断长大的同时,又有新的晶核产生、长大,直至结晶完毕。金属中含有的杂质质点能促进晶核在其表面上形成,这种依附于杂质而形成的晶核称为非自发晶核。自发晶核和非自发晶核同时存在于金属液中,但非自发晶核往往比自发晶核更为重要,起优先和主导作用。

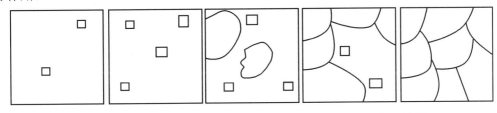

图 1-12 金属的结晶过程示意图

3) 晶粒大小与控制

金属结晶后,其晶粒大小对金属材料的力学性能有很大影响。晶粒越细小,金属的强度、塑性和韧性越高。晶粒大小取决于晶核数目的多少和晶粒长大的速率。凡是能促进形核、抑制长大的因素,都能细化晶粒。晶粒大小的控制常采用以下两种方法。

(1) 增大冷速。提高过冷度使晶粒细化。

(2) 变质处理。在浇注前,可人为地向金属液中加入一定量的难熔金属或合金元素(称为变质剂),增加非自发形核,以增加形核率。如钢中加入钛、钒、硼等。

1.2.2 合金的晶体结构

纯金属具有良好的导电性、导热性、塑性和金属光泽,在工业上具有一定的应用价值。但由于强度、硬度一般较低,远不能满足实际生产的需要,而且冶炼困难,价格较高,其应用受到很大限制。因此,实际生产中大量使用的金属材料是合金,如钢铁、普通黄铜、硬铝等。

1. 合金的基本概念

合金是由两种或两种以上的金属元素或金属与非金属元素组成的具有金属特性的物质。例如,黄铜是由铜与锌组成的合金,钢和铸铁是由铁和碳组成的合金。组成合金的最基本的独立物质称为合金的组元。给定组元可以按不同比例配制一系列不同成分的合金,构成一个合金系。在一个合金系内,组元可以是元素,也可以是稳定的化合物。由两个组元组成的合金叫做二元合金,以此类推还有三元合金、多元合金。

相是指合金系统中具有同一化学成分、同一晶体结构组成部分,一般说来,相与相之间有明显的分界面。组织是泛指用金相观察方法看到的由形状、尺寸不同和分布方式不同的一种或多种相构成的总体。只有一相组成的组织称为单相组织;由两种或两种以上相组成的组织称为多相组织。合金的性能取决于相和组织两个因素,即组成合金各相本身的性能和各相的组织情况。

2. 合金的结构

合金的结构可分为固溶体、金属化合物和机械混合物三种类型。

1) 固溶体

在固态下,合金组元间相互溶解,形成在某一组元的晶格中包含其他组元的新相,称为固溶体。保留原有晶格类型的组元称为溶剂,其他组元称为溶质。根据溶质原子在溶剂晶格中所占位置的不同,固溶体可分为置换固溶体和间隙固溶体两类,如图 1-13 所示。

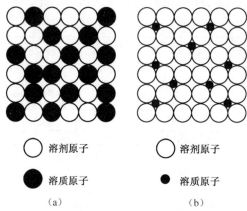

图 1-13 固溶体的两种基本类型
(a) 置换固溶体;(b) 间隙固溶体。

置换固溶体是指溶剂晶格上的原子被溶质原子所取代而形成的固溶体。间隙固溶体是指溶质原子溶入溶剂晶格的间隙中所形成的固溶体。间隙固溶体的溶解度是有限的。

不论是置换固溶体还是间隙固溶体,由于溶质原子和溶剂原子的直径差别,溶质原子溶入后,造成棱边长度发生撑开或靠拢的现象即晶格畸变(图 1-14),使晶体的变形抗力增大,导致强度、硬度提高,称为固溶强化,它是改善材料性能的重要途径之一。

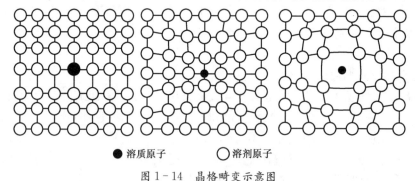

图 1-14 晶格畸变示意图

2) 金属化合物

合金组元间按一定比例化合而形成的具有金属特性的一种新相,称为金属化合物。其晶格类型和性能完全不同于合金中的任一组元,一般具有复杂的晶格,如图 1-15 所示,它的化学成分是固定不变的,一般可用化学分子式来表示,且熔点高,硬度高,脆性大,但塑性和韧性低。

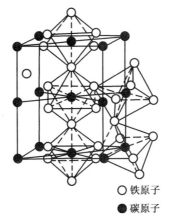

○ 铁原子
● 碳原子

图 1-15 金属化合物晶格结构示意图

3) 机械混合物

由两种以上相机械地混合在一起而形成的多相组织合金。在工业中广泛应用的合金,有很多是由两种或两种以上的固溶体组成的机械混合物,或由固溶体和金属化合物组成的机械混合物。

机械混合物中,各相仍保持着它们原来各自的晶格类型和性能,而整个机械混合物的性能主要取决于各组成相的数量、形态、分布状况和性能。通常机械混合物比单一的固溶体具有更高的强度和硬度,具有良好的综合力学性能。

在常用的合金中,合金结构可以是单相固溶体,也可以是金属化合物,大多数是固溶体和金属化合物的机械混合物。

1.2.3 铁碳合金相图

钢铁材料是工业生产和日常生活中应用最为广泛的材料,其基本组元是铁和碳,故称铁碳合金。铁碳合金的成分不同,其组织和性能也不同。了解铁碳合金的成分、组织、性能的关系,就要研究铁碳合金的相结构。由于含碳量大于 6.69% 的铁碳合金脆性很大,没有使用价值,再者 Fe_3C 是一个稳定化合物,可以作为一个独立的合金单元,因此,研究铁碳合金的相结构实际是研究含碳量≤6.69% 的铁碳合金,包括钢和铸铁。

1. 纯铁的同素异构转变

有些金属在固态可以有两种或两种以上的晶体结构,如 Fe、Co、Ti 等。金属在固态下随外界条件(温度、压力)的改变,由一种晶格类型转变为另一种晶格类型的变化,称为金属的同素异构(又称同素异晶)转变。同素异构转变时,有结晶潜热产生,同时也遵循晶核的形成及长大的结晶规律,与液态金属的结晶相似,故又称为重结晶。最常见的是铁的同素异构转变,如图 1-16 所示。

金属的同素异构转变将导致金属的体积发生变化,并产生较大的应力。由于纯铁具有同素异构转变的特性,实际生产中才有可能通过不同的热处理工艺来改变钢铁的组织和性能。

2. 铁碳合金的基本相和基本组织

与其他合金一样,铁碳合金也包括固溶体、金属化合物等,其基本相有铁素体、奥氏体、渗碳体。

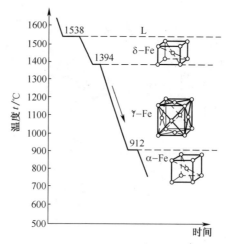

图 1-16 纯铁的冷却曲线及晶体结构变化

δ-Fe(1394℃)→γ-Fe(912℃)→α-Fe
（体心立方）　（面心立方）　（体心立方）

1) 铁素体(F)

碳溶于 α-Fe 中形成的间隙固溶体称为铁素体。铁素体保持了 α-Fe 的体心立方晶格结构。由于 α-Fe 的间隙很小，因而溶碳能力极差，在 727℃ 时溶碳量最大，为 0.0218%。铁素体的强度差、硬度低、塑性好，用 F 表示，其 σ_b = 250MPa；硬度为 80HBS；δ = 45%~50%。在显微镜下观察铁素体，为均匀灰白色的多边形晶粒。

2) 奥氏体(A)

碳在 γ-Fe 中形成的间隙固溶体称为奥氏体。奥氏体保持了 γ-Fe 的面心立方晶格结构。由于 γ-Fe 的间隙相对很大，故溶碳能力较大，在 1148℃ 时可达 2.11%。奥氏体也是一种硬度较低而塑性较高的固溶体(硬度为 170HBS~220HBS，δ = 40%~50%)，常作为各类钢的加工状态。在显微镜下观察，奥氏体晶粒呈多边形，晶界较铁素体平直。

3) 渗碳体(Fe_3C)

铁与碳形成的具有复杂结构的化合物叫渗碳体，含碳量为 6.69%。渗碳体的硬度高(≥800HBW)，极脆，塑性几乎等于零，熔点为 1227℃。渗碳体在铁碳合金中常以片状、球状、网状等形式与其他相共存，它是钢中的主要强化相，其形态、大小、数量和分布对钢的性能有很大影响，在一定条件下可以分解成铁和石墨。

4) 珠光体

以"P"表示，它是铁素体和渗碳体的机械混合物，含碳量为 0.77%。其 σ_b = 750MPa~950MPa，硬度介于铁素体和渗碳体之间，为 180HBS 左右。它的性能取决于两者各自的性能和相对数量，并与它们的形状、大小、分布有关。例如中碳钢比低碳钢中的 Fe_3C 含量多，所以强度、硬度稍高，塑性、韧性则稍低。

5) 莱氏体

以"Ld"表示，它是奥氏体和渗碳体的共晶混合物，它的含碳量为 4.3%(1148℃)。其在 727℃ 以下由珠光体和渗碳体组成，也称低温莱氏体。莱氏体的力学性能和渗碳体相似，莱氏体属于硬而脆的组织，硬度很高(≥700HB)，塑性极差，一般莱氏体只出现在生铁组织中，是生铁的基本组织。

3. 铁碳合金相图

平衡条件下铁碳合金的成分、温度和组成相之间及其变化规律通常用铁碳合金相图来描述,首先配置一系列成分比的铁碳合金,分别加热到液态,然后以极其缓慢的冷却速度冷却到室温,分别绘制它们的冷却曲线,标明相变点。将冷却曲线上的相变点投影到温度—成分坐标图中相应的坐标上,将意义相同的点连接起来,铁碳合金的相图就建立起来了。

铁碳合金相图实际上是铁—渗碳体状态图($Fe-Fe_3C$ 状态图)。简化后的 $Fe-Fe_3C$ 相图如图 1-17 所示。相图的纵坐标表示温度,横坐标表示含碳量。$Fe-Fe_3C$ 相图是研究铁碳合金在平衡状态下的组织随温度和成分变化的图形。掌握它就能对碳钢和铸铁的内部组织及其变化规律有一个较完整的概念,以便更好地利用它为制定热处理、压力加工等工艺规程打下基础。

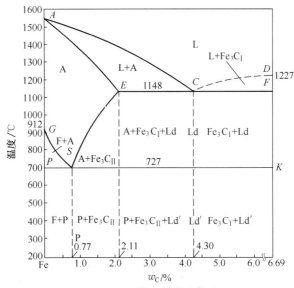

图 1-17 简化的铁碳相图

1) $Fe-Fe_3C$ 相图中的特性点

状态图中用字母标注的点,都表示一定的特性(成分、温度和某种临界状态),所以叫做特性点。各主要特性点的含义见表 1-1。

表 1-1 铁碳合金状态图中主要特性点的含义

特性点符号	温度/℃	含碳量/%	含 义
A	1538	0	纯铁的熔点
C	1148	4.30	共晶点 $L_c \leftrightarrow A_E + Fe_3C$
D	1227	6.69	渗碳体的熔点
E	1148	2.11	碳在 $\gamma-Fe$ 中的最大溶解度
G	912	0	纯铁的同素异构转变点 $\alpha-Fe \leftrightarrow \gamma-Fe$
S	727	0.77	共析点 $A_S \leftrightarrow F_P + Fe_3C$
P	727	0.0218	碳在 $\alpha-Fe$ 中的最大溶解度
Q	600	0.0008	碳在 $\alpha-Fe$ 中的溶解度

2) Fe-Fe₃C 相图中的特性线

状态图中各条线段都表示铁碳合金内部组织发生转变时的成分、温度界线,或叫组织转变线。主要有:

(1) ACD 线为液相线,此线以上的合金为液态。冷却到此线便开始结晶。在 AC 线以下从液相中结晶出奥氏体 A,在 CD 线以下结晶出渗碳体。

(2) AECF 线为固相线,此线以下的合金为固态。合金加热到此线便开始熔化。其中 AE 线为奥氏体结晶终了线,ECF 为共晶线。

(3) GS 线是冷却时从不同含碳量的奥氏体中开始析出铁素体的温度线,又称 A_3 线。

(4) ES 线是碳在奥氏体中的溶解度曲线,又称 A_{cm} 线。

(5) ECF 线是共晶线,含碳量大于 2.11% 的铁碳合金冷却到此温度线(1148℃),在恒温下发生共晶转变,即从液态合金中结晶出奥氏体和渗碳体晶体的机械混合物,故此线是一条水平线。

(6) PSK 线是共析线,又称 A_1 线。$w_C=0.77\%$ 的奥氏体,冷却到此线(727℃),在恒温下同时析出铁素体和渗碳体晶体的机械混合物称为共析体。这种共析体称为珠光体。含碳量在 0.02%~6.69% 之间的所有铁碳合金,缓慢冷却到 PSK 线,都会在恒温下发生共析反应,生成一定数量的珠光体。

4. 铁碳合金的分类

根据铁碳合金碳含量和室温组织的不同,一般把铁碳合金分为工业纯铁、钢和白口铁三类。

1) 工业纯铁

碳含量 $w_C \leqslant 0.0218\%$ 的铁碳合金,室温组织为 F(含很少的 Fe_3C_{III})。

2) 钢

碳含量 $0.0218\% < w_C \leqslant 2.11\%$ 的铁碳合金,根据不同的室温组织又分为三种。

(1) 共析钢,$w_C = 0.77\%$,室温组织为 P,如 T8、T8A 钢。

(2) 亚共析钢,$0.0218\% < w_C < 0.77\%$,室温组织为 P+F,如 Q235、15、45、65 等牌号的钢。

(3) 过共析钢,$0.77\% < w_C \leqslant 2.11\%$,室温组织为 $P + Fe_3C_{II}$,如 T10、T12A 等牌号的钢。

3) 白口铁

碳含量 $2.11\% < w_C \leqslant 6.69\%$ 的铁碳合金,根据不同的室温组织也可分为三种。

(1) 共晶白口铁,$w_C = 4.3\%$,室温组织为 Ld'。

(2) 亚共晶白口铁,$2.11\% < w_C < 4.3\%$,室温组织为 $P + Ld' + Fe_3C_{II}$。

(3) 过共晶白口铁,$4.3\% < w_C \leqslant 6.69\%$,室温组织为 $Ld' + Fe_3C$。

5. 碳的质量分数对铁碳合金性能的影响

碳以渗碳体的状态存在于钢中,只是随碳含量的增加,铁素体量相对减少。从图 1-18 中可看出,碳的质量分数小于 0.9% 时,当含碳量增加时,组织中珠光体数量增加,硬度、强度上升,塑性、韧性下降;碳的质量分数大于 0.9% 时,当含碳量增加时,组织中呈网状分布的二次渗碳体增加,强度明显变差,塑性、韧性急剧下降,硬度增加。实际应用的钢,含碳量不超过 1.4%。

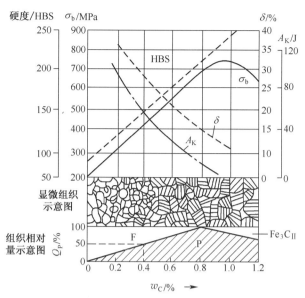

图 1-18 碳的质量分数对钢组织和性能的影响

课题 3 钢的热处理

【学习目标】
(1) 掌握各种热处理方法。
(2) 掌握常用热处理方法在生产中的应用。

【重点难点】
(1) 课题的重点是掌握退火、正火、淬火、回火工艺冷却阶段的区别。
(2) 课题的难点在于如何理解组织转变原理。

1.3.1 热处理的定义及组织转变

热处理是指采用适当的方式对金属材料或工件在固态下进行加热、保温和冷却,以获得预期的组织结构和性能的工艺方法。热处理只改变材料的组织和性能,而不改变其形状和尺寸,是提高金属使用性能和改善工艺性能的重要加工方法。热处理方法虽然很多,但都是由加热、保温和冷却三个阶段组成的,通常用温度—时间坐标图表示,称为热处理工艺曲线,如图 1-19 所示。

加热是热处理的第一道工序。大多数热处理工艺首先要将钢加热到相变点(又称临界点)以上,目的是获得奥氏体。奥氏体的转变过程要经过奥氏体的形成、长大、渗碳体的溶解和奥氏体的均匀化四个阶段。钢加热时不但要加热到一定温度,而且要保温一段时间,使内外温度一致,组织转变完全,成分均匀,以便在冷却后得到均匀的组织和稳定的性能。热处理时加热温度和保温时间不能过高和过长。

钢热处理后的力学性能,不仅与钢的加热、保温有关,更重要的是与冷却转变有关。其冷却方式有两种:一种是连续冷却,它是将奥氏体化的钢以一定的冷却速度连续冷却到室温(图 1-19),使奥氏体在一个温度范围内连续转变;另一种是等温冷却,它是将奥氏

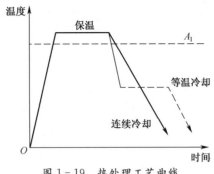

图 1-19 热处理工艺曲线

体化的钢快速冷却到 A_1 以下某一温度进行保温,使奥氏体在此温度下完成转变,然后冷却到室温(图 1-19)。生产中应用的冷却方式大多数为连续冷却。

1.3.2 热处理的常用方法

根据加热和冷却方法的不同,常用热处理可分为:对工件整体进行穿透加热的热处理工艺称为整体热处理,包括退火、正火、淬火、回火等;仅对工件表层进行的热处理称为表面热处理,包括表面淬火、化学热处理等。

根据热处理在零件加工过程中的工序位置及作用不同,热处理还可分为预备热处理和最终热处理。为消除坯料或半成品的某些缺陷或为后续的切削加工和最终热处理作组织准备的热处理称为预备热处理;而为使工件获得所要求的使用性能的热处理称为最终热处理。

1. 退火

将工件加热到适当温度,保温一定时间,随后缓慢冷却(炉冷、灰冷、砂冷、坑冷等)的热处理工艺称为退火。

按照物理冶金特点,可将退火工艺分为两类。

第一类退火工艺包括扩散退火、去应力退火等,其工艺特点是通过控制加热温度和保温时间使工件内在冶金及冷热加工过程中产生的不平衡组织(如成分偏析、形变强化、内应力等)过渡到平衡状态,其主要目的是使组织与成分均匀化、或消除形变强化、或消除内应力。

第二类退火工艺包括完全退火、球化退火、等温退火等。其主要目的是改变工件的组织和性能。这类工艺特点是通过控制加热温度、保温时间以及冷却速度等工艺参数来改变钢中的珠光体、铁素体和碳化物的组织形态及分布,从而改变其性能,如降低硬度、提高塑性、细化晶粒、改善机械加工性能等。

2. 正火

工件加热到某一温度以上,保温适当的时间后,在空气中冷却的热处理工艺称为正火。

正火的主要应用范围是过共析碳钢及合金钢,通过正火可以消除网状的渗碳体,细化片状的珠光体组织,有利于在球化退火中获得细小均匀的球状渗碳体,以改善钢的组织和性能。

对某些低碳钢和低合金钢,由于退火组织中铁素体量多,切削时易粘刀。通过正火处理,可适当提高硬度,以改善钢件的切削性能。

正火后工件组织较细,综合力学性能好于退火组织。所以对于某些要求不很高的结构或大型件,正火可作为最终热处理而直接使用。

对某些大型件或形状复杂件,当淬火有开裂危险时,可用正火代替淬火、回火处理。

3. 淬火

将工件加热到某一温度以上,保温一段时间,然后急冷(如水冷、油冷、盐碱冷等)获得含有大量的 C 在 α-Fe 形成的过饱和的固溶体(马氏体)的热处理工艺称为淬火。

淬火是强化工件的最重要的热处理工艺。淬火的主要目的是为了获得马氏体,并与回火相配合,使工件具有不同的力学性能。如高碳钢淬火加低温回火,可获得高硬度和高耐磨性;中碳钢淬火加高温回火,可得到强度、塑性和韧性均较好的综合力学性能。

铁碳合金在冷却时形成马氏体(而不形成其他组织)的能力可理解为材料的淬透性。淬透性的大小可用在一定条件下淬硬层的深度表示。影响淬透性的主要因素是临界冷却速度的大小,而影响临界冷却速度的关键是铁碳合金的含碳量和合金元素的种类与含量。选择材料的淬透性,是工程用材料选择的重要依据之一。

4. 回火

回火就是把已经淬火的工件重新加热到某一温度,适当保温后,冷却到室温的热处理工艺。工件淬火后,一般很少直接使用,都应当紧接着进行回火处理。其目的在于降低脆性,减少或消除内应力,防止变形和开裂;稳定组织,稳定形状和尺寸;通过不同回火方法,来调整工件的强度、硬度,获得所需要的塑性和韧性。

实际中有低温回火、中温回火、高温回火三种回火方法。低温回火主要是降低工件的淬火应力和减少脆性,并保持高硬度和高耐磨性;中温回火是为了获得高的弹性极限和高的屈服强度,同时具有一定的韧性和抗疲劳能力;高温回火则是在获得较高强度的同时,还有较好的塑性和韧性,生产中将淬火后紧接着进行高温回火的热处理工艺称为调质处理。

5. 表面热处理

对于承受弯曲、扭转、摩擦或冲击的零件,常常要求其表面和心部具有不同性能。表面要求具有高的硬度、耐磨性和疲劳强度,而心部具有足够的韧性和塑性。此时,就需要采用表面热处理来满足要求。

1) 表面淬火

铁碳合金的表面淬火是通过快速加热,使工件表层奥氏体化,在心部组织尚未发生改变时,立即淬火冷却,使表层获得高硬度、高耐磨性的马氏体组织,而心部仍保持原来的塑性和韧性都较好的退火、正火或调质状态的组织。

表面淬火加热可采用感应加热、火焰加热、激光加热等不同的加热方法。目前生产中广泛应用的是感应加热。

2) 化学热处理

化学热处理是将工件置于特定的介质中加热和保温,使介质中的活性原子渗入工件表层,从而通过改变表层的化学成分和组织来改变其性能的一种热处理工艺。根据渗入元素的不同,化学热处理包括渗碳、渗氮、碳氮共渗、渗硼、渗铬、渗铝等。

课题 4　常用金属材料

【学习目标】
(1)了解常用金属材料的分类。
(2)掌握常用金属材料的牌号及用途。

【重点难点】
(1)课题的重点是掌握牌号的意义及识读。
(2)课题的难点要弄清各牌号中碳及合金元素的含量。

1.4.1　黑色金属材料

钢的种类品种繁多,如根据化学成分,可概括分为碳素钢和合金钢两大类,其中碳素钢按含碳量高低又可分为低碳钢(w_C≤0.25%)、中碳钢(w_C=0.25%~0.6%)、高碳钢(w_C≥0.6%);合金钢按合金元素含量的高低分为低合金钢(总量≤5%)、中合金钢(总量=5%~10%)、高合金钢(总量≥10%)。按照用途可分为结构钢、工具钢和特殊性能钢三类。按冶金质量,则分为普通钢、优质钢、高级优质钢、特级优质钢。

钢中的硫和磷是有害杂质,当含硫量过大的钢材进行热加工时,导致钢材强度降低,韧性下降,这种现象称为热脆。含磷量过大的钢材在室温下塑性、韧性急剧下降,这种现象称为冷脆。所以,钢材若按照冶金质量分类,就是根据硫、磷含量多少来确定的。

1. 碳素钢

碳素钢是含碳量小于 2.11%,并且含有少量 Si、Mn、S、P 等杂质的铁碳合金,简称碳钢。碳钢可以分为(普通)碳素结构钢、优质碳素结构钢、碳素工具钢和碳素铸钢等。

1)普通碳素结构钢

这类碳钢的含碳量一般在 0.06%~0.38%范围内,钢中有害杂质相对较多,但价格便宜,大多用于要求不高的机械零件和一般结构件。通常轧制成钢板或各种型材(圆钢、方钢、工字钢、角钢、钢筋等)供应。

其牌号表示方法由 Q、屈服强度值、质量等级符号和脱氧方法四部分按顺序表示。质量等级有 A、B、C、D 四种,其中 A 级质量最低,D 级质量最高;脱氧方法用 F(沸腾钢)、b(半镇静钢)、Z(镇静钢)、TZ(特殊镇静钢)表示,牌号"Z"、"TZ"可以省略。如 Q235—AF 表示屈服强度为 235MPa、沸腾钢、质量等级为 A 级的碳素结构钢。

2)优质碳素结构钢

这类钢因有害杂质较少,其力学性能均比碳素结构钢好,主要用于制造重要的机械零件。

优质碳素结构钢的牌号用两位阿拉伯数字表示。阿拉伯数字表示钢的平均含碳量(数字的万分之一即为平均含碳量)。如 45 钢,表示平均含碳量为 0.45%的优质碳素结构钢。若钢中含锰量较高(w_{Mn}=0.7%~0.12%)时,在两位数字后面写"Mn",如 65Mn,表示平均含碳量为 0.65%,并含有较多 Mn(w_{Mn}=0.7%~0.12%)的优质碳素结构钢。若是沸腾钢,在两位数字后面写"F",如 08F。

3) 碳素工具钢

这类钢因含碳量比较高($w_C=0.65\%\sim1.35\%$),硫、磷杂质含量较少,经球化退火、淬火和低温回火后硬度比较高,耐磨性好,但塑性较低。主要用于制造各种低速切削刀具、量具和模具。

其牌号由表示"碳"的汉语拼音字首"T"与阿拉伯数字组成,其中阿拉伯数字表示钢的平均含碳量(数字的千分之一即为平均含碳量),如 T8 表示平均含碳量为 0.8% 的碳素工具钢。若为高级优质碳素工具钢,则在牌号后加"A",如 T12A 钢,表示平均含碳量为 1.2% 的高级优质碳素工具钢。

4) 铸造碳钢

许多形状复杂的零件,很难通过锻压等方法加工成形,用铸铁时性能又难以满足需要,此时常选用铸钢铸造获得铸钢件。铸造碳钢的牌号首位冠以"铸钢"两字的汉语拼音字首"ZG",在"ZG"后面有两组数字,第一组数字表示最低屈服强度值,第二组数字表示最低抗拉强度值。如 ZG310—570,表示屈服强度不小于 310MPa,抗拉强度不小于 570MPa 的铸钢。

2. 合金钢

在碳钢中有目的地特意加入一些合金元素的钢称为合金钢。通常加入的合金元素有硅、锰、铬、镍、钼、钨、钛等。由于合金元素的加入,合金钢的性能较碳钢好,提高了淬透性和综合力学性能。合金钢按用途可分为合金结构钢、合金工具钢和特殊性能钢等。

1) 合金结构钢

主要用来制造各种机械零件、工程结构、建筑结构。

其牌号(除滚动轴承钢外)以两位阿拉伯数字为首,表示碳的平均含量(以数字的万分之一计),其后为元素符号表示钢中所含的合金元素,元素符号后面的数字表示该合金元素的平均含量(以数字的百分之一计),若元素平均含量小于 1.5% 时,只写元素符号,其后不标出数字。若牌号末尾加"A",则表示钢中硫、磷含量少,属高级优质钢。如 60Si2Mn 表示平均 $w_C=0.6\%$、$w_{Si}=2\%$、$w_{Mn}<1.5\%$ 的合金弹簧钢。

(1) 低合金结构钢。合金元素以 Mn 为主,附加 V、Ti、Mo、Nb、B 等,其主要作用是强化铁素体。这类钢含碳量较低($w_C<0.2\%$),合金元素含量较少。在牌号的组成中没有表示脱氧方法的符号,其余表示方法与碳素结构钢相同。例如 Q390A,表示屈服强度为 390MPa 的 A 级低合金结构钢。

(2) 合金渗碳钢。合金渗碳钢的含碳量在 0.15%～0.25% 之间,主要加入 Mn、Cr、B 等合金元素。经过渗碳、淬火和低温回火后,可获得很硬的表面层,又保持心部有很高的塑性、韧性,适于制造易磨损而又承受较大冲击载荷的零件,如汽车、拖拉机的齿轮、凸轮轴、气门挺杆等。

(3) 合金调质钢。合金调质钢的含碳量在 0.25%～0.5% 之间,主要加入 Mn、Si、Cr、Mo、V 等合金元素,改善了钢的淬透性。经调质处理后,具有良好的综合力学性能。适用于制造性能要求较高及截面尺寸较大的重要零件,如承受交变载荷、中等转速、中等载荷的轴类、杆类、齿轮类零件。

(4) 合金弹簧钢。合金弹簧钢的含碳量在 0.45%～0.70% 之间,主要加入 Mn、Si、Cr、V 等合金元素,经淬火和中温回火后,能获得高的弹性。重要的或大截面的弹簧,都采用合金弹簧钢制造，如机车车辆、汽车、拖拉机上的螺旋弹簧及板簧、阀门弹簧等。

（5）滚动轴承钢。滚动轴承钢主要用来制造滚动轴承元件，如轴承内外圈、滚动体等。此外，还可以用于制造某些工具，如模具、量具等。

滚动轴承钢的牌号以"G"为首（"G"即为"滚"的汉语拼音之首），其后为合金元素符号加数字，如含Cr，Cr后的数字表示Cr的平均含量（数字的千分之一即为含Cr量），其他元素含量表示方法与其他合金结构钢相同。例如，GCr15表示平均含Cr量为1.5%的滚动轴承钢；GCr15SiMn表示平均含Cr量为1.5%、平均含Si量及含Mn量<1.5%的滚动轴承钢。

根据滚动轴承的工作特点，滚动轴承钢应具有高而均匀的硬度和耐磨性；高的抗压强度、高的接触疲劳强度。此外，还应具有一定的韧性及抗大气、润滑剂的侵蚀能力。因此，这类钢的含碳量很高，一般$w_C=0.95\%\sim1.15\%$，$w_{Cr}=0.4\%\sim1.65\%$，即高碳低铬。铬能增加钢的淬透性，高碳能保证高硬度、耐磨性，还含有适量的锰、硅等合金元素，以进一步提高淬透性。

滚动轴承钢的锻件，预先热处理为球化退火，最终热处理为淬火和低温回火。

2）合金工具钢

合金工具钢用来制造切削刃具、量具和模具，它以高硬、耐磨为基本特征。与碳素工具钢比，合金工具钢具有淬透性好、耐磨性好、热硬性高和热处理变形小等优点。

合金工具钢的牌号表示法为：当钢中平均$w_C<1\%$时，其牌号以一位数字为首，表示碳的平均含量（数字的千分之一为平均含碳量）；若$w_C\geq1\%$时，牌号前不标数字。例如9Mn2V表示平均$w_C=0.9\%$、$w_{Mn}=2\%$、$w_V<1.5\%$的合金工具钢。

（1）量具刃具钢。主要用于制造形状复杂、截面尺寸较大的低速切削刃具和测量工具，一般$w_C=0.9\%\sim1.5\%$，合金元素总量少，主要有铬、硅、锰、钨等，提高淬透性，获得高的硬度、耐磨性，保证高的尺寸精度。

量具刃具钢锻造后进行球化退火，以改善切削加工性。最终热处理为淬火和低温回火。硬度一般为60HRC～65HRC。

（2）合金模具钢。模具是用于压力加工的工具，根据工作条件及用途不同，常分为冷作模具、热作模具、成形模具（其中主要是塑料模）三大类，模具品种繁多，性能要求也多种多样。

① 冷作模具钢。用于制作冷塑性变形的模具，如冷冲模、冷墩模、冷挤压模等。冷作模具工作时承受大的弯曲应力、压力、冲击及摩擦。因此要求具备高硬度、高耐磨性和足够的强度和韧性。热处理采用球化退火、淬火和低温回火。硬度为62HRC～64HRC。

② 热作模具钢。用于制作高温金属成形的模具，如热锻模、热挤压模、压铸模等。热作模具工作时承受大的冲击力和摩擦力，并反复受热和冷却。因此，要求模具在高温下应有较高的强度和韧性、足够硬度和耐磨性，良好的导热性和耐热疲劳性。对尺寸较大的模具还要求有好的淬透性、热处理变形小等性能。

热作模具钢的$w_C=0.3\%\sim0.6\%$，以保证良好的强度、硬度和韧性。加入合金元素铬、镍、锰等，可提高淬透性和强度。加入铬、钨、硅可提高耐热疲劳性。加钼可提高耐回火性。热处理采用退火、淬火和高温回火，硬度为40HRC左右，并具有较高韧性和强度。

③ 塑料模具钢。与冷热模具比，塑料模具钢的常规力学性能要求不高，但塑料制品

形状复杂、尺寸精度高、表面光洁,成形加热过程中还可能产生某些腐蚀性气体。因此要求塑料模具钢具有优良的工艺性能(切削加工性、冷挤压成形性和表面抛光性)、较高的硬度(45HRC)和耐磨、耐蚀性以及足够的强韧性。

常用的塑料模具钢包括工具钢、结构钢、不锈钢和耐热钢等,如 45、40Cr、4Cr13、3Cr13、5CrNiMoVSCa、7Mn15Cr2Al13V2WMo 等。

(3) 高速工具钢(简称高速钢)。主要用于制造高速切削刀具,它的热硬性很高,能以比低合金刃具钢更高的速度进行切削,故称高速钢。高速工具钢牌号表示方法与合金工具钢相似,其主要区别是不论含碳量多少,均不用数字标出。例如 W18Cr4V 表示平均 $w_W=18\%$、$w_{Cr}=4\%$、$w_V<1.5\%$ 的高速工具钢,其 $w_C=0.7\%\sim0.8\%$ 不标出。

常用的高速钢有 W18Cr4V、W6Mo5Cr4V2 等。

3) 特殊性能钢

在特殊条件下使用,要求具有特殊物理、化学性能的钢称为特殊性能钢,包括不锈钢、耐热钢和耐磨钢等。

不锈钢是指在腐蚀性介质中具有抗腐蚀性能的钢。Cr 是不锈钢中最重要的合金元素,其含量一般为 11.5%~32.1%;Ni 可显著提高耐蚀性。其牌号表示方法与合金工具钢相似,只是当 $w_C\leqslant0.03\%$ 或 $w_C\leqslant0.08\%$ 时,在牌号首位分别冠以"00"与"0"。例如,4Cr13 表示平均 $w_C=0.4\%$、Cr=13% 的不锈钢;00Cr17Ni4Mo2 表示平均 $w_C\leqslant0.03\%$、$w_{Cr}=17\%$、$w_{Ni}=4\%$ 的不锈钢;0Cr19Ni9 表示平均 $w_C\leqslant0.08\%$、$w_{Cr}=19\%$、$w_{Ni}=9\%$ 的不锈钢。

耐热钢用来制造在高温下工作的零件,如锅炉、蒸汽涡轮、发动机、炼油设备等耐热零件和装置。

耐磨钢主要具有很高的耐磨性,而且借助于使用过程的加工硬化和相变,越磨越硬。用于制造经受严重磨损和强烈冲击的零件,如坦克的履带、粉碎机的颚板、铁轨道岔及地质钻探的钻头等。主要牌号是 ZGMn13,一般只能用铸造的方法获得。

3. 铸铁

铸铁是指含碳量大于 2.11% 的铁碳合金,它是一种成本低廉并具有良好性能的金属材料。与钢相比,虽然铸铁的力学性能较低,但由于它具有良好的铸造性能、良好的减摩性能、良好的切削加工性能、优良的消振性和缺口敏感性低,因此在工业上得到了广泛应用。实际中应用的铸铁主要是碳在组织中以石墨形式存在的,即铸铁组织基本上由与钢相似的基体组织及石墨两部分组成,而石墨强度低,相当于在金属基体上布满了小裂纹。因此铸铁的抗拉强度、塑性和韧性远不如钢,但抗压强度差别较小,且石墨的存在能给铸铁带来一系列上文所述的优良性能。

1) 灰口铸铁

铸铁中石墨呈片状存在,其生产工艺简单,成本低廉,应用最广泛。

灰口铸铁的牌号以 HT 后附以数值表示,后面的数字表示铸铁的最低抗拉强度(MPa)。灰口铸铁一般不进行强化热处理。

2) 球墨铸铁

球墨铸铁中石墨呈球状,而球状石墨对基体组织的割裂作用比灰口铸铁有很大程度的减弱。

另外,石墨球越细,球的直径越小、分布越均匀,则球墨铸铁的力学性能越高。球墨铸铁的牌号以 QT 后附以两个数值表示,前一个数值表示最低抗拉强度,后一个数值表示最低延伸率。

3) 可锻铸铁

铸铁中石墨呈团絮状分布,大大削弱了石墨对基体的割裂作用。与灰口铸铁比,可锻铸铁具有较高的强度、一定的塑性和韧性。其牌号以 KTH(Z) 后附以两个数值表示,前一个数值表示最低抗拉强度,后一个数值表示最低延伸率。

1.4.2 有色金属材料及粉末冶金材料

有色金属材料通常是指铝、铜、锌、钛等金属及其合金。与钢铁相比,它们具有许多特殊的物理、化学和力学性能,因而成为现代工业中不可缺少的材料。

1. 铝及合金

铝及合金在工业中的应用量仅次于钢铁。其最大特点是质量小、比强度和比刚度高、导电导热性好、耐腐蚀性好,因而广泛用于飞机制造业,成为航天、航空等工业的主要原材料,同时也广泛用于建筑、运输、电力等各个领域。

工业纯铝的密度为 $2.7g/cm^3$,熔点为 660℃。它具有面心立方晶格结构,所以强度低、塑性好。工业纯铝常含有铁和硅杂质,杂质含量增高,纯铝的强度升高,但导电性、耐蚀性和塑性降低。工业纯铝分铸造纯铝和变形铝两种,铸造纯铝由 ZA1 后附以数值表示,数值表示铝纯度的百分含量。变形铝用 1 后附以字母再附以两位数值表示,数值表示铝百分含量中小数点后两位,字母表示原始纯铝的改型情况,A 表示原始型,如 1A30。

纯铝的强度很低,不能直接作为结构材料,故需要加入一定量的其他元素而制成有较高强度的铝合金。根据其成分和工艺特点,分为形变铝合金和铸造铝合金两大类。

形变铝合金易于塑性加工,故称为形变铝合金。它采用 4 位字符牌号命名,用 2(~8)附以字母再附以两位数值表示,牌号的第一位数值为主要合金元素的顺序号,依次是 Cu、Mn、Si、Mg、Mg+Si、Zn、其他;字母表示原始合金的改型(A 表示原始合金),最后两位数字仅用来识别同一组中不同合金或铝纯度,如 7A04 表示以 Zn 为主要合金元素 4 号原始铝合金(老牌号 LC4)。根据主要的性能特点与用途,形变铝合金又分为防锈铝合金(Al-Mn、Al-Mg 系合金)、硬铝合金(Al-Cu-Mg 系合金)、超硬铝合金(Al-Cu-Mg-Zn 系合金)、锻造铝合金(Al-Mg-Si-Cu 或 Al-Cu-Mg-Ni-Fe 系合金)。

另一类铝合金的塑性差,但在液态时流动性能好,适合铸造,故称为铸造铝合金。其牌号用 ZAl+其他主要元素符号及其含量来表示,如 ZAlSi9Mg,表示含 $w_{Si}=9\%$ 及含少量 $Mg(w_{Mg}=0.17\%\sim0.30\%)$ 的铸造铝硅合金。而合金的代号用 ZL 后附以三位数值表示,第一位数值为合金类别号,后两位数值为合金顺序号。常用铸造铝合金分为 Al-Si 系、Al-Cu 系、Al-Mg 系、Al-Zn 系四大类。如 ZL104 表示 4 号 Al-Si 系铸造铝合金。

2. 铜及合金

工业纯铜又称为紫铜,其熔点为 1093℃,密度为 $8.9g/cm^3$。具有良好的导电性、导热性及抗大气腐蚀性,是抗磁性金属。广泛用作电工导体、传热体及防磁器械等。纯铜为面心立方晶格结构,强度低,塑性好,可进行冷变形强化,焊接性能良好。纯铜的主要杂质是 Pb、Bi、O、S 和 P 等,它们对纯铜的性能影响很大,所以必须严格控制含量。工业纯铜有 T1、T2、T3、T4 四个牌号，数值越大，纯度越低。

为了改善铜的力学性能，通常在纯铜中加入合金元素制成铜合金，以用作结构材料。工业上常用的铜合金主要有黄铜和青铜。

黄铜是以锌作为主要合金元素的铜合金，通常把铜锌二元合金称为普通黄铜，压力加工普通黄铜牌号用 H 后附以数值表示，数值代表平均含铜量，如 H62 表示 Cu 的平均含量为 62%，其余 38% 为 Zn 的普通黄铜。普通黄铜的组织和性能主要受其含锌量的影响。当含锌量小于 32% 时，随着含 Zn 量增加，合金的强度和塑性都升高；当含 Zn 量超过 32% 后，强度继续升高，但塑性开始下降；当含 Zn 量超过 45% 时，会产生脆性组织，使黄铜的强度和塑性急剧下降。

在普通黄铜中加入其他元素的铜合金称为特殊黄铜，压力加工特殊黄铜牌号用"H"+主加元素符号+铜的平均成分+主加元素平均成分+其他元素平均成分，如 HPb59-1 表示 $w_{Cu}=59\%$、$w_{Pb}=1\%$ 的铅黄铜。

如果是铸造铜合金，其牌号由"ZCuZn+锌的平均含量+其他合金符号及平均含量"表示，如 ZCuZn31Al2 表示 $w_{Zn}=31\%$、$w_{Al}=2\%$ 的铸造黄铜。

青铜原先是指人类最早应用的 Cu-Sn 合金。现代工业中把以铝、硅、铍、锰、铅、钛等为主加元素的铜合金均称为青铜。压力加工青铜的牌号表示为"Q+主加元素符号+主加元素平均成分+其他元素平均成分"表示，如 QSn4-3 表示 $w_{Sn}=4\%$、$w_{Zn}=3\%$ 的锡青铜。铸造青铜牌号的表示方法与铸造黄铜相同，如 ZCuPb15Sn8 表示 $w_{Pb}=15\%$、$w_{Sn}=8\%$ 的铸造铅青铜；ZCuSn10Pb1 表示 $w_{Sn}=10\%$、$w_{Pb}=1\%$ 的铸造锡青铜；ZCuAl9Mn2 表示 $w_{Al}=9\%$、$w_{Mn}=2\%$ 的铸造铝青铜。

3. 粉末冶金及硬质合金

1) 粉末冶金

将金属粉末与金属或非金属粉末混合，经过成形、烧结等过程制成零件或材料的工艺方法称为"粉末冶金"。

以铁基粉末冶金为例，其工艺由粉末制取、粉末混合、成形、烧结、后处理和成品等几个过程组成。为了获得必要的性能，一般情况下，在铁粉中加入石墨、合金元素以及用少量的硬质酸锌和机油压制成形润滑剂，并且按一定比例配制混合料。混合料在高压作用下使颗粒间相互咬合而结合成具有一定强度的制品；还需在高温下烧结，增加颗粒间的接触面积，使粉末颗粒结合得更紧密。在此基础上，通过原子的扩散、变形使粉末再结晶以及颗粒长大的过程，得到铁基粉末冶金制品。正常情况下，经烧结后的制品就可以使用，但对精密度、尺寸精度、表面光洁度要求高的制品需进行精压处理；也可对制品进行淬火或表面淬火等热处理来改善其力学性能。对某些制品可以进行浸油或浸渍其他液态润滑剂的处理来达到其润滑和耐蚀的目的。

通常粉末冶金主要用来制造衬套和轴套，一些机械零件（如齿轮、凸轮、摩擦片等）也用粉末冶金来制造。与一般零件的生产方法相比，粉末冶金具有少切削或无切削、材料利用率高、生产效率高、低成本等优点。由于可获得细小而均匀的结晶组织而避免偏析，从而提高了材料的硬度和强度；由于物理力学性能各向同性，减少了热处理变形与应力（用于制造精密刀具）。用粉末冶金还可以制造一些具有特殊成分或特殊性能的制品，如硬质合金、难熔金属及合金、金属陶瓷、耐磨材料等。

2) 硬质合金

硬质合金是采用一种或多种难熔金属的碳化物(WC、TiC等)和金属黏结剂粉末相混合,压制成形,再经高温下烧结而成的一种粉末冶金材料。

硬质合金的分类、应用等内容可参见3.1.3节,在此不再赘述。

【小结】

(1)金属材料的各种力学性能。金属材料性能包括使用性能和工艺性能。使用性能主要指力学性能、物理性能和化学性能。力学性能是指材料在外加载荷作用下所表现出的特性,包括强度、塑性、硬度、冲击韧性、疲劳强度等。

(2)金属材料的晶体结构,铁碳相图主要点、线的含义。常见的金属晶格包括体心立方晶格、面心立方晶格和密排六方晶格。晶粒的大小对金属材料的力学性能有很大影响,生产中常采用增大冷速、变质处理以及振动处理等方法细化晶粒,提高金属的性能。合金的结构比纯金属复杂,在固态时一般可分为固溶体、金属化合物和机械混合物三类。铁碳相图主要点包括纯铁的熔点、共晶点、渗碳体的熔点、同素异构转变点以及共析点等。铁碳相图主要线包括液相线、固相线、共晶线、溶解度曲线以及共析线等。

(3)钢的热处理原理和常用热处理方法。热处理指采用适当的方式对金属材料或工件在固态下进行加热、保温和冷却,以获得预期的组织结构和性能的工艺方法。常用热处理方法包括退火、正火、淬火、回火、表面淬火、表面化学热处理。

(4)常用的金属材料分为黑色金属和有色金属材料两大类。黑色金属指钢和铸铁,钢可大致分为碳素钢和合金钢两大类。碳素钢包括普通碳素结构钢、优质碳素结构钢、碳素工具钢和铸钢。合金钢按用途分为结构钢、工具钢和特殊性能钢等。

【知识拓展】

激光加热表面淬火

工艺:将高功率密度的激光束照射到工件表面,使表面快速加热到奥氏体区,依靠工件本身热传导迅速自冷而获得一定淬硬层的工艺操作。

硬化层:1~2mm。

应用:用于汽车、拖拉机汽缸套、汽缸、活塞环、凸轮轴等零件。

特点:淬火质量好,组织超细化,硬度高,脆性极小,工件变形小,不需要回火,节约能源,无污染,效率高,便于自动化,但是设备昂贵。

思考与练习

(1)何谓强度、塑性、硬度、韧性?评价指标有哪些?

(2)金属的工艺性能主要包括哪些?

(3)什么是晶体、晶格、晶胞?什么是合金、组元、固溶体、固溶强化?

(4)金属常见的晶格有几种?试举例。

(5)铁碳合金的基本组织有哪些?

(6)绘制简化的铁碳合金相图,并解释主要特性点和特性线的意义。

(7)什么是钢的热处理?热处理方法有几种?

(8) 何谓碳钢、合金钢？工程铸铁一般分为几类？

(9) 指出下列牌号的意义、用途：

Q235、45、65Mn、T8A、20CrMnTi、40Cr、60Si2Mn、GCr15、9SiCr、W18Cr4V、HT200、QT600-3、ZL104、ZCuZn31Al2

(10) 将下列材料与其适宜的热处理方法用连线联系起来：

20CrMnTi、40Cr、60Si2Mn、GCr15、9SiCr

淬火＋低回　调质　渗碳＋淬火＋低回　淬火＋中回

(11) 45钢在840℃保温一定时间放入不同介质中冷却，试回答表中问题：

冷却方式	热处理名称	力学性能比较(高、较高、低)	
		强　度	塑　性
炉　冷			
空　冷			
水　冷			
水冷＋高回			

知识模块 2　金属材料的成型

毛坯是根据零件或产品所要求的形状、工艺尺寸等制成,供进一步加工用的生产对象。毛坯的选择不仅要满足进一步加工的技术要求和考虑对机械加工及装配产生的影响,而且要对毛坯制造的工艺、设备、成本等进行全面的权衡。毛坯常用的制造方法有铸造、锻压和焊接三类。

课题 1　铸　　造

【学习目标】
(1)了解铸造在机械加工中的意义、优点及分类。
(2)掌握铸造的主要工艺过程及主要工序。
(3)掌握手工造型的主要方法及其适用范围。
(4)了解几种特种铸造工艺。

【重点难点】
(1)课题的重点是掌握砂型铸造工艺过程。
(2)课题的难点是如何理解熔模铸造。

2.1.1　铸造的工艺基础

铸造是将液体金属浇注到具有与零件形状相适应的铸型空腔中,待其冷却凝固后获得零件或毛坯的方法。铸件表面比较粗糙,尺寸精度不高,需经切削加工后才能成为零件。若采用精密铸造的方法,或对零件的精度要求不高时,铸造也能直接生产零件。

1. 合金的铸造性能

铸造合金除应具有符合要求的力学性能和物理、化学性能外,还必须考虑其铸造性能。合金的铸造性能主要有流动性、收缩性等,这些性能对于是否容易获得优良铸件是至关重要的。

1)流动性

液态金属本身的流动能力,称为流动性。流动性好的金属,充填铸型能力强,易于获得外形完整、轮廓清晰、薄壁以及形状复杂的铸件。影响流动性的主要因素是合金的化学成分和浇注温度。在常用的铸造合金中,铸铁流动性好,铸钢的流动性较差。适当地提高浇铸温度,是防止铸件产生浇不到、冷隔的工艺措施之一。

2)收缩性

液态金属在冷却和凝固过程中,所发生的体积缩小的现象称为收缩。收缩率大,则易造成缩孔、缩松等铸造缺陷,还容易在铸件中产生大的内应力,使铸件变形以致形成裂纹,同时不易获得尺寸准确的铸件。影响收缩性的主要因素有化学成分、浇注温度、铸件结构和铸型条件等。为减少收缩,浇铸温度不宜过高。

3) 偏析

在铸件中出现化学成分不均匀的现象称为偏析。偏析使铸件性能不均匀,严重的会使铸件报废。为防止偏析,在浇铸时应充分搅拌或加速合金液冷却。

2. 铸造生产过程

(1) 根据零件的要求,准备一定的铸型。

(2) 将金属液体浇满铸型的型腔。

(3) 金属液体在铸型的型腔内凝结成型,就能获得一定形状和大小的铸件。

3. 铸造生产的特点

(1) 铸件的尺寸可从几毫米到十多米,质量可从几克到百吨以上。其使用的材料基本上不受限制,铸铁、铸钢、各种有色金属都可用于铸造。铸造尤其适用于形状复杂的零件。有些难以切削的零件,如燃汽轮机的镍基合金零件不用铸造方法无法成型。

(2) 由于铸件与机器零件的形状和尺寸很接近,从而可以省去很多机械加工工序,并节约了金属材料。

(3) 铸造生产一般不需要贵重、精密的设备,投资少,生产周期短,成本低。

(4) 铸件的力学性能较低,所以比较笨重。此外由于工艺过程中某些质量控制问题还难以解决,故铸件质量不够稳定,废品率较高。某些铸造工艺的劳动强度还比较大。

4. 铸造工艺分类

按照铸型的特点,铸造工艺可分为砂型铸造和特种铸造两大类。特种铸造中又分为金属型铸造、熔模铸造、压力铸造、离心铸造等。

在铸造生产中,砂型铸造是应用最广泛的一种方法。世界各国用砂型铸造生产的铸件约占铸件总产量的80%以上。

特种铸造中的各种工艺方法,都有一定的适用范围。但是,它们有下列共同特点:制造的铸件尺寸精度高,表面粗糙度值低,可以减少或完全省去机械加工;生产过程易于实现机械化、自动化,劳动生产率较高。因此,大力推广特种铸造工艺,是当前国内外铸造生产的发展方向之一。

2.1.2 砂型铸造

把熔融的金属注入用型砂制成的铸型中,凝固后而获得铸件的方法,称为砂型铸造。砂型在铸件取出后便已损坏,不能再使用,所以砂型铸造也称一次性铸造。

1. 砂型铸造的生产过程

主要包括制模、配砂、造型、造芯、合型、熔炼、浇注、落砂、清理和检验,如图2-1所示。

1) 根据零件图的形状和尺寸制造模样和芯盒

模样和芯盒是制造铸型的依据和工具,由木材或金属制成,是根据零件图和机械加工的工艺要求(加工余量、加工方法等)制造的。在制造时还要考虑其他一些因素,如金属凝固后的体积收缩量、起模的方便等。模样用以形成与零件外部轮廓相适用的空腔;芯盒用以制造型芯,常用以形成铸件的内部孔穴。

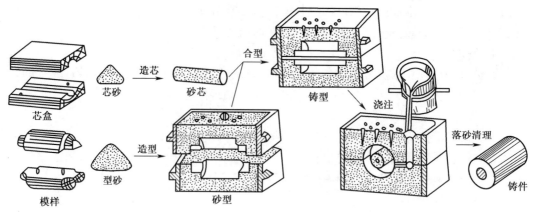

图 2-1 砂型铸造的生产过程

2）用模样和型砂制造砂型（造型）；用芯盒和芯砂制造型芯（造芯）

造型采用的混合料称为型砂，造芯采用的混合料称为芯砂。型砂和芯砂均由砂子、黏结剂、附加物（木屑和煤粉等）和水按一定比例混合而成。型砂和芯砂应具有在起模、搬运、合箱时不易损坏（强度），在高温液态金属作用下不熔化、不软化、不黏结金属（耐火度），允许气体排出（透气性）等性能，还应具有韧性、退让性等。这些性能对铸件的质量有很大的影响。

铸件的内部如有空腔，则需要以型砂为原料，制成一个与空腔形状尺寸相当的型芯放入铸型内，在铸件冷却后捣去型芯，即得出所需的空腔，这就称为制芯，制芯用的工具称为型芯盒，如图 2-2 所示。

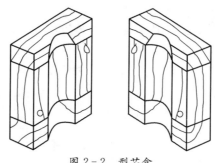

图 2-2 型芯盒

3）烘干、合箱

将制造好的型芯烘干、砂型烘干（如为湿型铸造，砂型不需烘干），然后按装配要求放入型芯，使上下砂型合型准备浇注。

4）熔炼、浇注

熔炼金属或合金的常用设备有冲天炉、电炉、坩埚炉等。浇注时要注意控制浇注温度和浇注速度，以避免产生各种缺陷。

5）落砂、清理及检验

落砂是把铸件从铸型中取出的操作。可采用手工或机械进行，但不能过早，以免铸件冷却过快，内应力增加，以致变形开裂。铸件自浇注冷却的铸型中取出后，有浇口、冒口及金属毛刺，砂型铸造的铸件还粘附着砂子，因此必须经过清理工序。进行这种工作的设备有抛丸机、浇口冒口切割机等。砂型铸件落砂清理是劳动条件较差的一道工序,有些铸件因特殊要求,还要经铸件后处理,如热处理、整形、防锈处理、粗加工等。因此清理主要是去除铸件表面粘砂、毛刺、多余金属(浇口、冒口、氧化皮)等。检验项目可根据铸件质量要求的高低进行外观、金相组织、化学成分、内部探伤、水压实验等检验。

2. 造型方法

造型方法分为手工造型和机器造型两类。手工造型是单件小批量生产的主要造型方法,机器造型主要应用于大批、大量生产。手工造型的方法很多,常用的有整模造型、分模造型、挖砂造型、活块造型等。应根据零件的技术要求、铸件形状、尺寸大小和生产批量等不同情况合理选用。

1) 整模两箱造型

模样做成整体,用两个砂箱制造铸型的过程。如果一个铸件的最大截面在其端部,选此面作分型面能将该铸件全部放置在一个砂箱内,造型时又易于起模。这类铸件就用整模两箱造型。模型是整体的,铸型的型腔一般只在下箱,适用形状简单的铸件。图2-3所示为铸件整模两箱造型的过程。

图 2-3 整模两箱造型

造型的程序大致为:
(1) 置模样于底板上造下箱,填砂、紧实、扎通气孔和刮平,如图2-3(a)～图2-3(d)所示。
(2) 把下箱翻转180°置于底板上,在铸型表面喷刷涂料(常用石墨粉或石墨水浆)以防止粘砂,同前造上箱,如图2-3(e)～图2-3(g)所示。
(3) 开外浇口,扎通气孔,拔除浇口棒(图略)。
(4) 取下上箱,取出模样,合箱,上、下箱夹紧或压铁,即可进行浇注,如图2-3(h)～图2-3(l)所示。
(5) 图2-3(m)所示为取出的完整铸件。

2) 分模造型

当铸件用整模造型不便时,则以铸件的最大截面为分型面,将模样分成两部分或几部分,用两箱或多箱造型。其适用形状复杂,特别有孔的铸件。图2-4所示为分模造型的过程。

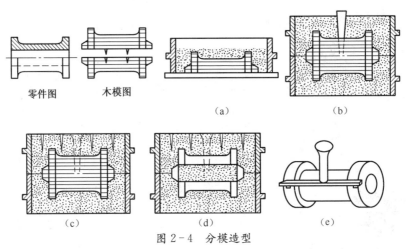

图2-4 分模造型

模样分为两半,分别在上、下两砂箱内造型。造型的程序大致如下:
(1) 根据零件图制作木模,然后置下半模于底板上造下箱,填砂、紧实和刮平,如图2-4(a)所示。
(2) 把下箱翻转180°置于底板上,合上上半模,并放浇口棒,同前造上箱,如图2-4(b)所示。
(3) 开外浇口,扎通气孔,拔除浇口棒,如图2-4(c)所示。
(4) 取下上箱并翻转180°,分别取出两半模样,开挖横浇口和内浇口,在铸型表面喷刷涂料(常用石墨粉或石墨水浆)以防止粘砂,然后放置型芯,合箱,上、下箱夹紧或压铁,即可进行浇注,如图2-4(d)所示。图2-4(e)所示为取出的完整铸件。

3) 挖砂造型

当铸件的最大截面不在端部,且模样又不便分成两部分时,常将模样做成整体,采用挖砂造型。其适用于单件小批量生产。图2-5所示为挖砂造型。

4) 活块造型

当模样有侧面伸出部分并妨碍起模时,常做成活块,起出主体模样后,再将活块取出。

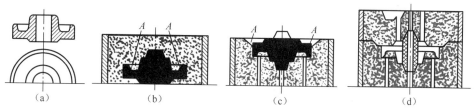

图 2-5 挖砂造型
(a)铸件；(b)做下箱；(c)挖砂；(d)合箱。

其适用于单件、小批量生产，如图 2-6 所示。

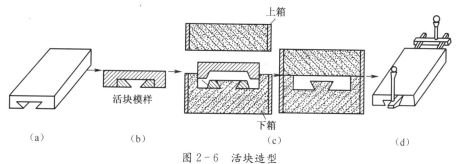

图 2-6 活块造型
(a)零件；(b)模样；(c)铸型；(d)铸件。

3. 浇注系统

金属液进入铸型的通道称为浇注系统，如图 2-7 所示。它由浇口杯 1、直浇道 2、横浇道 3 和内浇口 4 等部分组成。对简单的小铸件，只要直浇道和内浇口即可。

大多数情况下，造型时还要设置冒口，其作用为排出型腔中的气体，并在金属凝固收缩时，向铸件补充金属液。

4. 铸造合金的熔炼及浇注

金属熔炼不仅仅是单纯的熔化，还包括冶炼过程，使浇进铸型的金属，在温度、化学成分和纯净度方面都符合预期要求。为此，在熔炼过程中要进行以控制质量为目的的各种检查测试，液态金属在达到各项规定指标后方能允许浇注。有时，为了达到更高要求，金属液在出炉后还要经炉外处理，如脱硫、真空脱气、炉外精炼、孕育或变质处理等。熔炼铸造合金液应符合下列要求：

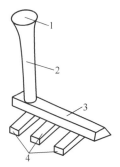

图 2-7 浇注系统
1—浇口杯；2—直浇道；
3—横浇道；4—内浇口。

(1) 金属液温度足够高。
(2) 金属液化学成分应符合要求。
(3) 熔化效率高，燃料消耗少。

熔炼金属常用的设备有冲天炉、电弧炉、感应炉、电阻炉、反射炉等。冲天炉以焦碳为原料用于熔化铸铁；电弧炉和感应炉多用于熔化铸钢；反射炉和坩埚炉多用于熔化有色金属。

2.1.3 特种铸造

砂型铸造在生产中应用虽然广泛，但仍存在着劳动条件差、铸件力学性能不高、表面质量不好、废品率高等缺点。因此,在一定条件下,可根据零件结构、尺寸、技术要求、铸造合金及生产批量等选用特种铸造方法来生产铸件。

特种铸造方法很多,常用的有金属型铸造、压力铸造、离心铸造和熔模铸造等。

1. 金属型铸造

将液体金属在重力作用下浇入用金属制成的铸型获得铸件的方法称金属型铸造,又称硬模铸造。常见的垂直分型式金属型如图 2-8 所示,由定型和动型组成,分型面位于垂直位置。浇注前两个半型合紧,凝固后利用简单的机构使两半型分开,取出铸件。

金属型铸造实现了一型多铸,生产率高,铸件的晶粒较砂型细小,力学性能有所提高,铸件尺寸精度高、表面粗糙度值低,表面质量也较好,加工余量小或不需加工,生产过程易于实现机械化、自动化。但金属型铸造周期较长,成本较高,加之金属型导热快,不易铸造薄壁、复杂铸件。一般用于不太复杂、壁厚均匀的中小铸件,尤其适用于有色金属铸件,如铝活塞、汽缸盖、油泵壳体、铜瓦、衬套等。图 2-8 为发动机铸造铝合金活塞的金属型。

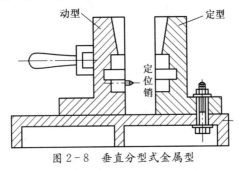

图 2-8 垂直分型式金属型

2. 压力铸造

压力铸造(简称压铸)是将熔融金属在高压作用下迅速压入金属铸型,并在压力作用下冷凝获得铸件的方法。

压铸成形是通过压铸机来实现的。图 2-9 所示为卧式压铸机的工作示意图。用定量勺将金属液注入压缸(图 2-9(a)),活塞向左推移,将金属液压入铸型,并稍停片刻后,使金属液在压力下凝固(图 2-9(b)),芯棒退出,右边的动型分开(图 2-9(c)),活塞退回,铸件由推杆推出(图 2-9(d))。

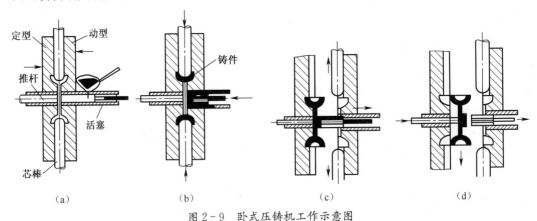

图 2-9 卧式压铸机工作示意图

(a) 向压缸注入液体金属;(b) 将液体金属压入铸型;(c) 芯棒退出,压型分开;(d) 活塞退回,退出铸件。

压铸是高压、高速成形,特别适于铸造复杂、薄壁的有色金属铸件,应用于成批、大量生产。还能直接铸出小孔、螺纹、轮齿等,铸件结晶细密,铸件尺寸精度有时可高达IT8～IT9级,表面粗糙度 Ra 为 $3.2\mu m$～$0.8\mu m$,有时可达 $0.4\mu m$,一般不经切削加工即可直接使用,省工省料,是一种少无切削加工方法,生产率很高。缺点是不宜制造厚壁铸件,设备和模具费用高;模具生产周期长。其除在机械、汽车、轻工等工业部门普遍应用外,目前在无线电、电子仪器、仪表、电器、计算机等工业部门也得到了广泛应用。

3. 离心铸造

离心铸造是将液体金属浇入以一定速度旋转的铸型中,在离心力的作用下凝固成形的铸造方法。

图2-10所示为立式离心铸造机和卧式离心铸造机工作示意图。立式离心铸造机成形的铸件内表面呈抛物面,故只适用于高度不大的环形件及实心铸件。较长的管件则在卧式离心铸造机上成形。

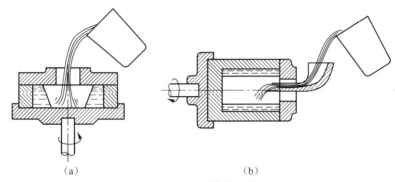

图2-10 离心铸造示意图
(a) 立式离心铸造机;(b) 卧式离心铸造机。

离心铸造用的铸型有金属型、砂型等。浇注空心铸件不需用芯子,也不用浇注系统,铸件没有气孔、缩孔,组织致密,强度高;无浇口、冒口,金属损耗较少,节省材料;可铸造薄壁圆筒和双金属铸件。但其尺寸精度低,内孔表层组织疏松,应放大内孔的加工余量,离心铸造不宜浇注易产生比重偏析的合金,如铸造铅青铜等。适用于回转体铸件的生产,如轴套、缸套、活塞环、铸铁管和圆柱形铸坯等。

4. 熔模铸造

它是用易熔材料(如蜡料等)制成模样,在其表面包覆若干层耐火涂料,制成壳型,将液体金属浇入壳型中冷凝获得铸件的方法。熔模铸造的工艺过程如图2-11所示。

首先制成一金属母模(图2-11(a));其次根据母模做出压型,用铝合金或低熔点合金、塑料、石膏等制造(图2-11(b));再根据压型用蜡料制成蜡模(图2-11(c));为减少合金消耗和提高生产率,常把数个蜡模组成一个蜡模组(图2-11(d));在蜡模表面上涂以耐火材料制成型壳(图2-11(e));然后加热熔去蜡模,形成空心的耐火型壳即铸型(图2-11(f));为防止型壳在焙烧、浇注时变形或破裂,常将型壳置于砂箱中,周围用干砂填紧,并经焙烧(图2-11(g));最后向型壳内浇注金属液而获得铸件(图2-11(h))。铸件取出时要进行脱壳、清理。

熔模铸造生产的铸件精度较高,可达IT9～IT12级,表面粗糙度 Ra 为 $12.5\mu m$～

1.6μm。一般可不进行切削加工;所需设备简单、投资少,不受生产批量限制。缺点是工艺过程复杂,生产周期长;由于受蜡模、型壳强度和刚度的限制,铸件质量一般不超过25kg。常用于制造高熔点、高硬度、难加工的合金铸件及各种复杂形状的铸件等。目前,熔模铸造在电子、动力、航空、仪表、汽车等工业部门都有广泛的应用。

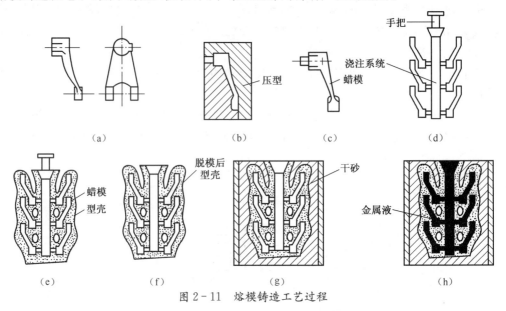

图2-11 熔模铸造工艺过程

总之,铸造生产方法很多,它们都有各自的特点,应根据不同的条件合理选用。

课题2 锻压加工

【学习目标】
(1)了解塑性变形的主要加工类型及锻压生产的特点。
(2)掌握自由锻的特点、设备、基本工序。
(3)掌握板料冲压的特点、基本工序。

【重点难点】
掌握自由锻基本工序及板料冲压基本工序。

2.2.1 锻压的工艺基础

锻压是对坯料施加外力,使其产生塑性变形,改变尺寸、形状及改善性能,用以制造机械零件或毛坯的成形加工方法。它是锻造与冲压的总称。锻造是在锻压设备及工(模)具作用下,使金属坯料产生塑性变形。冲压是利用装在压力机上的冲模对材料施加压力,使其产生相互分离或塑性变形。

1. 金属的可锻性

金属的可锻性是衡量金属材料经受压力加工时难易程度的一项工艺性能,通常用塑性和变形抗力来综合衡量。塑性好,变形抗力小,则可锻性好,反之可锻性差。金属可锻性的好坏与下列因素有关。

(1) 化学成分。一般纯金属的可锻性比合金的好,合金含量越高,可锻性越差。

(2) 金属组织结构。纯金属及其固溶体的可锻性好,而碳化物(如渗碳体)可锻性差;金属的晶粒越小,其塑性越高,虽然变形抗力略有上升,但可锻性仍较好;金属的组织越均匀,其塑性也越好。

(3) 变形温度。提高金属变形时的温度,使原子的动能增加,原子间的结合力减弱,使产生滑移变形所需要的应力减小,因此塑性增加,变形抗力下降,改善了金属的可锻性。加热温度过高会产生过热、过烧、脱碳、严重氧化等现象,甚至使锻件报废;温度过低,金属加工硬化现象严重,强行锻造也会破坏锻件。适合锻造的温度范围称为锻造温度,由合金相图确定。

2. 锻压加工的基本方式

(1) 锻造。它是在加压设备及工(模)具的作用下,使坯料、铸锭产生局部或全部的塑性变形,以获得一定几何尺寸、形状和质量的锻件的加工方法。锻造包括自由锻造和模型锻造。

(2) 板料冲压。利用冲裁力或静压力,使金属板料在冲模之间受压产生分离或成形而获得所需产品的加工方法。

(3) 轧制。利用轧制力(摩擦力),使金属在回转轧辊的间隙中受压变形而获得所需产品的加工方法。轧制生产所用原材料主要是钢锭,轧制产品有型钢、钢板、无缝钢管等。

(4) 挤压。利用强大的压力,使金属坯料从挤压模的模孔内挤出并获得所需产品的加工方法。挤压的产品有各种形状复杂的型材,以及轴承的内、外圈。

(5) 拉拔。利用拉力,使金属坯料从拉模孔拉出,并获得所需产品的加工方法。拉拔产品有线材、薄壁管和各种特殊几何形状的型材。

3. 锻压加工的特点

(1) 能消除金属内部缺陷,改善金属组织,提高力学性能。金属经压力加工后,可以将铸锭中气孔、缩孔、粗晶等缺陷压合和细化,从而提高金属组织致密度;还可以控制金属热加工流线,提高零件的冲击韧度。

(2) 具有较高的生产效率。以生产内六角螺钉为例,用模锻成形比切削成形效率提高50倍,若采用多工位冷镦工艺,比切削成形生产率提高400倍以上。

(3) 可以节省金属材料和切削加工工时,提高材料利用率和经济效益。用锻压加工坯料,再经切削加工成为所需零件,要比直接用坯料进行切削加工既省材又省时。如某型号汽车上的曲轴,质量为17kg,采用钢坯直接切削加工时,钢坯切掉的切屑为轴质量的189%,而采用锻压制坯后再切削加工,切屑只占轴质量的30%,并减少1/6的加工工时。

(4) 锻压加工的适应性很强。锻压能加工各种形状和各种质量的毛坯及零件,其锻压件的质量可小到几克,大到几百吨,可单件小批生产,也可以成批生产。

但锻压成形困难,对材料的适应性差。因为锻压成形是金属在固态的塑性流动,其成形比铸造困难得多。形状复杂的工件难以锻造成形,锻件的外形轮廓也难于充分接近零件的形状,材料的利用率低;塑性差的金属材料(如灰铸铁)不能锻压成形,只有那些塑性优良的钢、铝合金、黄铜等材料才能进行锻造加工;另外锻造设备贵重,锻件的成本也比铸件高。

如上所述,锻压不仅是零件成形的一种加工方法,还是一种改善材料组织性能的加工方法。与铸造比较,具有强度高、晶粒细、冲击韧度好等优点。与由棒料直接切削加工相比,可节约金属,降低成本。如采用轧制、挤压和冲压等加工方法,还可提高生产率。因此,在机械制造业中,许多重要零件(如轴类、齿轮、连杆、切削刀具等),都是采用锻压的方法成形的。所以,锻压生产被广泛地用于汽车、造船、国防工业、电器仪表、农业机械等部门中。

2.2.2 自由锻造

自由锻造是只用简单的通用性工具或在锻造设备的上、下砧之间直接使坯料变形,从而获得所需几何形状及内部质量的锻件的一种成形加工方法。金属坯料在变形时,除与工具接触的部分外均作自由流动,故称自由锻。

1. 自由锻造的特点

(1) 改善组织结构,提高力学性能。在自由锻过程中,金属内部粗晶结构被打碎;气孔、缩孔、裂纹等缺陷被压合,提高了致密性,金属的纤维流线在锻件截面上正确分布,因而大大提高了金属的力学性能。

(2) 自由锻成本低,经济性合理。其所用设备、工具通用性好,生产准备周期短,便于更换产品。

(3) 自由锻工艺灵活,适用性强。锻件质量范围可以为 1kg~300t,是锻造大型锻件的唯一方法。

(4) 自由锻件尺寸精度低。自由锻件的形状、尺寸精度取决于技术工人的水平。因此,自由锻主要用于单件小批、形状不太复杂、尺寸精度要求不高的锻件及一些大型锻件的生产。

2. 自由锻设备

自由锻设备分为两类:一类是产生冲击力的设备,如空气锤和蒸汽—空气锤;另一类是产生静压力的设备,如水压机等。

(1) 空气锤。是冲击作用式锻造设备,广泛用于小型锻件生产,它的结构比较简单,操作灵活,维修方便,其锻造能力用吨位大小即落下部分的质量来衡量。空气锤吨位一般为 40kg~1000kg,常用吨位范围为 65kg~750kg,自由锻锤吨位的选择主要根据锻件材料、形状和尺寸的大小。其中蒸汽—空气自由锻锤锻制中型锻件。

(2) 水压机。水压机的特点是以高压水为动力,在静压力下使坯料产生塑性变形,其工作平稳,噪声小,工作条件好;变形速度慢,有利于获得金属再结晶组织,从而改善锻件的内部组织,适于锻制大型锻件和具有特殊物理性能的合金钢锻件。

3. 自由锻造的基本工序

自由锻造工序分三类:辅助工序、基本工序和精整工序。

自由锻造的一些基本方法都称为自由锻造的基本工序,包括切割、镦粗、拔长、弯曲、错移、扭转和冲孔工艺等。除基本工艺外,有时因简便操作增加辅助工序(如压钳口、倒棱等),为了减少表面缺陷增加精整工序(如平整)。

1) 拔长

使坯料长度增加、横截面积减小的工序称为拔长,如图 2-12(a)所示。

工艺要求:坯料的下料长度应大于直径或边长;拔长凹档或台阶前应先压肩;矩形坯

料拔长时要不断翻转,以免造成偏心与弯曲。

应用:广泛用于轴类、杆类锻件的生产(还可以用来改善锻件内部质量)。

2) 镦粗

使坯料的横截面积增加、高度减小的工序称为镦粗,如图 2-12(b)、(c)所示。

工艺要求:圆坯料的高度与直径之比应小于 2.5,否则易镦弯;坯料加热温度应在允许的最高温度范围内,以便消除缺陷,减小变形抗力。

应用:主要用于圆盘类工件,如齿轮、圆饼等,也可以作为冲孔前辅助工序。

3) 冲孔

在工件上冲出通孔或不通孔的工序称为冲孔,如图 2-12(d)所示。

工艺要求:孔径小于 450mm 的可用实心冲子冲孔;孔径大于 450mm 的用空心冲子冲孔;孔径小于 30mm 的孔,一般不冲出。冲孔前将坯料镦粗以改善坯料的组织性能及减小冲孔的深度。

应用:主要用于空心锻件,如齿轮、圆环和套筒等。

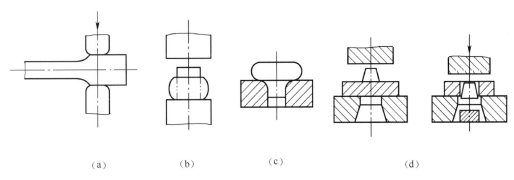

图 2-12 自由锻造的基本工序
(a) 拔长工序;(b)、(c) 镦粗工序;(d) 冲孔工序。

2.2.3 模锻

利用模具使毛坯变形而获得锻件的锻造方法称为模锻。因金属坯料是在模腔内产生变形的,因此获得的锻件与模腔的形状相同。

1. 模锻的特点

与自由锻相比,模锻的优点为:生产效率高;锻件尺寸精度高,加工余量小;能锻造形状复杂的锻件;热加工流线较合理;操作过程简单,易于实现机械化,工人劳动强度低。其缺点为:模锻的模具成本高,而且加工工艺复杂,生产周期长;所需设备吨位大,故锻件不能太大,一般在 150kg 以下。一套模具只能生产一种锻件,工艺灵活性不如自由锻。模锻只适用于中、小型锻件的大批量生产。

2. 常用模锻方法

按使用设备的不同将模锻分为锤上模锻、压力机上模锻和胎模锻等。

图 2-13 所示为模锻工作示意图。锻造时,是把模具的上模 2、下模 1 分别固定在锻锤的锤头 3 和砧座 5 的模座 4 上。坯料 A 放入模具的模腔内锤击,B 为变形中某个瞬时的状态。C 为带有飞边的锻件。切下飞边 D 后,即得到锻件 E。

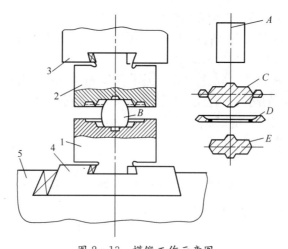

图 2-13 模锻工作示意图
1—下模；2—上模；3—锤头；4—模座；5—砧座。

对于形状复杂的锻件，用一个模镗难以获得所需形状和尺寸，则需要使用多模镗模具，使坯料形状和尺寸逐步接近锻件。

2.2.4 板料冲压

板料冲压是利用装在压力机上的模具对金属板料加压，使其产生分离或变形，从而获得毛坯或零件的一种加工方法。板料冲压的坯料通常都是厚度在 1mm～2mm 以下的金属板料，而且冲压时一般不需加热，故又称为薄板冲压或冷冲压，简称冷冲或冲压。只有在板料厚度超过 8mm～10mm 时，才采用热冲压。

1. 板料冲压的特点

(1) 能压制其他加工工艺难以加工或不能加工的形状复杂的零件。

(2) 冲压件的尺寸精度高，可满足互换性的要求，表面很光洁。

(3) 冲压件的强度高，刚度好，质量小，材料的利用率高，一般为 70%～85%。

(4) 板料冲压操作简便，易于实现机械化、自动化，生产效率高。

(5) 冲压模具制造周期长，并需要较高制模技术，成本高。

因此板料冲压适用于大批量生产。在汽车、拖拉机、电机电器、仪表、国防工业及日常生产中都得到广泛应用。

2. 板料冲压的基本工序

按板料的变形方式，可将冲压基本工序分为分离和变形两大类。

1) 分离工序

分离工序是使坯料的一部分相对另一部分产生分离，如图 2-14 所示。主要包括剪切(图 2-14(a))、落料和冲孔(图 2-14(b))、切边(图 2-14(c))等。使坯料沿着封闭的轮廓线产生分离的工序，称为冲裁。包括冲孔、落料，二者的变形过程和模具结构都是相同的，不同的是，对于冲孔来讲，板料上冲出的孔是产品，冲下来的部分是废料，而落料工序冲下来的部分为产品，剩余板料或周边板料是废料。

2) 变形工序

变形工序是使坯料的一部分相对另一部分产生位移而不破坏，如图 2-15 所示，包括

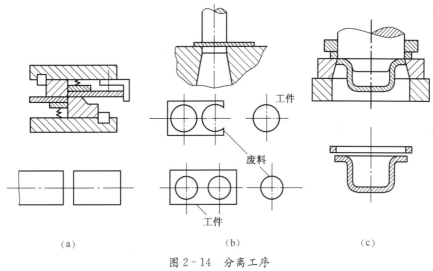

图 2-14 分离工序
(a) 剪切;(b) 落料和冲孔;(c) 切边。

弯曲(图 2-15(a))、拉深(图 2-15(b))、翻边(图 2-15(c))等。弯曲是将板料、型材或管材在弯矩作用下,弯成具有一定的曲率和角度零件的成形方法;拉深是将平板毛坯利用拉深模制成开口空心零件的成形工艺方法;翻边是在带孔的平坯料上,用扩孔的方法获得凸缘的工序。

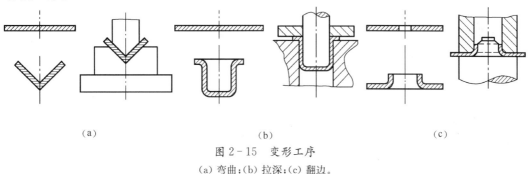

图 2-15 变形工序
(a) 弯曲;(b) 拉深;(c) 翻边。

3. 冲压模具

冲压用的模具称为冲模。冲压工作开始前,冲模的设计与制造是一项很重要的任务。它对冲压件的加工质量和生产率起着关键的作用。冲模是一种比较复杂和精度要求比较高的装备。一般模具都有十多个零件组成,它除了包含主要的工作零件——凸模和凹模外,还要有定位、压料、卸料、出件、导向、支撑、固定等零部件。

冲模按工序内容可分为落料模、冲孔模、弯曲模、拉深模等;按工序的组合程度可分为简单模、复合模和连续模等。

简单模,如图 2-16 所示,在冲床的一次行程内只能完成一种工序。复合模是在一次行程中,在同一个位置上可以完成两个以上的工序。例如用简单模冲制垫圈,就需用落料和冲孔两套冲模分两次进行;而用复合模则用一套模具可以一次同时完成两种加工内容。连续模是在一套模具的两个工作位置上,先后完成冲孔和落料。后两者的生产率均比简单模高,但模具结构比较复杂。

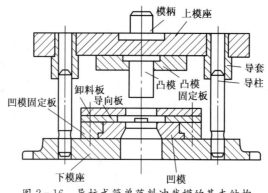

图 2-16 导柱式简单落料冲裁模的基本结构

2.2.5 其他锻压方法简介

随着现代工业的迅速发展,出现了许多先进的锻压方法,如精密锻造、高速锤锻造、挤压成形、辊轧成形、超塑性成形及摆动碾压等。它们的共同特点是:锻压件的精度高,达到少或无切削加工;生产效率高,适用于大批量生产;锻件的力学性能高(合理热加工流线);易实现机械化和自动化,大大改善了工人劳动条件。

课题 3 焊 接 生 产

【学习目标】
(1)了解焊接加工的主要类型及焊接生产的特点。
(2)掌握手工电弧焊的特点、设备、工艺。
(3)了解气焊与气割的特点。

【重点难点】
(1)课题的重点是掌握手工电弧焊的焊接过程及工艺。
(2)课题的难点是如何理解气割原理。

2.3.1 焊接的工艺基础

焊接是指通过加热、加压或同时加热加压,使两个分离的固态物体产生原子或分子间的结合和扩散,形成永久性连接的一种工艺方法。它可以连接同种金属、异种金属、某些烧结陶瓷合金以及某些非金属材料。

焊接是一种重要的金属加工工艺。它不仅在机械制造中有着广泛的应用,能解决一些铸造、锻压所不能解决的制造问题,而且在建筑安装工程、管道架设、桥梁建造等方面,也占有重要的地位。我国工业建设中的一些重大产品,如直径 16m 的大型球罐、1200t 水压机、人造卫星等,在其制造过程中,焊接均为一种主要的工艺方法。

1. 焊接的特点

(1) 节省金属材料,减小构件质量。与铆接相比,可节省材料 15%～20%。如将铸件改为焊接结构,质量可减少 30%～50%。

(2) 可以以小拼大,简化工艺,缩短生产周期,加之上述特点,故产品成本低。

(3) 焊接接头可靠、产品质量好,与铆接相比,气密性好。

(4) 便于实现工艺过程机械化、自动化。

2. 金属材料的焊接性

金属焊接性是指金属在一定的焊接方法、焊接材料、工艺参数及结构形式条件下,获得优良焊接接头的难易程度。包括工艺性能和使用性能。

工艺性能是指在一定工艺条件下,焊接接头产生工艺缺陷的倾向,尤其是出现裂纹的可能性;使用性能是指焊接接头在使用中的可靠性,包括力学性能及耐热、耐蚀等特殊性能。

3. 焊接的分类

焊接方法的种类很多,按焊接过程特点可分为三大类。

(1) 熔化焊(简称熔焊)。把两个焊件上需焊接处的金属加热至熔化状态,并加入填充金属,至熔化金属凝固后把焊件接合起来。

(2) 压力焊(简称压焊)。焊接时不论加热与否,都需要对焊件的需焊接处施加一定压力,使两结合面接触紧密并产生一定的塑性变形,从而把两焊件连接起来。

(3) 钎焊。焊件经适当加热但未达到熔点,而熔点比焊件低的钎料加热到熔化,填充在焊件连接处的间隙中。钎料凝固后形成钎缝,在钎缝中钎料和母材相互扩散、溶解,形成牢固的结合。

上述焊接方法中,以熔焊应用最为广泛,其中尤以电弧焊的应用最为普遍。常用的焊接方法分类如图 2-17 所示。

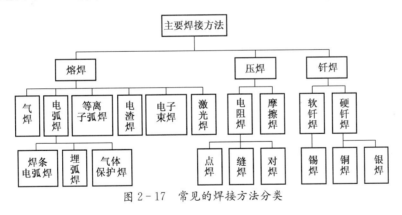

图 2-17 常见的焊接方法分类

2.3.2 焊条电弧焊

焊条电弧焊是电弧焊中的一种,是利用电弧放电时产生的热量(温度高达 3600℃)来熔化母材金属和焊条,从而获得牢固接头的焊接过程。焊条电弧焊设备简单,使用灵活、方便,适用于任意空间位置,不同接头形式的焊缝均能焊接,且能焊接各种金属材料;但生产率低,劳动强度大,焊接质量取决于焊工的技术水平。

1. 焊接过程

焊条电弧焊的焊接过程如图 2-18 所示。将工件和焊钳分别接到电焊机的两个电极上,并用焊钳夹持焊条。焊接时,先将焊条与工件瞬时接触,然后将焊条提到一定的距离(2mm～4mm),于是在焊条端部与工件之间便产生了明亮的电弧。电弧热将工件接头处和焊条熔化形成熔池,随着焊条的向前移动,新的熔池不断产生,旧熔池不断冷却凝固,从而形成连续的焊缝,使工件牢固地连接在一起。

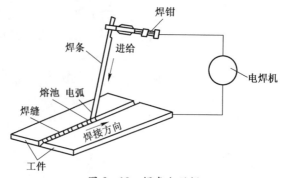

图 2-18 焊条电弧焊

2. 焊条电弧焊设备

对焊条电弧焊设备的基本要求是易于引弧和电弧燃烧稳定。要满足这两个要求,焊接设备应做到:有较大的空载电压和较小的电流,但从安全生产考虑,电压一般控制在 40V～90V;电弧稳定燃烧时,应供给电弧以较低的电压(16V～40V)和较大的电流(几十安至几百安);电流能够调节,以适应不同的焊件材料、不同的厚度和焊接规范的需要。手工电弧焊设备分为弧焊变压器(交流)和弧焊整流器(直流)。

3. 电焊条

电焊条的种类规格很多,但它们都是由焊条芯(简称焊芯)和药皮两部分组成,如图 2-19 所示。

图 2-19 电焊条

焊芯是焊接专用的金属丝,焊接时焊芯的作用:一是导电,产生电弧;二是熔化后作为填充金属,与熔化的母材一起形成焊缝。为了保证焊缝质量,对焊芯金属的化学成分有较严格的要求。因此,焊芯都是专门冶炼的,碳、硅含量较低,硫、磷含量极少。

焊条药皮由矿石粉和铁合金粉等原料按一定比例配制而成。药皮的主要作用是保证焊接电弧的稳定燃烧,防止空气进入焊接熔池,添加合金元素,保证焊缝具有良好的力学性能。

按用途的不同,电焊条有结构钢焊条、不锈钢焊条、铸铁焊条等,其中结构钢焊条应用最广。

4. 焊接工艺

1) 焊接接头形式

焊接前,先要按照焊接部位的形状、尺寸、工件厚度、强度要求、焊接材料消耗量和受力情况等,选择接头的类型。根据 GB/T 3375—1994 规定,焊接碳钢和低合金钢的基本接头形式有对接、搭接、角接和 T 形接四种。手工电弧焊常采用的基本坡口形式有 I 形坡口、V形坡口、X形坡口、U形坡口和K形坡口等五种。各种接头及坡口形式如图2-20～图2-23所示。

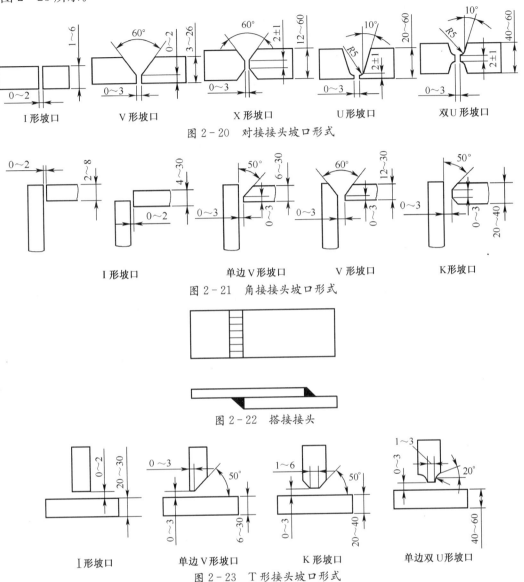

图2-20 对接接头坡口形式

图2-21 角接接头坡口形式

图2-22 搭接接头

图2-23 T形接头坡口形式

2) 焊缝空间位置

按焊缝在空间位置的不同，可分为平焊、立焊、横焊和仰焊四种，如图2-24所示。平焊操作方便，易于保证焊缝质量，应尽可能采用。立焊、横焊和仰焊由于熔池中液体金属有滴落的趋势而造成施焊困难，应尽量避免。若的确需采用这些焊接位置时，则应选用小直径的焊条、较小的电流、短弧操作等工艺措施。

3) 焊接参数

为了保证焊接质量和提高生产率，必须正确选择焊接参数。焊条电弧焊的焊接参数包括焊条直径、焊接电流及焊接速度等。

焊条直径主要根据焊件厚度来选择。焊接厚板时应选较粗的焊条。平焊低碳钢时，

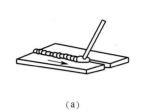 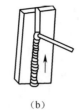 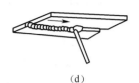

(a) (b) (c) (d)

图2-24 焊缝的空间位置

(a)平焊；(b)立焊；(c)横焊；(d)仰焊。

焊条直径可按表2-1选取。

表2-1 焊条直径的选择

焊件厚度/mm	2	3	4～5	6～12	>12
焊条直径/mm	2	3.2	3.2～4	4～5	5～6

焊接电流主要根据焊条直径选取。焊接电流是影响焊接接头质量和生产率的主要因素。电流过大则焊条易烧红且使药皮失效，金属熔化快，熔深大，金属飞溅大，同时易产生烧穿、咬边；电流过小，则电弧不稳定，易造成焊不透和生产率低等。焊接电流的选择可结合具体情况参照下面经验公式计算：

$$I = k \times d \tag{2-1}$$

式中 I——焊接电流(A)；

d——焊条直径(mm)，按表2-1选择；

k——系数，按表2-2选择。

表2-2 系数k的选择

焊条直径/mm	1.6	2～2.5	3.2	4～6
系数k	15～25	20～30	30～40	40～50

通常横焊和立焊时，焊接电流应减少10%～15%，仰焊时应减少15%～20%。

焊接速度是指焊条沿焊接方向移动的速度。在保证焊透、焊缝高低及宽窄一致的前提下，应尽量快速施焊，焊件越薄，则焊速应越大，这主要靠焊工根据具体情况凭经验灵活掌握。

2.3.3 气焊与气割

气焊是利用可燃气体在氧中燃烧的气体火焰来熔化母材和填充金属以进行焊接的一种工艺方法。气割和多种钎焊也都使用气体火焰加热。

气焊所用设备简单便宜，使用灵活（没有电源的场合也可焊接），操作方便，但其气体火焰的温度没有电弧温度高，加热时间长，生产效率低，热影响区宽，焊后变形大，焊接质量差。它常用于焊接厚度3mm以下的板料、形状复杂的低碳钢以及常见的有色金属的焊件。

1. 气焊火焰

气焊用的气体为纯度不低于98.5%的氧气。燃料为乙炔或氢、煤气、液化石油气等，以乙炔用得最多。根据氧和乙炔的混合比值不同,可将氧乙炔焰分为以下三种,如图2-25所示。

1) 中性焰

氧乙炔混合比为1~1.2(图2-25(a)),又称正常焰,内焰温度最高,可达3000℃~3200℃,适用于低碳钢、中碳钢、低合金钢、不锈钢、纯铜和铝及铝合金等材料的焊接。

2) 碳化焰

氧乙炔混合比小于1(图2-25(b)),火焰比中性焰长,最高温度可达2700℃~3200℃。由于碳化焰中有过剩乙炔并分离成游离状态的碳和氢,导致焊缝产生气孔和裂纹,同时对焊缝有渗碳作用,因此这种火焰适用于含碳量较高的高碳钢、铸铁、硬质合金及高速钢的焊接。

3) 氧化焰

氧乙炔的混合比大于1.2(图2-25(c)),火焰很短,最高温度可达3100℃~3300℃。由于火焰中有过量的氧,会使焊缝金属氧化,形成气孔,部分合金元素在焊接时被烧损,从而导致焊缝金属的力学性能降低,因此一般不采用。只有焊接黄铜时采用氧化焰,其原因是焊接黄铜时采用含硅焊丝,氧化焰会使熔化金属表面覆盖一层硅的氧化膜,可阻止黄铜中锌的挥发。

2. 气焊设备(图2-26)

(1) 氧气瓶。运输和储存高压氧气的钢瓶。一般使用的容量为40L,压力为14.7MPa。

(2) 减压器。其作用是将氧气瓶中高压氧气的压力降至工作压力(一般为0.3MPa~0.4MPa),并保证工作时有稳定的工作压力。

(3) 乙炔瓶。储存溶解乙炔气的钢瓶。一般使用容量为40L,压力为15.2MPa。

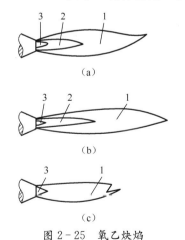

图2-25 氧乙炔焰
(a) 中性焰;(b) 碳化焰;(c) 氧化焰。
1—外焰;2—内焰;3—焰心。

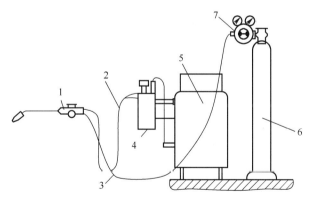

图2-26 气焊设备
1—焊炬;2—乙炔管道(红);3—氧气管道(黑或绿);
4—回火防止器;5—乙炔瓶;6—氧气瓶;7—减压器。

(4) 回火防止器。为一种安全装置,装在焊炬与乙炔发生器之间。当氧—乙炔混合气体沿管道流动的速度慢于火焰燃烧的速度时,火焰将沿管道向乙炔发生器方向倒流,并引起爆炸。回火防止器的作用是对火焰倒流进行拦截。

(5) 焊炬。其作用是把氧和乙炔两种气体以一定比例在管道内均匀混合,由喷嘴高速射出,点火后形成稳定而集中的火焰。

3. 焊丝和焊剂

焊丝作为填充金属与焊件的熔化部分混合而形成焊缝。它的化学成分和制造质量直接影响焊缝的成分和力学性能。其品种与直径主要根据焊件的材料和厚度来选择。

焊剂的作用是保护熔池金属,去除焊接过程中形成的氧化物,增加液态金属的流动性。焊剂有多种,可根据焊件材料的不同来选择。焊低碳钢时不用焊剂。

4. 气割

气割是利用气体火焰的热能,将工件切割处预热到一定温度后,喷出高速切割氧气流,使金属燃烧,并放出热量而实现切割的方法。气割原理与过程如图 2-27 所示。

低碳钢气割分三个阶段。

① 预热。首先利用预热火焰,将起割处金属预热到该金属的燃点温度。

② 燃烧。对已经预热到燃点温度的金属喷出高速切割氧流,使金属在纯氧中剧烈地燃烧。

③ 吹渣。燃烧的金属表面氧化后,生成熔渣,并产生很高的热量,熔渣被高速氧气流吹除,使金属分离,产生的热量又将下层金属加热至燃点,使气割不断进行,随着割炬的移动,形成所需形状尺寸的割缝。

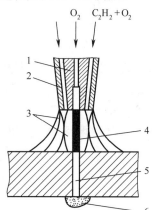

图 2-27 气割原理
1—切割嘴;2—预热嘴;
3—预热火焰;4—切割氧;
5—切割口;6—熔渣。

气割生产中,金属只有满足下列条件时,才能进行气割。

(1) 金属的燃点必须低于熔点,这是金属维持正常气割的最基本条件。如低碳钢的燃点为 1350℃,熔点约为 1500℃,可以进行气割。随着钢中碳的质量分数增加,其燃点升高,熔点降低,使气割难以进行,所以高碳钢气割困难。铸铁、铝、铜的燃点高于熔点,不符合气割的基本条件,所以不能采用气割。

(2) 金属氧化物熔点应低于金属材料本身的熔点。这是因为氧化物的熔点低,流动性好,便于从割缝处吹除。

(3) 金属在纯氧中燃烧时要产生足够热量,这样才能使气割正常进行。气割低碳钢时,金属燃烧所产生的热量约占 70%,而由预热火焰所供给的热量仅为 30%。

(4) 金属的导热性不应太高,否则热量散失太快,无法进行气割。

由上可知,低碳钢、纯铁最容易进行气割;中碳钢次之;铸铁、铜、铝及其合金、高合金钢等不能气割。

【小结】

(1) 铸造是将液态金属浇注到铸型中,待冷却后获得铸件的一种工艺方法,常用于制造毛坯。金属的铸造性能越好越容易获得优质铸件。必须注意采用必要的工艺措施加以防止浇不足、冷隔、缩孔和缩松等缺陷。铸造工艺可分为砂型铸造和特种铸造两大类。特种铸造中又分为金属型铸造、熔模铸造、压力铸造和离心铸造等。

（2）锻压是金属压力加工中的一个重要组成部分，它分为锻造和冲压两个分支。锻造分为自由锻和模锻两种类型。自由锻通常用于单件和小批量生产；进行模锻时，材料在模腔内强迫充型，生产率高，可以成型复杂零件。板料冲压主要在冷态下进行，大部分属于冷加工，分为分离和变形两种类型的工序。

（3）焊接是一种永久性连接材料方法，是利用热能和压力，并利用原子的扩散和结合作用实现连接过程。焊接方法的应用可以简化大型零件的制作，实现"以小拼大"。钢材的焊接性能与碳、合金元素的含量有关，二者的含量越高，焊接接头的质量越差。焊接常用方法有熔化焊、压力焊和钎焊，以熔化焊中的电弧焊应用最为普遍。

【知识拓展】

电弧焊设备

1. 弧焊变压器

弧焊变压器将220V或380V的电源电压降到60V～80V，以满足引弧的需要。焊接时，电压会自动下降到电弧正常工作时所需的工作电压20V～30V。输出电流是从几十安培到几百安培的交流电，可根据焊接的需要调节电流的大小。弧焊变压器的优点是结构简单、价格便宜、工作噪声小、使用可靠、维修方便、应用很广；缺点是焊接电弧不稳定。

2. 弧焊整流器

弧焊整流器是通过整流器把交流电转变为直流电，既弥补了交流电焊机电弧稳定性差的缺点，又比一般直流电焊机结构简单、维修容易、噪声小。

思考与练习

(1) 何谓铸造？砂型铸造工艺包括哪些主要内容？
(2) 型芯、冒口在砂型铸造中起何作用？
(3) 试述金属型铸造的特点和应用范围。
(4) 试述压力铸造的特点和应用范围。它与金属型铸造有何异同？
(5) 简述熔模铸造的工艺过程。它有何特点？用于何种场合？
(6) 自由锻造有哪些主要工序？并说明其工艺要求及应用。
(7) 何谓板料冲压？它能完成哪些基本工序？
(8) 氧乙炔火焰按混合比不同可分为几种火焰？它们的性能和应用范围如何？
(9) 常用的手弧焊设备有哪几种？各有何特点？
(10) 常用的金属材料中，哪些可以气割？哪些不可以气割？为什么？
(11) 焊接方法分为哪几类？各有何特点？

知识模块 3　金属切削原理

课题 1　基 本 定 义

【学习目标】

(1) 掌握切削用量三要素及其定义。

(2) 掌握刀具的结构特点。

(3) 了解切削运动的组成。

(4) 掌握刀具的主要材料及其使用范围。

【重点难点】

(1) 课题的重点是掌握切削用量三要素及刀具结构。

(2) 课题的难点是对刀具的几何角度的标注。

利用刀具从金属毛坯上切去多余的金属材料,从而获得符合规定技术要求的机械零件的加工方法称为金属切削加工。为了实现切削加工,必须符合三个条件:工件与刀具间要有确定的相对运动;刀具必须具有合适的几何形状;刀具材料必须具有一定的切削性能。

它分为钳工和机械加工两大类。对于机械加工来说,刀具和工件均安装在金属切削机床上,两者之间的相对运动是通过金属切削机床来实现的。机械加工的基本形式包括车削、铣削、钻削、刨削、磨削等。钳工加工是使用手工切削刀具在钳台上加工工件的,包括划线、锉削、锯削、研磨、攻螺纹等内容。

3.1.1　切削运动

在金属切削加工中,刀具与工件之间的相对运动,即为切削运动。根据在切削加工中所起的作用不同,切削运动可分为主运动和进给运动。

1. 主运动

主运动是指直接切削金属上的切削层,使之成为切屑,进而形成新表面的运动,是切下金属所必需的最主要、最基本的运动。

主运动的特点是运动速度最高、消耗机床功率最大。在切削加工中主运动有且只有一个。如图 3-1 所示,主运动 I 是切除多余材料所需的基本运动。

2. 进给运动

进给运动是指使金属上的多余部分不断地切除从而获得零件所需表面的运动。

进给运动的特点是运动速度小、消耗功率较少。在切削加工中进给运动可以有一个

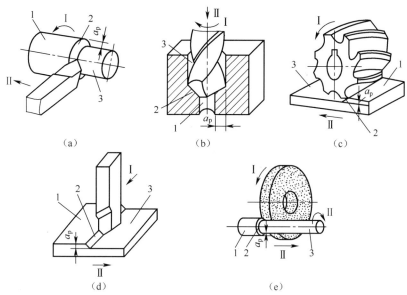

图 3-1 切削加工的主要方式
(a) 车削;(b) 钻削;(c) 铣削;(d) 刨削;(e) 外圆磨削。
1—待加工表面;2—过渡表面;3—加工表面;
Ⅰ—主运动;Ⅱ—进给运动。

或几个,也可以没有。另外,进给运动既可以是连续运动也可以是断续运动。如图 3-1 所示,进给运动Ⅱ是使待加工金属材料不断投入切削的运动,其中车削中的进给运动是连续的,刨削中的横向直线进给运动是断续的。

主运动和进给运动可以同时进行(如车外圆),也可以交替进行(如刨平面)。当主运动和进给运动同时进行时,常常将二者进行矢量合成,合成后的运动就叫做合成切削运动,零件加工表面实际上是由合成切削运动而形成的。

3. 零件表面的形成

在金属切削过程中,工件上有三个不断变化的表面,如图 3-2 所示。它们是:待加工表面,即将被切削的表面;已加工表面,即切削后形成的表面;过渡表面,是工件上由切削刃正在切削的表面,也即已加工表面到待加工表面之间的过渡面。

零件三个表面的划分不是绝对的,三个表面始终处于不断的变化之中:这一次走刀的待加工表面,即为下一次走刀的已加工表面;过渡表面则随着材料的被切除而形成新的过渡表面。

3.1.2 切削要素

切削要素包括切削用量和切削层参数。

1. 切削用量

切削用量是金属切削加工过程中的切削速度、进给量和背吃刀量的总称。

切削刃与过渡表面之间的相对运动速度、待加工表面转化为已加工表面的速度、已加工表面与待加工表面之间的垂直距离等,是调整切削过程的基本参数。这三个参数分别称为切削速度 v_c、进给量 f 和背吃刀量 a_p,即切削用量三要素。图 3-2 为车削加工的切

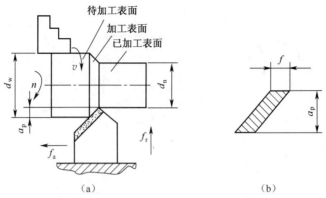

图 3-2 车削外圆的表面与切削要素
(a) 变化的表面；(b) 切削用量。

削要素。

1) 切削速度

刀具切削刃选定点相对于工件主运动的瞬时速度称为切削速度,用符号"v_c"表示,单位为 m/s。它是衡量主运动大小的依据,车削时计算公式如下：

$$v_c = \frac{\pi d_w n}{1000 \times 60} \text{m/s} \tag{3-1}$$

式中　d_w——工件待加工表面的直径(mm)；
　　　n——工件或刀具的转速(r/min)；
　　　v_c——切削速度(m/s)。

2) 进给量

刀具在进给运动方向上相对于工件的位移量称为进给量。它可用工件每转一转刀具的位移量来表述和度量,并用符号"f"表示,单位为 mm/r。如果主运动为往复直线运动(刨削)时,则进给量的单位为 mm/d·str(毫米/双行程)。

进给运动的速度即进给速度 v_f 为

$$v_f = f \cdot n \quad \text{mm/min} \tag{3-2}$$

3) 背吃刀量

工件上已加工表面与待加工表面之间的垂直距离称为背吃刀量,用符号"a_p"表示,单位为 mm。车削外圆时：

$$a_p = \frac{d_w - d_n}{2} \quad \text{mm} \tag{3-3}$$

式中　a_p——背吃刀量(mm)；
　　　d_w——待加工表面直径(mm)；
　　　d_n——已加工表面直径(mm)。

2. 切削层参数

刀具切削刃移动一个进给量 f 时所切除的工件材料层称为切削层。

切削层尺寸(图 3-3)用以下参数表示：

(1) 切削宽度(b_D),即切削层公称宽度,是沿加工表面测量的切削层尺寸。

(2) 切削厚度（h_D），即切削层公称厚度，是指相邻两个加工表面之间的垂直距离。

(3) 切削层面积（A_D），即切削层公称横截面积，是切削层在垂直合成速度方向剖面内的投影面积。

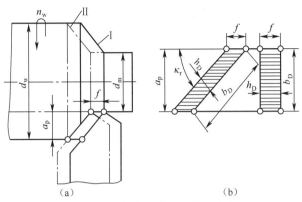

图3-3 车外圆时的切削层尺寸
(a)车外圆；(b)金属切削层。

3.1.3 金属切削刀具

在切削加工中，刀具直接担负切削金属材料的工作。为保证切削顺利进行，不但要求刀具在材料方面具备一定的性能，还要求刀具具有合适的几何形状。

1. 刀具材料

各类刀具一般都由夹持部分和切削部分组成。夹持部分的材料一般多用中碳钢，而切削部分的材料需根据不同的加工条件合理选择。通常所说的刀具材料，一般指切削部分的材料。

1) 刀具材料应具备的性能

因为刀具切削时的工作条件是：高温、高压、摩擦和冲击，因此刀具材料应具备以下性能。

(1) 高的硬度和耐磨性。刀具材料的硬度必须高于工件材料的硬度，一般要求在60HRC以上，这是刀具抵抗摩擦磨损所需要的。通常情况下，材料的硬度越高，耐磨性也越好。

(2) 足够的强度与韧性。主要是指刀具承受切削力和冲击，而不发生脆性断裂和崩刃的能力。要想刀刃在承受重载荷、机械冲击时不致破损，刀具材料就应具有足够的强度和韧性。

(3) 良好的耐热性。耐热性也称热硬性，是指刀具材料在高温下保持高的硬度、好的耐磨性和较高的强度等综合性能，是满足刀具热稳定性的需要。耐热性越好，刀具材料允许的切削速度越高。它是衡量刀具材料性能的主要标志，一般用热硬性温度表示。

(4) 较好的化学稳定性。包括抗氧化、抗黏结能力，化学稳定性越高，刀具磨损越慢，加工表面质量越好，化学稳定性是提高刀具抗化学磨损的前提。

(5) 良好的工艺性。制造刀具的材料应具有良好的可加工性，包括热处理、可磨性、锻造、焊接及切削加工。

2) 常用刀具材料

刀具材料的种类有工具钢、硬质合金、陶瓷、超硬材料四大类。目前使用最多的是高速钢和硬质合金。

(1) 碳素工具钢。含碳量为 0.7%～1.2% 的优质高碳钢。淬火后硬度为 61HRC～64HRC。但其热硬性差，故允许的切削速度很低（$v<10\text{m/min}$）；热处理时变形大，因此它常用于制造低速、简单的钳工手用工具。

(2) 合金工具钢。在碳素工具钢中加入少量的 Cr、W、Mn 等元素，形成合金工具钢。其热硬性温度为 300℃～350℃，允许的切削速度比碳素工具钢高 10%～40%；其热处理变形小，常用于制造低速、复杂的刀具。

(3) 高速工具钢。高速钢是含有 W、Mo、Cr、V 等合金元素较多的工具钢，俗称白钢、锋钢。高速钢中的 W、Mo、Cr、V 与 C 形成高硬度的碳化物，可提高耐磨性；W 与 C 的原子结合力很强，提高了马氏体受热时的分解稳定性，可以增加高温硬度；Mo 与 W 的作用基本相同，Mo 还能减小钢中碳化物的不均匀性，细化颗粒，提高韧性；V 能提高耐磨性，但可使磨削性变差，故 V 的质量分数小于 3%；添加 Co、Al、Si、Nb 等可提高某些高速钢的高温硬度。因钢中含有大量高硬度的碳化物，其热硬性和耐磨性都有显著提高，淬火硬度达 62HRC～65HRC。允许的切削速度比碳素钢高 2 倍～4 倍。由于热处理变形小，被广泛用于制造较复杂的刀具，如成形刀具、铣刀、钻头、拉刀、齿轮刀具等。加工材料范围也很广泛，如钢、铁和有色金属等，是目前生产中使用的主要刀具材料之一。

高速钢按化学成分可分为钨系、钼系（含 Mo 的质量分数 2% 以上）；按切削性能可分为普通高速钢和高性能高速钢。

① 普通高速钢。普通高速钢指用来加工一般工程材料的高速钢，具有一定的硬度和耐磨性、较高的强度和韧性、较好的塑性，可制造各种刀具，尤其是复杂刀具。

a. 钨系高速钢（W18Cr4V）。具有较好的切削性能，可制造各种复杂刀具和精加工刀具，使用最为普遍。

b. 钨钼系高速钢（W6Mo5Cr4V2）。碳化物分布均匀（由于钼的作用），韧性和高温塑性均超过 W18Cr4V，但刃磨性能较差，目前主要用于热轧刀具，如麻花钻头等。

② 高性能高速钢。在普通高速钢内增加 C、V 的含量和添加 Co、Al 等合金元素就得到高性能高速钢。它可进一步提高耐热性和耐磨性，主要用于高温合金、钛合金、高强度钢和不锈钢等难加工材料的加工。

a. 钴高速钢（W2Mo9Cr4VCo8）。具有良好的综合性能，加入钴可提高它的高温硬度，在 600℃ 时硬度为 55HRC，故允许的切削速度较高，有一定韧性，刃磨性好，加工耐磨合金钢、不锈钢时，刀具寿命明显提高。但因价格较贵，应用较少。

b. 铝高速钢（W6Mo5Cr4V2Al、W10Mo4Cr4V3Al）。加入少量的铝不但提高了钢的耐热性和耐磨性，而且还能防止含碳量高而引起的强度和韧性下降，加工 40HRC 左右的调质钢时，刀具寿命提高约 4 倍。但其刃磨性能差，热处理工艺较难控制。

③ 粉末冶金高速钢。粉末冶金高速钢将高频感应炉熔炼的高速钢水用高压惰性气体（如氩气）雾化成细小粉末，然后在高温（1100℃）、高压（100MPa）下制成钢坯，最后经轧制或锻制成材。特点是韧性、硬度较高，可磨削性能好，材质均匀，热处理变形小，质量稳定可靠，故刀具寿命长，可切削各种难加工材料，特别适宜制造精密刀具和复杂刀具。用于制造大型拉刀和齿轮刀具，特别是切削时受冲击载荷的刀具效果更好。

(4) 硬质合金。

① 硬质合金的性能。硬质合金是由硬度很高的金属碳化物（如 WC、TiC、TaC、NbC 等）微粉和金属黏结剂（如 Co、Ni、Mo 等）以粉末冶金法制成的。

由于硬质合金中含有大量金属碳化物，其硬度、熔点都很高，化学稳定性也好，因此硬质合金的硬度、耐磨性、耐热性都很高，硬度可达 89HRA～93HRA，在 800℃～1000℃时仍能进行切削，允许切削速度为 100m/min(1.67m/s)。但是，它的抗弯强度低，冲击韧性差，因此生产中常将硬质合金刀片用焊接或机械夹固的方法固定在刀体上使用。

② 硬质合金的分类及牌号。常用的硬质合金有钨钴类（YG）、钨钛钴类（YT）和通用类（YW）三大类。

a. 钨钴类（WC—Co）主要用于加工铸铁、有色金属及非金属材料。牌号用 YG 表示，主要牌号有 YG3、YG6、YG8，数字表示钴的质量分数。相当于 ISO 的"K"类。含钴量越多，韧性越好，适用于粗加工，含钴量越少的用于精加工。

b. 钨钛钴类（WC—TiC—Co）适用于加工塑性材料如钢料等。加工该类材料时，摩擦严重，切削温度高。牌号用 YT 表示，常用牌号有 YT5、YT14、YT15，数字表示 TiC 的质量分数，相当于 ISO 中的"P"类。当 TiC 的含量较多时（Co 含量越少），硬度和耐磨性提高，但抗弯强度下降。由于 Ti 元素的亲和力较强，会发生严重的黏结，加剧刀具磨损。因此，YT 类硬质合金不适合用于加工含 Ti 元素的不锈钢。

c. 钨钛钴钽(铌)类（WC—TiC—TaC(NbC)—Co）既能加工钢材，又能加工铸铁和有色金属，综合性能较好。牌号用 YW 表示，常用牌号 YW1、YW2，相当于 ISO 中的 M 类。

(5) 其他刀具材料。陶瓷、人造金刚石和立方氮化硼也可作为刀具材料，它们的硬度、耐磨性、热硬性均高于前述各种材料，但这些材料的脆性大，抗弯强度和冲击韧性很差，主要用于高硬度材料的半精加工和精加工。

① 陶瓷。主要有氧化铝（Al_2O_3）基陶瓷材料和氮化硅（Si_3N_4）基陶瓷材料。陶瓷刀具有很高的硬度（91HRA～95HRA）和耐磨性、耐热性高，在 1200℃时仍保持 80HRA；化学稳定性好，与钢不易亲和，抗黏结、抗扩散能力较强；具有较低的摩擦系数，加工表面粗糙度值较小。但其抗弯度强度低，抗冲击性能差，适于进行钢、铸铁、高硬度材料的半精加工和精加工。

② 金刚石。金刚石分天然和人造两种，都是碳的同素异形体。天然金刚石由于价格昂贵用得很少。人造金刚石是在高温高压下由石墨转化而成的，硬度高、耐磨性好，但耐热性差、强度低、脆性大，与铁亲和力强，其硬度接近于 10000HV，故可用于精密加工有色金属及合金、非金属硬脆材料。它不适合加工黑色金属，因为高温时极易氧化、碳化，与铁发生化学反应，刀具极易磨损。目前主要用于磨具和磨料。

③ 立方氮化硼。立方氮化硼 CBN 是由软的立方氮化硼在高温、高压下加入催化剂转变而成。其硬度高达 8000HV～9000HV，耐磨性好，硬度和耐磨性仅次于金刚石，但热稳定性好，耐热性高达 1400℃，主要用于对高温合金、冷硬铸铁及淬硬钢进行半精加工和精加工。

2. 刀具切削部分的几何形状

刀具的种类繁多，其中以车刀最为简单、常用，其他各种刀具的切削部分，均可看作是车刀的演变和组合。

1) 车刀的组成

如图 3-4 所示，车刀由切削部分和刀柄组成。刀具中起切削作用的部分称为切削部分，夹持部分称为刀柄。车刀的切削部分即刀头由三面（前刀面、主后刀面、副后刀面）、二刃(主切削刃、副切削刃)、一尖(刀尖)组成。

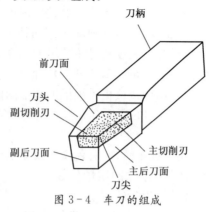

图 3-4 车刀的组成

前刀面是刀具上切屑流过的表面,用符号"A_γ"表示。主后刀面是刀具上同前刀面相交形成主切削刃的后面,即与过渡表面相对的表面,用符号"A_α"表示。副后刀面是刀具上同前刀面相交形成副切削刃的后面,即与已加工表面相对的表面,用符号"$A_\alpha{'}$"表示。

切削刃是刀具上拟作切削用的刃,切削刃有主切削刃和副切削刃之分,如图 3-5 所示。主切削刃是指起始于切削刃上主偏角为零的点,并至少有一段切削刃拟用来在工件上切出过渡表面的那个整段切削刃,即前面与主后面的交线,用符号"S"表示。副切削刃是指切削刃上除主切削刃以外的刃,也起始于主偏角为零的点,但它向背离主切削刃的方向延伸,即前刀面与副后刀面的交线,用符号"S'"表示。

刀尖是指主切削刃与副切削刃的连接处相当少的一部分切削刃。一般为一小段圆弧刃(修圆刀尖)或直线过渡刃(倒角刀尖),如图 3-6 所示。

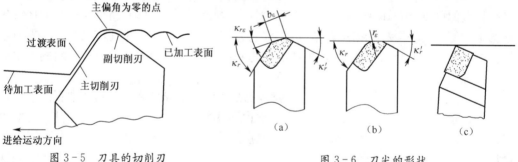

图 3-5 刀具的切削刃　　图 3-6 刀尖的形状
(a) 倒棱刀尖;(b) 圆弧刀尖;(c) 交点刀尖。

2) 刀具的几何角度

(1) 刀具角度坐标平面参考系。刀具切削部分各个面、刃的空间位置常常用这些面、刃相对某些坐标平面的几何角度来表示,这样就必须将刀具置于一空间坐标平面参考系内。如图 3-7(a)所示,该参考系定义如下:

① 基面 P_r。过切削刃选定点与该点假定主运动方向垂直的平面。车刀的基面可理解为平行刀具底面的平面。

② 切削平面 P_s。过切削刃选定点与切削刃相切并垂直于基面的平面。

③ 正交平面 P_o。过切削刃选定点同时垂直于切削平面与基面的平面。

应当指出:上述定义的参考平面是建立在工件与刀具之间未发生切削运动,装刀时刀

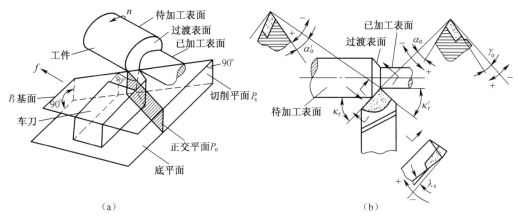

图 3-7 正交平面参考系与车刀角度标注
(a) 正交平面参考系;(b) 角度标注。

尖恰在工件的中心线上且刀杆对称面垂直工件轴线,工件已加工表面的形状是圆柱表面。

(2) 刀具角度定义。在如图 3-7(b)所示正交平面参考系中,最基本的刀具角度只有 4 种类型,即前、后、偏、倾四角。

① 在正交平面内测量的角度。

前角 γ_o:前面与基面间的夹角。前面低于基面时,$\gamma_o > 0$;前面高于基面时,$\gamma_o < 0$。

后角 α_o:主后面与切削平面间的夹角。加工过程中,一般不允许 $\alpha_o < 0$。

② 在基面内测量的角度。

主偏角 κ_r:主切削刃在基面上的投影与进给方向之间的夹角,车刀常用的主偏角有 45°、60°、75°、90°等几种。

副偏角 κ_r':副切削刃在基面上的投影与进给反方向之间的夹角。

③ 在切削平面内测量的角度。

刃倾角 λ_s:主切削刃与基面之间的夹角。它主要影响刀头的强度和排屑方向,如图 3-8 所示。当刀尖为主切削刃的最高点时,刃倾角为正;反之,刃倾角为负。

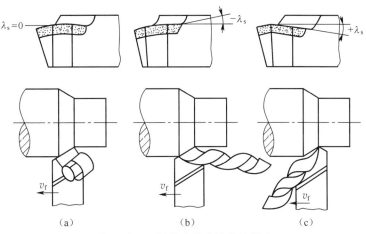

图 3-8 刃倾角及其对排屑的影响
(a) $\lambda_s = 0$;(b) λ_s 为负;(c) λ_s 为正。

以上介绍的刀具标注角度,是在假定运动条件和假定安装条件下的标注角度。但实际工作角度必须考虑进给运动和刀具安装情况的影响,如图3-9、图3-10所示。横车切断工件时,切削刃相对于工件的运动轨迹为阿基米德螺旋线,实际切削平面为过切削刃而切于螺旋线的平面,实际基面又始终与之保持垂直,因而切削时实际的前角、后角等都在发生变化。刀尖高于工件中心线时,则 $\gamma_{oe}=\gamma_o+\theta$,$\alpha_{oe}=\alpha_o-\theta$。当刀尖低于工件中心线时,计算公式 θ 符号相反。刀杆轴线与进给方向不垂直时,工作主偏角和工作副偏角将发生变化,如图3-11所示。

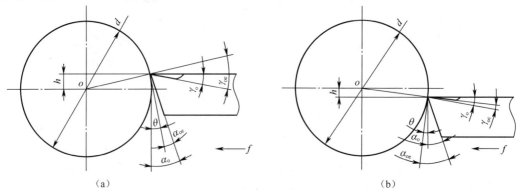

图3-9 刀具安装对工作角度的影响

(a)刀尖高于工件中心线;(b)刀尖低于工件中心件。

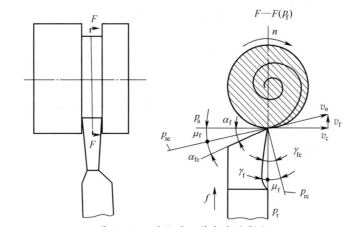

图3-10 进给对工作角度的影响

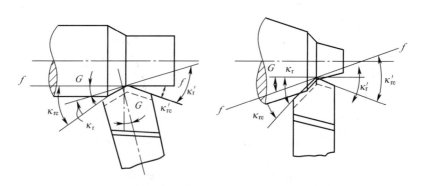

图3-11 刀杆轴线与进给方向不垂直对工作角度的影响

课题 2 金属切削过程及基本规律

【学习目标】
(1) 掌握积屑瘤的形成及其对加工的影响。
(2) 掌握切屑的种类。
(3) 掌握切削液的种类及作用。
(4) 了解切削力的组成。
(5) 掌握切削温度对加工的影响。
(6) 了解金属切削的变形过程。

【重点难点】
(1) 课题的重点是掌握积屑瘤对加工的影响、切削液的作用及切屑的种类。
(2) 课题的难点是对金属切削变形过程的理解。

金属切削过程是工件上多余的金属材料不断地被刀具切下并转变为切屑,从而形成已加工表面的过程。伴随这一过程产生的一系列物理现象(如切削力、切削热、刀具磨损等),将直接或间接地影响工件的加工质量和生产率。

3.2.1 金属切削的变形过程

1. 变形区的划分

如图 3-12 所示,一般将金属切削过程大致划分为三个变形区。其中滑移线即剪切应力曲线(图中 OA、OM 线),流线表示金属某一点流动的轨迹。

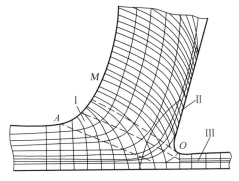

图 3-12 金属切削过程的滑移线和流线

1) 第一变形区

又称剪切滑移区,从 OA 线开始产生塑性变形,止于 OM 线。在此区域内发生塑性变形且形成切屑。

2) 第二变形区

也称刀—屑接触区,切屑沿前刀面流出并且受到挤压和摩擦,此时,前刀面处晶粒纤维化,切屑卷曲。

61

3) 第三变形区

也称刀—工接触区,已加工表面受到刀具的挤压和摩擦产生变形,表面加工硬化和纤维化。

2．切屑的形成及种类

1) 切屑的形成

在切削塑性材料的过程中,切屑的形成如图 3-13 所示,切削层金属受到刀具前刀面的挤压,经弹性变形、塑性变形,然后当挤压应力达到强度极限时材料被挤裂。当以上过程连续进行时,被挤裂的金属脱离工件本体,沿前刀面经剧烈摩擦而离开刀具,从而形成切屑。

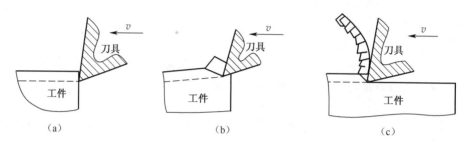

图 3-13 切屑形成过程
(a) 弹性变形;(b) 塑性变形;(c) 挤裂和切离。

总之,切屑的形成过程,从本质来讲,是被切削层金属在刀具切削刃和前刀面作用下,经受挤压而产生剪切滑移变形的过程。

2) 切屑的种类

由于工件材料及加工条件的不同,形成的切屑形态也不相同。常见的切屑种类大致有四种,如图 3-14 所示。

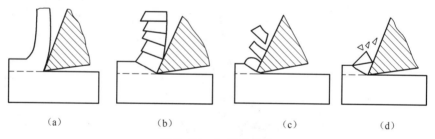

图 3-14 切屑的种类
(a) 带状切屑;(b) 节状切屑;(c) 粒状切屑;(d) 崩碎切屑。

(1) 带状切屑。这种切屑呈连续的带状或螺旋状,与前刀面相邻的切屑底面很光滑,无明显裂痕,顶面呈毛茸状。形成带状切屑时,切削过程平稳,工件表面较光洁,但切屑连续不断,易缠绕工件和刀具,刮伤已加工表面及损坏刀具,对此应采取断屑措施。通常在切削塑性材料、切削速度高、刀具前角大、切削厚度小的时候易产生带状切屑。

(2) 节状切屑。它与带状切屑的区别是底面有裂纹,顶面呈锯齿形。形成这类切屑时,切削过程不够平稳,已加工表面的粗糙度值较大。切削速度较低、刀具前角较小、切削厚度较大时易产生节状切屑。

（3）粒状切屑。切削塑性材料时，若整个剪切面上的切应力超过了材料的断裂强度，所产生的裂纹贯穿切屑端面时，切屑被挤裂呈粒状。切削速度极低、刀具前角很小、切削厚度很大时易产生粒状切屑。

（4）崩碎切屑。切削铸铁、青铜等脆性材料时，一般不经过塑性变形材料就被挤裂，而突然崩落形成崩碎切屑。此时切削力波动较大，并集中在刀刃附近，刀具容易磨损。由于切削过程很不平稳，已加工表面的粗糙度值较大。

认识各类切屑形成的规律，就可以主动控制切屑的形成，使其向着有利于生产的方向转化。例如，在加工塑性金属材料时，若产生挤裂切屑，那么增大切削速度和刀具前角，减小切削厚度，挤裂切屑就会转变为带状切屑，使切削过程平稳，已加工表面粗糙度值减小。反之，减小切削速度和刀具前角，增大切削厚度，则挤裂切屑会转变为单元切屑。在加工脆性材料时，切削力集中于切削刃附近，易造成崩刃，切削振动大，影响加工质量。如提高切削速度、减小切削厚度和增大刀具前角，会使切屑向针状屑、片状屑转变，以减小切削振动，提高零件加工质量。

3. 切屑的折断

金属切削过程中产生的切屑是否容易折断，与工件材料的性能及切屑变形有密切关系。工件材料的强度越高、伸长率越大、韧性越高，切屑越不易折断。例如合金钢、不锈钢等就较难断屑，而铸铁、铸钢等就较容易断屑。

切削加工，由于切屑经变形变得硬、脆，这时再受交变的弯曲和冲击时就很容易折断。切屑变形越大，就越容易折断。在切削难断屑的高强度、高韧性、高塑性的材料时，应设法增大切屑变形，增强切屑的硬化效果，达到切屑折断的目的。

切屑的变形可由两部分组成：一是切削过程中产生的，称为基本变形；二是切屑在流动和卷曲过程中的再次变形，称为附加变形。影响基本变形的主要因素有刀具前角、负倒棱和切削速度。前角越小、负倒棱越宽、切削速度越低，切屑的变形越大，越有利于切屑。但从切削轻快和切削效率的角度考虑，这样并不合理，这些措施往往仅作为断屑的一个辅助手段。

多数情况下，仅有基本变形还不能使切屑折断，必须经受再次附加变形，最常用方法就是在前刀面上磨制出卷屑槽，迫使切屑流入槽内经受卷曲变形。经附加变形后的切屑进一步硬化，当它再受到弯曲和冲击就很容易被折断。卷屑槽的形状一般是指刀具正交平面内的形状。常用的槽形有折线型、直线圆弧型和全圆弧型三种，如图3-15所示。

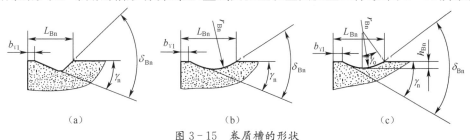

图3-15 卷屑槽的形状
(a) 折线型；(b) 直线圆弧型；(c) 全圆弧型。

另外，还有改变切削用量、改变刀具角度（主偏角 κ_r 是影响断屑的主要因素）、附加断屑装置（流出切屑碰撞挡块而折断，如图3-16所示）、间断进给断屑等其他断屑措施。

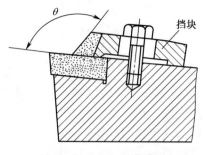

图 3-16 附加断屑装置

3.2.2 加工硬化、残余应力、鳞刺和积屑瘤

1. 加工硬化

切削加工后已加工表面硬度增高的现象称作加工硬化。加工中变形程度越大,硬化程度越高,导致硬化层变深,如图 3-17 所示。

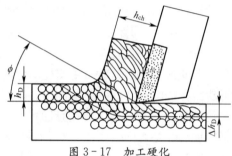

图 3-17 加工硬化

加工硬化会增加后续切削加工的难度,切削力变大,进而导致刀具磨损加快及工件表面质量降低。加工硬化在一定程度上增加了工件表面的脆性,同时提高了工件的耐磨性。

2. 残余应力

外力消失后物体内仍然存在应力,此时的应力称作残余应力。一般的已加工表面都会存在残余应力,原因在于切削力、切削变形、切削热及相变的作用效果。

残余应力会降低工件的疲劳强度,严重的可导致工件表面产生裂纹;残余应力分布不均匀会使工件产生变形,影响其形状和尺寸,因此,精加工时应尽量减少或控制残余应力。

3. 鳞刺

以较低的速度切削塑性材料时,在已加工表面出现的鳞片状毛刺称为鳞刺。一般在拉削、螺纹加工时易出现鳞刺现象。切屑与前刀面间摩擦而形成的黏结层是导致鳞刺产生的直接原因。

减小切屑与前刀面间摩擦是控制鳞刺产生的最有效措施。控制刀具角度,如增大前角、适当增大后角;控制工件或刀具材料,如降低工件的塑性、减少刀具前刀面的粗糙度值;控制切削用量,如提高切削速度;合理使用切削液即增大其黏度等都可以有效减小或控制鳞刺。

4. 积屑瘤

在加工钢材、铝合金以及其他塑性金属材料时,在能够形成连续切屑的某一切削速度范围内,在前刀面处黏附着一小块剖面呈三角状的硬块。它的硬度很高,通常是工件材料的2倍~3倍,处于稳定状态时,能代替切削刃进行切削,这个金属硬块称为积屑瘤,如图3-18所示。

1) 积屑瘤的形成过程

在切屑流经前刀面过程中,切屑会对前刀面产生强烈的摩擦,使前刀面十分洁净。在一定的温度和极大的压力下,切屑在前刀面上形成了滞流,即产生黏结现象。当滞流层冷作硬化后,形成了能抵抗切削力作用而不从前刀面上脱落的积屑瘤核,在积屑瘤核的外层继续产生黏结及冷作硬化,黏结层不断地堆积,形成了积屑瘤。当积屑瘤长到一定高度时,该处的温度与压力不足以造成黏附,积屑瘤不再继续生长,一个完整的积屑瘤便形成了。实验表明,塑性材料的加工硬化越强,越易产生积屑瘤;温度与压力太低,不会产生积屑瘤;当温度太高,材料的加工硬化明显减弱,也不会产生积屑瘤。加工碳素钢时,在300℃~350℃时积屑瘤最高,如 $v_c \leqslant 10\text{m/min}$,切削温度<300℃,或 $v_c \geqslant 40\text{m/min}$,切削温度>400℃时,则无积屑瘤产生,如图3-19所示。

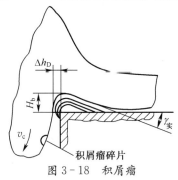

图3-18 积屑瘤

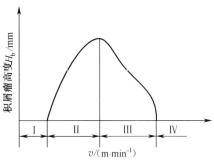

图3-19 积屑瘤高度与切削速度的关系

积屑瘤形成是一个动态过程:局部形成、长大→局部断裂或脱落→形成、长大、稳定、脱落→形成、长大……

2) 积屑瘤对切削加工的影响

(1) 对刀具寿命的影响。由于积屑瘤的硬度很高,它附着在切削刃及前刀面上,在相对稳定时,可代替切削刃进行切削,提高刀具寿命。在使用硬质合金刀具时,如果积屑瘤不稳定,反而使刀具磨损加剧。

(2) 对已加工表面粗糙度的影响。由于积屑瘤顶部的不稳定性,其碎片随机性散落,可能会留在已加工表面上。另外,积屑瘤形成的刃口不光滑,会使已加工表面变得粗糙。因此,精加工应设法避免积屑瘤。

(3) 对刀具角度的影响。积屑瘤黏附在前刀面上,增大了实际工作前角,降低了切削力,对切削起积极的作用。

(4) 对切削参数的影响。如图3-18所示,积屑瘤使切削厚度增加,由于积屑瘤有一定的周期性变化,切削厚度增加值也是变化的,易引起振动。

3) 防止积屑瘤的方法

当工件材料一定时,影响积屑瘤形成的主要因素有切削速度、进给量、刀具前角及切削液等。因此,防止积屑瘤的方法主要有:降低切削速度,切削温度降低,黏结不易发生;采用高速切削,避免积屑瘤产生的温度区域;采用润滑性能好的切削液,减少摩擦及黏结;

增加刀具前角,减少接触区压力。

3.2.3 切削力

切削过程中,刀具与工件之间的相互作用力称为切削力。研究切削力时,可根据需要,选择作用于刀具上的力,或作用于工件上的力。

切削力的来源为两部分:一是切削层在产生弹性变形、塑性变形时的变形抗力;二是刀具与切屑之间及刀具与工件之间的摩擦力。因此,凡是直接或间接影响切削变形与摩擦的因素,都影响切削力的产生,如工件材料、切削用量、刀具几何参数等。

实际应用中,一般不直接研究总切削力 F,而是研究其在三个相互垂直方向上的分力 F_c、F_f、F_p,如图 3-20 所示。

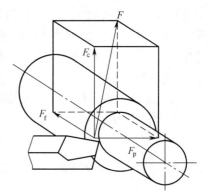

图 3-20 切削力的分解

(1) 主切削力 F_c。总切削力在主运动方向上的正投影称为主切削力,在三个分力中一般它的值最大。它是设计机床、刀具、夹具以及计算机床功率的主要依据。

(2) 进给力 F_f。总切削力在进给运动方向上的正投影。在车外圆时亦称轴向分力或走刀抗力。它是计算进给机构零件强度的依据。

(3) 背向力 F_p。总切削力在垂直进给运动方向的分力,背向力不做功。在车外圆时亦称径向分力或吃刀抗力,该力作用在机床、工件刚性最差的方向上,易使工件变形并引起切削过程中的振动,影响工件的精度。

切削力的合力为

$$F=\sqrt{F_c^2+F_f^2+F_p^2} \tag{3-4}$$

3.2.4 切削热、切削温度与切削液

1. 切削热的产生和传导

切削过程中由于切削层变形及刀具与工件、切屑之间的摩擦产生的热称为切削热。切削热产生后是通过切屑、工件、刀具以及周围介质(如空气、切削液等)传导和辐射出去的。影响散热的主要因素如下:

(1) 工件材料的导热性能。工件材料的导热系数高,由切屑和工件散出的热就多,切削区温度就较低,刀具寿命提高。

(2) 刀具材料的导热性能。刀具材料的导热系数高,切削热易从刀具散出,降低了切削区温度,有利于刀具寿命的提高。

(3) 周围介质。采用冷却性能好的切削液及高效冷却方式能传导出较多的切削热,切削区域温度就较低。

切削热传出的大致比例为:车削加工时,$Q_{ch}(50\%\sim86\%)$、$Q_c(40\%\sim10\%)$、$Q_w(9\%\sim3\%)$、$Q_f(1\%)$;钻削加工时,$Q_{ch}(28\%)$、$Q_c(14.5\%)$、$Q_w(52.5\%)$、$Q_f(5\%)$。

2. 切削温度

切削热的产生与传散影响切削区的温度,切削区的平均温度称为切削温度。切削温度过高是刀具磨损的主要因素;工件和刀具受热膨胀,会导致工件精度变差,质量恶化。工件的热变形则影响工件的尺寸精度和表面质量。实际上,切削热对加工的影响是通过切削温度体现的。

切削时消耗的功越多,产生的切削热就越多,所以工件的强度、硬度越高,以及增加切削用量,都会使切削温度上升。但是切削用量的增加也改善了散热条件,所以 v_c 增加一倍,切削温度升高 20%～30%;f 增加一倍,切削温度升高 10%;a_p 增加一倍,切削温度只升高 3%。刀具角度中,增大前角,可使切削变形及摩擦减小;减小主偏角可增加主切削刃的工作长度,改善了散热条件,两者均可降低切削温度。但前角不可过大,以免刀头散热体积减小,不利于降低切削温度。图 3-21、图 3-22 所示是各种因素与切削温度之间的关系。

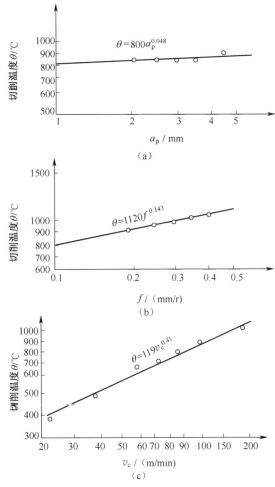

图 3-21 切削用量与切削温度的关系
(a) 背吃刀量与切削温度的关系($f=0.1$mm/r,$v_c=107$m/min);
(b) 进给量与切削温度的关系($a_p=3$mm,$v_c=94$m/min);
(c) 切削速度与切削温度的关系($a_p=3$mm,$f=0.1$mm/r)。

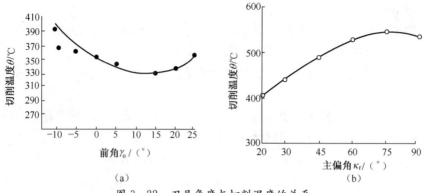

图 3-22 刀具角度与切削温度的关系
(a)前角与切削温度的关系;(b)主偏角与切削温度的关系。

为避免切削温度过高:一是要减少切削变形,如合理选择切削用量和刀具角度、改善工件的加工性能等;二是减少摩擦,加强散热,如采用切削液。

由图 3-23 可知,切削温度分布组成一个温度场。切削温度的分布规律是剪切面上各点温度几乎相同;前后刀面上的最高温度都不在刀刃上,而在离刀刃有一定距离的地方;剪切区中,垂直剪切面方向的温度梯度很大;切屑底层上的温度梯度很大。

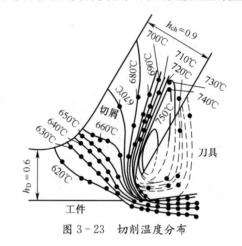

图 3-23 切削温度分布

3. 切削液

切削液的主要作用是:冷却作用即通过传导、对流、汽化带走热量,降低切削区的温度;润滑作用即产生润滑膜,减少刀具与切屑和刀具与工件之间的摩擦系数;清洗作用即冲走切削过程中产生的细小切屑或砂轮上脱落下来的微粒。

常用的切削液可分为三大类:水溶液、乳化液和油类。水溶液和低浓度的乳化液其冷却与冲洗的作用较强,适用于粗加工及磨削;高浓度的乳化液润滑作用强,适用于精加工。切削油的特点是润滑性好,冷却作用小,主要用来提高工件的表面质量,适用于低速的精加工,如精车丝杠、螺纹等。

加工铸铁与青铜等脆性材料时,一般不使用切削液;铸铁精加工时可使用清洗性能良好的煤油作为切削液。当选用硬质合金作为刀具材料时,因其能耐较高的温度,可不使用切削液;如果使用,必须大量、连续地注射,以免使硬质合金因忽冷忽热产生裂纹而导致破裂;切削镁、铝、铝合金不用水溶液;切削铅,切削液不能含氯;精密机床不能使用含硫的切削液等。

使用切削液的普通方法是浇注法,如图 3-24 所示。深孔加工时采用高压冷却法。另外,喷雾冷却也是一种较好的使用方法。图 3-25 所示为喷雾冷却装置。

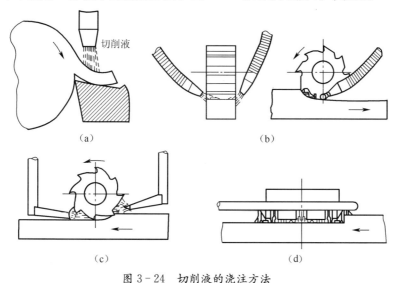

图 3-24 切削液的浇注方法
(a) 车削时的浇注方法;(b)(c)(d) 铣削时的浇注方法。

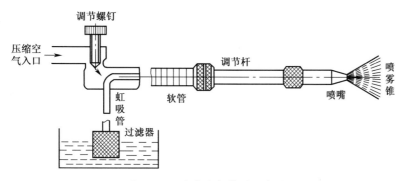

图 3-25 喷雾冷却装置示意图

课题 3 刀具磨损与刀具耐用度

【学习目标】
(1)掌握刀具磨损的形式。
(2)掌握刀具耐用度的定义及它与切削用量的关系。

【重点难点】
(1)课题的重点是掌握刀具磨损的形式、刀具耐用度。
(2)课题的难点是对正常磨损的掌握。

3.3.1 刀具的磨损

在切削过程中,由于刀具的前后刀面都处在摩擦和切削热的作用下,必然会产生磨损。刀具过早、过多的磨损会对切削加工带来极大的影响。

1. 刀具的磨损形式

刀具磨损包括正常磨损和非正常磨损两种形式。

1) 正常磨损

工件或切屑将刀具表面的微小颗粒带走的现象。正常磨损时，其磨损形式如图3-26所示。KT 表示前刀面磨损的月牙洼的深度，VB 表示主后刀面磨损的高度。

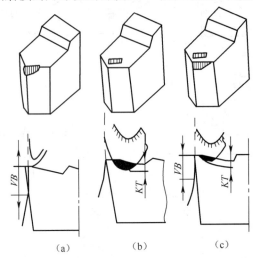

图 3-26 刀具的磨损形式
(a) 后刀面磨损；(b) 前刀面磨损；(c) 前、后刀面同时磨损。

(1) 后刀面磨损。在切削加工中，刀具与工件的相互摩擦，在后刀面靠近切削刃处磨出一段小棱面，后角接近零，其磨损形状如图 3-27(a)所示。用较低的切削速度、较小的切削厚度切削塑性金属材料时，易发生后刀面磨损。

(2) 前刀面磨损。在以较高的切削速度、较大的切削厚度切削塑性材料时，在前刀面靠近主切削刃处磨出一段月牙洼形的凹坑，会使刀刃强度降低，其磨损形状如图3-27(b)所示。

(3) 前、后刀面同时磨损。在副切削刃靠近刀尖处和主切削刃靠近工件外皮处磨出深沟，此时的切削厚度适中。

2) 非正常磨损

在切削加工中，若刀具受到冲击、振动等原因而产生崩刃、破裂的现象。如果刀具结构、刀具几何参数、切削用量以及刀具材料等选择不合理，都可能引起非正常磨损。

2. 刀具磨损原因

刀具磨损的主要原因为机械磨损和热效应两种。影响刀具磨损的主要因素有工件材料的力学性能、刀具几何形状、切削用量、切削液等。刀具磨损经常是机械的、热力的、化学的三种作用的综合效果。正常磨损有机械磨损、黏结磨损、扩散磨损和化学磨损。

(1) 机械磨损。由工件材料中比基体硬得多的硬质点，在刀具表面刻出沟痕而形成的。机械磨损存在于任何切削速度的切削加工中。但对于低速切削的刀具，机械磨损是磨损的主要因素。这种磨损不但发生在前刀面上，后刀面上也会发生。

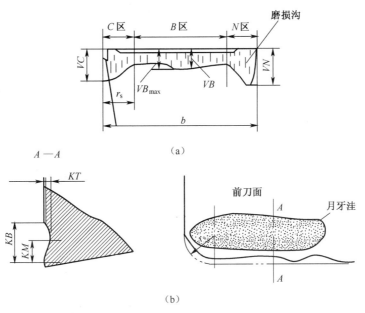

图 3-27 磨损形状
(a) 后刀面磨损;(b) 前刀面磨损。

(2) 黏结磨损。在摩擦副的实际接触面上,产生塑性变形而发生黏结——冷焊。在切削过程中,两摩擦面由于有相对运动,黏结点将产生撕裂,被对方带走,即造成黏结磨损。这种磨损主要发生在中等切削速度范围内,是任何刀具材料都会发生的磨损形式。

(3) 扩散磨损。在高温下,刀具材料与工件材料的成分产生相互扩散,造成刀具材料性能下降,导致刀具的磨损加速,这种磨损是硬质合金刀具磨损的主要形式。

(4) 化学磨损。在切削过程中,由于切削区的温度很高,而使空气中的氧极易与硬质合金中的 Co、WC、TiC 产生氧化作用,使刀具材料的性能下降,该磨损易发生于边界上。

3. 刀具磨损过程与磨钝标准

1) 刀具磨损过程

刀具磨损会随着切削时间的延长而增加,磨损的过程分三个阶段,如图 3-28 所示。

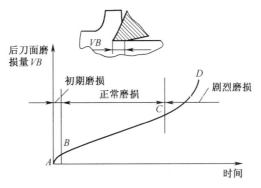

图 3-28 磨损过程的三个阶段

初期磨损阶段(AB)的磨损较快,磨损量的大小与刀具刃磨质量有直接关系;正常磨损阶段(BC)的磨损比较均匀、缓慢,此阶段时间较长,是刀具工作的有效阶段;急剧磨损阶段(CD)的磨损速度增加很快,并且产生振动,刀具将失去切削能力。

2) 刀具的磨钝标准

刀具磨损到一定限度就不能继续使用,这个磨损限度称为磨钝标准。根据加工要求规定的主后刀面中间部分的平均磨损量 VB 作为磨钝标准。一般情况下,车刀磨钝标准的推荐值见表3-1。

表3-1 车刀磨钝标准的推荐值

车刀类型	工件材料	加工性质	磨钝标准 VB/mm	
			高速钢	硬质合金
外圆车刀、端面车刀、镗刀	碳钢、合金钢	粗车	1.5～2.0	1.0～1.4
		精车	1.0	0.4～0.6
	灰铸铁、可锻铸铁	粗车	2.0～3.0	0.8～1.0
		半精车	1.5～2.0	0.6～0.8
	耐热钢、不锈钢	粗、精车	1.0	0.8～1.0
	钛合金	粗、半精		0.4～0.5
	淬硬钢	精车		0.8～1.0
陶瓷车刀			0.5	

3.3.2 刀具的耐用度

刀具在两次刃磨之间的实际切削时间称为刀具耐用度,以分钟(min)计。在一定条件下,刀具耐用度高,说明刀具的磨损慢,生产率相应也高。影响刀具耐用度的因素很多,主要有刀具材料、切削用量、刀具几何参数和工件材料等,其中以切削速度的影响最大。当切削速度增大时,耐用度将大大降低。

选择刀具耐用度有两种方法:一是最大生产率耐用度,它根据单件工时最短的原则确定耐用度;另一个是经济耐用度,它根据成本最低的原则确定耐用度。一般情况下都采用经济耐用度。生产中常用刀具耐用度参考值见表3-2。

表3-2 常用刀具耐用度参考值

刀具类型	刀具耐用度 T 值	刀具类型	刀具耐用度 T 值
高速钢车刀	60～90	硬质合金面铣刀	120～180
高速钢钻头	80～120	齿轮刀具	200～300
硬质合金焊接车刀	60	自动机用高速钢车刀	180～200
硬质合金可转位车刀	15～30		

课题4 工件材料的切削加工性

【学习目标】

(1) 了解切削加工性的评定依据。

(2) 掌握影响切削加工性的主要因素。

【重点难点】
(1) 课题的重点是掌握 U_T 的意义及强度等对切削加工性的影响。
(2) 课题的难点是对改善材料切削加工性的途径掌握程度。

3.4.1 切削加工性的评定依据

材料被切削加工的难易程度就是所说的工件材料的切削加工性。随着科技的进步，对一些材料的使用要求越来越高，而高性能材料更难加工。切削加工性不是绝对的概念，对于它的评定方法非常多，下面介绍几种常用的评定依据。

1. 用生产率、刀具耐用度及切削速度等作为评定依据

在相同的切削条件下，刀具达到磨钝标准时，切除材料的金属体积越大，其材料的切削加工性越好；在相同刀具耐用度的前提下，加工材料时所允许的切削速度越高，其材料的切削加工性越好；在相同生产率的条件下，加工某种材料所允许的刀具耐用度越高，其材料的切削加工性越好。

2. 用表面粗糙度值作为评定依据

在相同的切削条件下，容易获得较小表面粗糙度值的材料，其材料的切削加工性好。

3. 用切削力或切削功率作为评定依据

这是选择工艺设备和设计工艺装备的主要参数。切削工件材料时所需的切削力或切削功率越小，说明该材料的切削加工性越好。

4. 用断屑能力作为评定依据

为避免切屑对已加工表面的划伤，要求具备一定的断屑能力。实际生产中常用断屑性能的好坏来衡量切削加工性。

综上所述，加工某种材料时，如果刀具耐用度大、允许的切削速度高、材料表面粗糙度值易保证、切削力小或加工时容易断屑，则说明这种材料的切削加工性好；反之，该材料的切削加工性差。但是，在实际的生产加工中，各项切削加工性的评定依据同时获得理想数据的材料很难找到。因此，在实际的生产加工中，通常只取某一项指标来衡量材料的切削加工性。

最常用的评定依据是 U_T，其意义是：当刀具耐用度为 T 时，切削某种材料所允许的切削速度。U_T 越高，说明该材料的切削加工性越好。一般情况下刀具耐用度取 60min 或 30min。某种材料切削加工性的好坏是相对另一种材料而言的。实际生产中，通常以 45 钢为基准作为参考，用相对切削加工性指标 K_r 来表示：

$$K_r = v_{60} / (v_{60})_j \tag{3-5}$$

式中　v_{60}——某种材料刀具耐用度取 60min 时的切削速度；
　　$(v_{60})_j$——45 钢刀具耐用度取 60min 时的切削速度。

若 $K_r<1$，说明该材料比 45 钢难加工；若 $K_r>1$，说明该材料比 45 钢容易加工。表 3-3 是常用金属材料的相对切削加工性的等级。

表 3-3 相对切削加工性的等级

加工性等级	工件材料分类		相对切削加工性 K	代表性材料
1	很容易切削的材料	一般有色金属	>3.0	铜铅合金、铝镁合金、铝铜合金
2	容易切削的材料	易切削钢	2.5~3.0	退火 15Cr、自动机钢
3		较易切削钢	1.6~2.5	正火 30 钢
4	普通材料	一般钢、铸铁	1.0~1.6	45 钢、灰铸铁、结构钢
5		稍难切削的材料	0.65~1.0	调质 2Cr13、85 钢
6	难切削的材料	较难切削的材料	0.5~0.65	调质 45Cr、调质 65Mn
7		难切削的材料	0.15~0.5	1Cr18Ni9Ti、某些钛合金
8		很难切削的材料	<0.15	铸造镍基高温合金、某些钛合金

3.4.2 影响切削加工性的主要因素

(1) 强度。若材料的强度高,则切削力大,切削区域温度高,刀具易磨损,切削加工性就不好。如 1Cr18Ni9Ti,高温下仍保持较高强度,切削加工性较差。

(2) 塑性。材料的塑性越大,则切削中塑性变形越大,故切削力大,切削区域温度高,刀具易磨损。在低速度切削时,还易产生积屑瘤,使粗糙度值增大,切削加工性变差。另外,塑性太小的材料,切削时切削力集中在切削刃附近,刀具易产生崩刃,切削加工性也较差。比如塑性适中的中碳钢的切削加工性好。

(3) 硬度。材料的硬度高,切削力、切削热集中在切削刃附近,刀具易磨损,切削加工性不好。例如耐热钢的硬度高,高温下切削时,使刀具磨损加快,切削加工性差。

(4) 导热性。导热系数大的材料,由切屑带走和工件散出的热量多,切削温度降低,刀具磨损减慢,故切削加工性好。

(5) 材料的化学成分。主要是通过其对材料物理力学性能的影响来影响切削加工性。钢中碳的质量分数在 0.4% 左右的中碳钢,加工性最好。而碳的质量分数低或较高的低、高碳钢加工性均不如中碳钢。钢中含的合金元素 V、Mo、W、Mn 等使钢的切削加工性降低,而钢中添加少量的 S、P、Pb、Ca 等能改善其加工性。

3.4.3 改善材料切削加工性的途径

改善工件材料切削加工性的途径主要有对工件材料进行适当的热处理、调整化学成分、选择适当的刀具材料、合理选择刀具几何参数和切削用量、采用性能良好的切削液、选择良好的材料状态等。

1. 适当选择热处理

影响切削加工性的主要因素是工件材料的物理、力学性能,如强度、硬度、塑性、韧性、导热性等。工件材料的化学成分、热处理状态和金相组织对切削加工性也有影响。通常采用热处理的方法改变工件材料的物理、力学性能和金相组织以改善切削加工性。

2. 合理选用刀具角度

刀具几何参数要选择合理,首先要考虑工件和加工条件的实际情况,充分了解材料工件的物理、力学性能、毛坯的表层状况,以及机床功率大小、工艺系统的刚性、加工精度,此外还要了解同时工作的刀具数量及自动化程度等。上述各个因素的情况不同,将使刀具几何参数产生很大的差异。

3. 选择合理的切削用量

所谓合理的切削用量,是指所选定的切削深度、进给量和切削速度进行加工,能获得提高生产率、最低成本、最大利润三者其中之一的目标,以充分发挥机床和刀具的效能。

课题5 金属切削条件的合理选择

【学习目标】
(1) 掌握刀具角度的选择原则。
(2) 掌握切削用量的选择原则。

【重点难点】
掌握前角、后角、主偏角、刃倾角的功用及选择,切削用量的选择方法。

金属切削条件选择的好坏,将直接影响工件的表面质量。因此,合理地选择切削条件对金属切削加工十分重要。金属切削条件包括许多方面,本课题主要讨论如何合理地选择刀具角度以及切削用量。

3.5.1 合理选用刀具角度

刀具合理几何参数是指在保证加工质量的前提下,能够获得最高的刀具耐用度,进而达到降低生产成本、提高生产率的刀具几何参数。选择刀具合理几何参数时,一般应考虑的原则:要考虑工件的实际情况,如材料成分、制造方法、形状、精度等;要考虑具体的加工条件;要考虑刀具材料和刀具结构;要考虑刀具的锋利性同刀具强度和耐磨性的关系;要考虑刀具各几何参数之间的联系等。

1. 前角与前刀面形状的选择

1) 前角的功用

前角的大小可以改变刀头强度、受力性质及散热条件;改变切屑形态和断屑情况;改变切削变形、切削力及切削功率;改变工件已加工表面质量。

2) 前角的选择

(1) 依据刀具材料。韧性差、脆性大、易崩刃、抗弯强度低的,应取较小的前角。如高速钢刀具为求得锋利性,应使前角大一些;硬质合金材料偏脆,为提高刀具的抗冲击能力,前角要小一些;陶瓷刀具强度、韧性更低,前角应更小。

(2) 依据工件材料。加工塑性材料时(如钢料),为减少变形与摩擦,刀具前角要大一些;加工脆性材料时(如铸铁),为提高刃口强度,宜取较小的前角。材料的强度、硬度高时,刀具前角要小一些;特硬的(如淬硬钢),可以取负值。

(3) 依据具体加工条件。精加工时,为提高加工表面质量,刀具前角要大一些;粗加工时,为提高刀具强度和生产效率,刀具前角要小一些;工艺系统刚性差、机床功率不足时,为减小切削力,刀具前角要选大一些;成形车刀、铣刀等,为了防止刃形畸变,刀具前角可以取零;自动机床(如数控机床),为了减小加工尺寸变化,考虑应有较长的刀具耐用度及工作稳定性,应取较小的前角。

3) 前刀面的形式

(1) 正前角平面型。具有较锋利的刃口,刀尖强度低,容易制造。多用于精加工用刀具、加工容易切削的金属材料,如图3-29(a)所示。

(2) 正前角平面带倒棱型。具有较高的刀具刃口强度,容易散热。多用于粗加工或断续切削。倒棱是为了防止因前角增大而削弱切削刃强度的一种措施。特别是用陶瓷刀铣削淬硬钢,必须倒棱,如图3-29(b)所示。

(3) 负前角单面型和负前角双面型。硬质合金刀具脆性较大,用它切削高硬度的材料时,采用负前角。后刀面磨损为主时,采用负前角单面型;前刀面有磨损时,采用负前角双面型,如图3-29(c)、(d)所示。

(4) 正前角曲面带倒棱型。前角变大,便于卷屑。多用于粗加工和半精加工。该形式是在平面带倒棱型的基础上,前刀面磨出曲面,又称卷屑槽。卷屑槽能使切屑卷成螺旋形,或折断成C形,易排除或清理,如图3-29(e)所示。

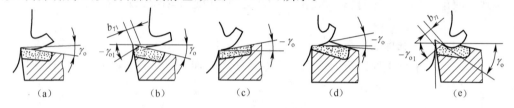

图3-29 前刀面的形式

(a) 正前角平面型;(b) 正前角平面带倒棱型;(c) 负前角单面型;(d) 负前角双面型;(e) 正前角曲面带倒棱型。

2. 后角的选择

1) 后角的功用

后角的大小可以改变刀具与工件表面的摩擦状况,改变刀头强度、切削刃的锋利性,改变刀头的散热条件。

2) 后角的选择原则

在不产生摩擦的条件下,后角越小越好。

(1) 依据具体加工条件。粗加工时,为了提高刀具的强度,后角应小一些;精加工时,要减小刀具与工件的摩擦,后角要大一些;工艺系统刚性差时,为减小系统的振动,后角应小一些。

(2) 依据工件材料。材料的强度、硬度高时,为加强切削刃强度,后角宜小些。加工塑性大的材料,易产生加工硬化时,刀具后角要大一些;加工脆性材料时,为提高刃口强度,宜取较小的后角。有尺寸要求的刀具(如拉刀),重磨后要保证尺寸基本不变,后角应选小一些。

(3) 依据切削厚度。切削厚度厚,后角宜取较小值;反之,后角宜取较大值。

3) 副后角的选择

一般取主后角值的大小,但切断刀、切槽刀、锯片铣刀的后角,受结构强度的限制,要取小一些(一般取1°~2°)。

3. 主、副偏角的选择

1) 主偏角的功用

主偏角的大小可以改变切削分力的比值;改变切削层形状及残留面积高度;改变排屑

方向及断屑情况;改变刀尖强度及散热状况。

2) 主偏角的选择

(1) 依据具体加工条件。粗、半精加工时,因切削力大、振动大,对于抗冲击性差的刀具材料,应选择大的主偏角,以减小振动。如硬质合金刀具,常取 $\kappa_r=75°$;精加工时,为提高加工质量,主偏角应尽可能小。工艺系统刚性不足时,为减小振动,应选择大一些的主偏角,比如细长轴的加工;而对于阶梯轴的加工,$\kappa_r \geqslant 90°$。对于车外圆、端面、倒角等一刀多用时,主偏角宜取 45°或 90°。

(2) 依据工件材料。加工强度、硬度大的材料时,为求减小切削刃上的单位负荷、改善切削刃区的散热条件,提高刀具耐用度,宜取较小的主偏角。

3) 副偏角的功用

副偏角的大小可以改变工件表面的粗糙度值;改变切削分力的比值。副偏角越小,表面粗糙度值越小。

4) 副偏角的选择

主要按加工性质选择。

(1) 粗加工。为了保证刀尖强度及良好的散热,副偏角一般取 10°~15°。

(2) 精加工。为了减少残留面积高度,副偏角应尽量小,一般取 5°~10°。

(3) 切断刀。受结构、强度的限制,要取小一些(一般取 1°-2°)。

5) 刀尖形式及选择

为了提高刀尖强度及改善散热状况,一般磨成直线形过渡刃(刃磨容易,适于粗加工)和圆弧形过渡刃(刃磨较难,适于精加工),如图 3-6 所示。

4. 刃倾角的选择

1) 刃倾角的功用

刃倾角的大小可以改变切屑的流出方向;改变刀尖的强度和刀尖的散热状况;改变切削刃的工作长度及锋利性;改变切削的平稳性及切削分力的比值。

2) 刃倾角的选择

(1) 当系统刚度不足时,为减小切削力,不用负刃倾角。

(2) 加工一般钢料时,粗车取 $-5°\sim 0°$,精车取 $0°\sim 5°$(为了避免切屑流向已加工表面)。对有冲击载荷的加工,取 $-5°\sim -15°$(防止刀尖受到冲击)。

(3) 金刚石、立方氮化硼刀具,取 $-5°$。

3.5.2 切削用量的合理选择

切削用量选择得是否合理对切削加工中生产率、加工成本及加工质量等产生很大的影响。我们所讲的合理切削用量是指充分利用机床性能及刀具切削性能并保证产品质量的前提下,获得高生产率和低加工成本的切削用量。

1. 切削用量的选择原则

1) 根据切削加工生产率

提高切削速度、增大进给量和背吃刀量,都能同样地提高生产率。但是,受到刀具耐用度的制约,当任一参数提高时,必须相应地降低另外两参数,可见,切削用量三要素的最佳组合时获得的高生产率才是合理的。

2) 根据加工质量

精加工时,应选择小的背吃刀量和进给量;硬质合金刀具一般采用较高的切削速度,高速钢刀具的耐热性差,多采用较低的切削速度。

3) 根据刀具耐用度

在切削用量三要素中,切削速度对刀具耐用度的影响最大,其次是进给量,影响最小的是背吃刀量。因此,为了合理使用刀具,首先选择尽可能大的背吃刀量,然后再选用大的进给量,最后由公式求出切削速度。

2. 切削用量的选择方法

1) 背吃刀量的选择

由加工余量确定背吃刀量。粗加工尽可能一次走刀切除全部余量,背吃刀量可达 8mm~10mm。半精加工时,背吃刀量可取 0.5mm~2mm。精加工时,背吃刀量可取 0.05mm~0.4mm(以上数据考虑中等功率机床)。若必须分两次走刀,也要将第一次的背吃刀量尽量取大一些。

2) 进给量的选择

粗加工时,表面质量要求不是很高,但切削力往往很大,进给量的大小主要受机床进给机构强度、刀具的强度与刚性、工件的装夹刚度等因素的限制,此时,合理的进给量的大小应是工艺系统所能承受的最大进给量。精加工时,合理进给量的大小则主要受工件加工精度和表面粗糙度的限制。

生产实际中多采用查表法确定进给量,精加工时,按表 3-4 选取;粗加工时,按表 3-5 选取。主要根据工件材料、刀杆尺寸、工件直径及背吃刀量进行选择。

3) 切削速度的选择

根据已确定的背吃刀量、进给量及刀具耐用度,按以下公式计算:

表 3-4 精加工选择进给量的参考值

表面粗糙度	加工材料	副偏角/(°)	切削速度 v 范围/(m/s)	刀尖半径 r_s/mm		
				0.5	1.0	2.0
				进给量 f/(mm/r)		
$Ra\,12.5$	钢和铸铁	5	不限制	—	1.0~1.1	1.3~1.5
		10		—	0.8~0.9	1.0~1.1
		15		—	0.7~0.8	0.9~1.0
$Ra\,6.3$	钢和铸铁	5	不限制	—	0.55~0.7	0.7~0.88
		10~15		—	0.45~0.8	0.6~0.7
$Ra\,3.2$	钢	5	<0.833	0.2~0.3	0.25~0.35	0.3~0.46
			0.833~1.666	0.28~0.35	0.35~0.4	0.4~0.55
			>1.666	0.35~0.4	0.4~0.5	0.5~0.6
		10~15	<0.833	0.18~0.25	0.25~0.3	0.3~0.4
			0.883~1.666	0.25~0.3	0.3~0.35	0.35~0.5
			>1.666	0.3~0.35	0.35~0.4	0.5~0.55
	铸铁	5	不限制	—	0.3~0.5	0.45~0.65
		10~15		—	0.25~0.4	0.4~0.6

(续)

表面粗糙度	加工材料	副偏角/(°)	切削速度 v 范围/(m/s)	刀尖半径 r_s/mm		
				0.5	1.0	2.0
				进给量 f/(mm/r)		
Ra1.6	钢	≥5	0.5～0.833	—	0.11～0.15	0.14～0.22
			0.833～1.333	—	0.14～0.20	0.17～0.25
			1.333～1.666	—	0.16～0.25	0.23～0.35
			1.666～2.166	—	0.2～0.3	0.25～0.39
			>2.166	—	0.25～0.3	0.35～0.39
	铸铁	≥5	不限制	—	0.15～0.25	0.2～0.35
Ra0.8	钢	≥5	1.666～1.833	—	0.12～0.15	0.14～0.17
			1.833～2.166	—	0.13～0.18	0.17～0.23
			>2.166	—	0.17～0.20	0.21～0.27
加工材料强度不同时进给量的修正系数						
材料强度 σ_b/GPa	<0.122	0.122～0.686		0.686～0.882		0.882～1.078
修正系数 K	0.7	0.75		1.0		1.25

表3-5 粗加工选择进给量的参考值

加工材料	车刀刀杆尺寸 $B×H$ /mm×mm	工件直径 d/mm	切削深度 a_p/mm				
			≤3	>3～5	>5～8	>8～12	12以上
			进给量 f/(mm/r)				
碳素结构钢和合金结构钢	16×25	20	0.3～0.4	—	—	—	—
		40	0.4～0.5	0.3～0.4	—	—	—
		60	0.5～0.7	0.4～0.6	0.3～0.5	—	—
		100	0.6～0.9	0.5～0.7	0.5～0.6	0.4～0.5	—
		400	0.8～1.2	0.7～1.0	0.6～0.8	0.5～0.6	—
	20×30 25×25	20	0.3～0.4	—	—	—	—
		40	0.4～0.5	0.3～0.4	—	—	—
		60	0.6～0.7	0.5～0.7	0.4～0.6	—	—
		100	0.8～1.0	0.7～0.9	0.5～0.7	0.4～0.7	—
		600	1.2～1.4	1.0～1.2	0.8～1.0	0.6～0.9	0.4～0.6
	25×40	60	0.6～0.9	0.5～0.8	0.4～0.7	—	—
		100	0.8～1.2	0.7～1.1	0.6～0.9	0.5～0.8	—
		1000	1.2～1.5	1.1～1.5	0.9～1.2	0.8～1.0	0.7～0.8
	30×45 40×60	500	1.1～1.4	1.1～1.4	1.0～1.2	0.8～1.2	0.7～1.1
		2500	1.3～2.0	1.3～1.8	1.2～1.6	1.1～1.5	1.0～1.5

$$v=\frac{C_v}{T^m a_p f^{x_w}}K_v \qquad (3-6)$$

切削速度的选择还应考虑以下一些方面。

（1）刀具材料的切削性能越好，切削速度应选得越高。硬质合金刀具的切削速度比高速钢刀具可高几倍，涂层刀具的切削速度比未涂层刀具要高，陶瓷、金刚石刀具可采用更高的。

（2）精加工时，应尽量避开积屑瘤的区域。在易发生振动情况下，应避开自激振动的临界速度。

（3）断续切削时，为减少冲击和热应力，应适当降低切削速度；加工大型工件、细长件和薄壁工件或带外皮的工件，也应适当降低切削速度。

（4）加工材料的硬度、强度较高时，应选择较低的切削速度，切削合金钢比切削中碳钢切削速度应降低 20%～30%，切削有色金属比切削中碳钢的切削速度可提高100%～300%。

（5）粗加工应选择较低的切削速度，而精加工应选择较高的切削速度。

【小结】

（1）获得成型毛坯后，接下来需要使用机床和刀具组成的金属切削加工系统切去毛坯上多余的材料，最后获得尺寸精度、形状和位置精度，以及表面质量都较好的零件。因此，工件和刀具是切削加工的两个主体。要实现正确的切削加工，在工件和刀具之间必须具有正确的相对运动，我们称之为切削运动。切削运动主要包括主运动和进给运动两种，机床类型不同，这两种运动的实现方式也不同。

（2）在一般的切削加工中，切削用量包括切削速度、进给量和背吃刀量（切削深度）三要素。选择切削用量的顺序为：首先选尽可能大的切削深度，其次选尽可能大的进给量，最后选尽可能大的切削速度。

（3）切削刀具应该具有一定强度、耐热性和工艺性，为了确保加工的顺利进行，刀具都具有一定的角度，刀具角度越大，刀具越锋利，切削能力越强，但是刀具的实体尺寸越小，刀具强度越低，越容易磨损。刀具的磨损主要发生在前刀面和后刀面，磨损后的刀具必须尽快更换，否则不但导致加工质量下降，还可能加速刀具的磨损，使之报废。

（4）在切削过程中，切屑形成，同时还可能产生积屑瘤。此外，通常还伴有切削力和切削热，并导致加工区域温度升高。切削加工中常使用切削液进行润滑和冷却。

【知识拓展】

切削难加工材料时切削液的选用

所谓难加工材料是相对易于加工材料而言的，它与材料的成分、热处理工艺等有关。一般来说，材料中含有铬、镍、钼、锰、钒、铝、铌、钨等元素，均称为难加工材料。这些材料具有硬质点多、机械擦伤作用大、热导率低、切屑易散出等特点，在切削过程中处于极压润滑状态。切削难加工材料的切削液要求较高，必须具有较好的润滑性和冷却性。

（1）用超硬高速工具钢刀具切削难加工材料时，应选用质量分数为 10%～15% 的极压乳化液或极压切削油。

（2）用硬质合金刀具切削难加工材料时，应选用质量分数为 10%～20% 的极压乳化液或硫化切削油。

应该指出，有些工矿企业用动、植物油作为切削难加工材料的切削液，这就太浪费了。虽然动、植物油能作为切削难加工材料的切削液，并能达到切削效果，但是动、植物油的价格较高，许多又是食用油，且极易氧化变质，这样会增加生产成本。用极压切削油完全可以代替动、植物油作为切削难加工材料的切削液,因此应该尽量少用或不用动、植物油作为切削液。

思考与练习

(1) 端面车削时,刀尖高(或低)于工件中心时工作角度(前、后角)有何变化?

(2) 切削层参数指的是什么?与背吃刀量 a_p 和进给量 f 有何关系?

(3) 刀具切削部分材料应具备哪些基本性能?

(4) 刀具材料有哪些?常用牌号有哪些?性能如何?常用于何种刀具?如何选用?

(5) 切削用量三要素是指什么?如何定义?

(6) 研究金属切削过程时,变形区域是怎样划分的?各变形区有何特点?

(7) 何谓积屑瘤?它的特点是什么?精加工时应采用什么措施抑制积屑瘤的产生?

(8) 研究切削力时为什么要把切削合力进行分解?如何分解?试说明各分力的作用。

(9) 切削加工中常用的切削液有哪几种?它们的主要作用是什么?

(10) 刀具的破损有哪几种形式?试述其破损原因及防止措施。

(11) 刀具的磨损分为哪几个阶段?叙述各阶段磨损的特征及原因。

(12) 常用衡量切削加工性的指标是什么?

(13) 试述改善工件材料的切削加工性的途径。

(14) 选择切削用量的次序是什么?为什么?

(15) 粗车、半精车加工时,进给量选择有什么不同特点?

(16) 切屑形状有哪些种类?各类切屑是在什么情况下形成的?

(17) 刀具的前角、后角、主偏角、副偏角、刃倾角有何作用?如何选用合理的刀具切削角度?

知识模块 4　金属切削加工

课题 1　金属切削机床的基本知识

【学习目标】
(1) 了解机床的类型。
(2) 掌握机床的型号编制。
(3) 了解机床的传动原理。

【重点难点】
(1) 课题的重点是掌握机床型号的编制方法及传动系统分析。
(2) 课题的难点是对传动系统的分析。

金属切削机床是实现切削加工的主要设备,刀具与工件之间的相对运动是由金属切削机床实现的。常用的通用金属切削机床是车床、铣床、刨床、磨床、钻床、镗床等。

4.1.1　机床的分类和编号

1. 机床的分类

机床有很多种的分类方法,主要是按加工性质和所用刀具进行分类。依据我国制定的机床型号编制方法(GB/T 15975—1994),目前将机床分为 12 大类:车床、钻床、磨床、齿轮加工机床、螺纹加工机床、铣床、刨插床、拉床、特种加工机床、切断机床及其他机床。在每一类机床中,又按工艺、布局、结构、性能等不同,分为若干组,每一组又细分为若干系(系别)。

除上述基本分类方法外,机床还可以根据其他特征进行分类。按通用程度分为通用机床、专门化机床、专用机床;按照加工精度的不同又可分为普通精度机床、精密机床和高精度机床;按质量与尺寸分为仪表机床、中型机床(一般机床)、大型机床(质量达 10t 及以上)、重型机床(质量在 30t 以上)、超重型机床(质量在 100t 以上)。按机床主要工作部件的数目又可分为单轴、多轴、单刀或多刀机床;按照自动化程度的不同分为手动、机动、半自动和全自动机床等。

2. 机床型号的编制方法

我国的机床编号统一遵循 GB/T 15975—1994《金属切削机床型号编制方法》,采用汉语拼音字母和阿拉伯数字按一定规律进行组合。机床的型号必须简明地反映出机床的类型、通用特性、结构特性及主要技术参数等。

1)机床类别的代号

机床型号的第一个字母为机床类别代号。各类机床的代号见表4-1,采用汉语拼音的第一个字母(大写)表示。

表4-1 机床类别及代号

类别	车床	钻床	镗床	磨床			齿轮加工机床	螺纹加工机床	铣床	刨插床	拉床	特种加工机床	切断机床	其他机床
代号	C	Z	T	M	2M	3M	Y	S	X	B	L	D	G	Q
读音	车	钻	镗	磨	2磨	3磨	牙	丝	铣	刨	拉	电	割	其

2)机床的通用特性代号

排在机床类别代号后面,它表示机床的某些特殊性能,也是采用汉语拼音的第一个字母大写来表示。如果是普通型,则仅有类别代号而无此项代号。各种通用特性代号见表4-2。

表4-2 机床特性及代号

通用特性	高精度	精密	自动	半自动	数控	加工中心自动换刀	仿形	轻型	加重型	简式
代号	G	M	Z	B	K	H	F	Q	C	J
读音	高	密	自	半	控	换	仿	轻	重	简

3)机床的组别和系别代号

在类别和特性代号之后,第一位阿拉伯数字代表组别,第二位阿拉伯数字代表系别。每类机床按其用途、性能、结构相近或有派生关系分为若干组,每组中又分为若干系,见表4-3。

表4-3 机床的类、组、系划分表(摘录)

机床类		组别	0	1	2	3	4	5	6 落地及卧式车床									7	8	9
		系列							0	1	2	3	4	5	6	7	8			
车床	C		仪表车床	单轴自动车床	多轴自动、半自动车床	回轮转塔车床	曲轴及凸轮轴车床	立式车床	落地车床	卧式车床	马鞍车床	无丝杠车床	卡盘车床	球面车床				仿形及多刀车床	轮、轴、锭、辊及铲齿车床	其他车床

4)机床主参数的代号

在组别和系列代号之后,它用主参数的折算值表示。折算值等于主参数乘以折算系数,折算系数有1/100、1/10、1/1等。常见机床的主参数及折算系数见表4-4。

5)机床重大改进序号

当机床的性能及结构有重大改进时,按其设计改进的次序分别用大写英文字母"A""B""C""D"……表示,附在机床型号的末尾,以示区别。

表 4-4 常见机床的主要参数及其折算系数

机床名称	主参数名称	主参数折算系数
卧式车床	床身上最大回转直径	1/10
摇臂钻床	最大钻孔直径	1/1
卧式坐标镗床	工作台面宽度	1/10
外圆磨床	最大磨削直径	1/10
立式升降台铣床	工作台面宽度	1/10
卧式升降台铣床	工作台面宽度	1/10
龙门刨床	最大刨削宽度	1/100
牛头刨床	最大刨削长度	1/10

示例 1：MG1432A 是经过一项重大改进、最大磨削直径为 320mm 的高精度万能外圆磨床。

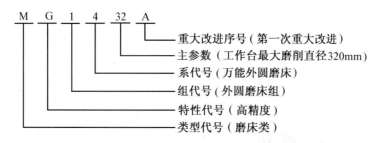

示例 2：CA6140 是最大车削直径为 400mm 的卧式车床。

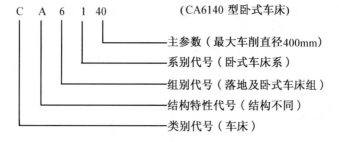

4.1.2 机床的传动原理与运动分析

1. 传动原理

在机械加工中，刀具和工件均安装在机床上，由机床上执行运动的部件带动两者实现一定的相对运动。机床的动力源一般来自电动机，但是刀具和工件却需要具有不同的运动速度和运动形式（如旋转运动或直线运动），这就需要设有中间传动装置将动力源的运动和动力传给执行运动的部件，同时还需完成变速、变向、改变运动形式等任务。

机床上应用最广的是机械传动装置，它利用机械元件传递运动和动力，每一对传动元件称为传动副。

1) 机床上常用的传动副

常见的传动副如图 4-1 所示。

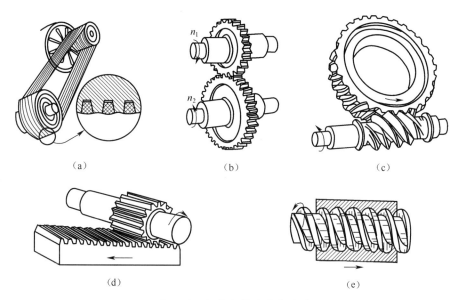

图 4-1 机床上常用的传动副
(a) 带传动 $i=d_1/d_2$；(b) 齿轮传动 $i=z_1/z_2$；(c) 蜗杆蜗轮传动 $i=k/z$；
(d) 齿轮齿条传动 $s=nzp$；(e) 丝杠螺母传动 $s=nkt$。

（1）用于传递旋转运动并实现变速功能的传动副有带传动、齿轮传动、蜗杆蜗轮传动。传动副的传动比 i 定义为被动轴转速 n_2 与主动轴转速 n_1 之比,它也等于主动轮直径 d_1（或齿数 z_1）与被动轮直径 d_2（或齿数 z_2）之比。

（2）用于将旋转运动变为直线运动的传动副有齿轮与齿条传动、丝杠螺母传动等。被动元件的移动速度 s 与主动元件的转速 n 成正比。

2）机床的变速机构

为适应不同的加工要求,要求机床运动部件的运动速度可在一定范围内调整,因此机床传动系统中要有变速机构。变速机构有无级变速和分级变速两大类,常用的为分级变速机构。

机床变速箱是分级变速的主要装置。在分级传动中,传动链终端各级转速之间的关系为等比级数。实现分级变速的基本原理是,通过不同的方法变换两传动轴之间的传动比,使主动轴转速不变时,从动轴得到不同的转速。其中常用的变速机构如图 4-2 所示,有塔轮变速机构、滑移齿轮变速机构、离合器变速机构、配换齿轮变速机构。

3）传动链

将上述传动副组合起来,即成为一个传动链。传动链的总传动比等于链中各传动副之传动比的乘积,即

$$i=i_1 i_2 i_3 \cdots i_n$$

传动链又分为外联系传动链（一端联系运动源、另一端联系执行件）和内联系传动链（联系两个有关的执行件）。传动链中一般包括两类传动机构：一类是定比传动机构（传动比和传动方向不变,如图 4-1 中的蜗轮蜗杆副、定比齿轮副等）；另一类是换置机构（变换传动比和传动方向,如图 4-2 中的滑移齿轮变速机构、离合器变速机构等）。

4）机床传动原理图

机床传动原理图是用一些简单的符号把机床复杂的传动原理和传动路线表示出来。

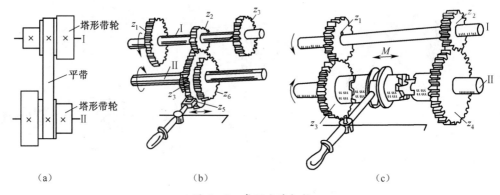

图 4-2 常用变速机构
(a) 塔轮变速机构；(b) 滑移齿轮变速机构；(c) 牙嵌式离合器变速机构。

如图 4-3 所示，其中假想线代表定比传动机构，菱形块代表换置机构。通过分析可知，一个复合运动必须有一条外联系传动链和一条或几条内联系传动链，且内联系传动链中不能有像带传动、摩擦传动等这类传动比不确定的传动机构。

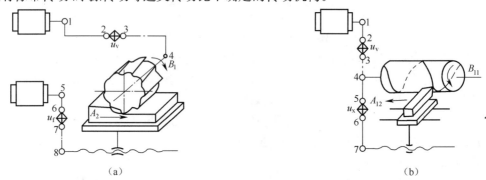

图 4-3 传动原理图
(a) 铣平面；(b) 车圆柱螺纹。

现以图 4-3(b)为例进行分析，车圆柱螺纹需要工件旋转和车刀运动的复合运动，有两条传动链：外联系传动链"$1-2-u_v-3-4$"将运动源和主轴联系起来，使工件获得旋转运动；内联系传动链"$4-5-u_x-6-7$"将主轴和刀架联系起来，使工件和车刀保持严格的运动关系，即工件每转 1r，车刀准确地移动工件螺纹一个导程的距离，利用换置机构 u_x 实现不同导程的要求。

2. 传动系统与运动分析

传动系统是由各传动链组成的，各传动链又可分为主运动传动链、进给运动传动链、展成运动传动链等。

传动系统图将机床的全部运动关系都表示出来，用国家标准规定的简单符号表示各传动元件，将齿轮的齿数、蜗杆头数、丝杠导程、电动机功率及转速等也标注清楚；机床的传动系统图画在一个能反映机床基本外形和各主要部件相互位置的机床外形的轮廓线内。各传动元件应尽可能按运动传递的顺序安排。该图只表示传动关系，不代表各传动元件的实际尺寸和空间位置。

分析传动系统图的一般方法是：首先找到传动链所联系的两个末端件即动力源和某

一执行件或者一个执行件到另一个执行件,然后按照运动传递或联系顺序,从一个末端件向另一个末端件,依次分析各传动轴之间的传动结构和运动传递关系,以查明该传动链的传动路线以及变速、换向、接通和断开的工作原理。图 4-4 为铣床的传动系统图。分析该图可知,有 5 条传动链。

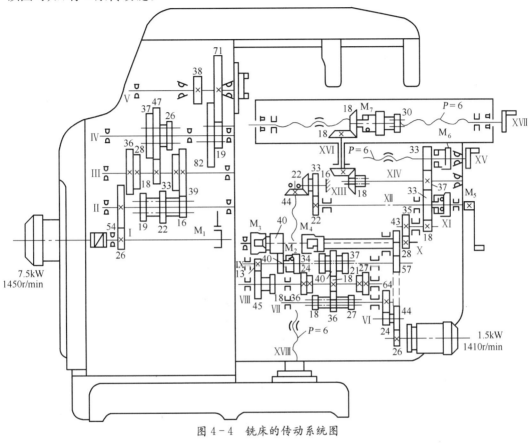

图 4-4　铣床的传动系统图

1) 主运动传动链

主运动传动链的两端件是主电动机和主轴 V。运动是由电动机经联轴器、定比齿轮副和三个滑移齿轮变速机构带动主轴 V 旋转。电动机的起停和正反转控制着主轴的起停和转向。主轴停车是靠电磁制动器 M_1 来制动的。在分析机床的传动系统时,常用传动路线表达式来表示机床运动的传动路线以及有关执行件之间的传动联系。主运动传动链的传动路线表达式如下:

$$\text{电动机}_{7.5\text{kW},1450\text{r/min}} - \text{I} - \frac{26}{54} - \text{II} - \begin{bmatrix} \frac{16}{39} \\ \frac{19}{36} \\ \frac{22}{33} \end{bmatrix} - \text{III} - \begin{bmatrix} \frac{18}{47} \\ \frac{28}{37} \\ \frac{39}{26} \end{bmatrix} -$$

$$\text{IV} - \begin{bmatrix} \frac{19}{71} \\ \frac{82}{38} \end{bmatrix} - \text{V}(\text{主轴})$$

87

2）进给传动链

进给传动链包括纵向进给传动链、横向进给传动链和垂直进给传动链等三条。其中一个端件是进给电动机，另一个端件分别是工作台、床鞍及升降台。传动链的传动路线表达式如下：

$$\text{电动机} \atop {1.5\text{kW},1410\text{r/min}} - \frac{26}{44} - \text{VI} - \frac{24}{64} - \text{VII} - \begin{bmatrix} \frac{18}{36} \\ \frac{27}{27} \\ \frac{36}{18} \end{bmatrix} - \text{VIII} - \begin{bmatrix} \frac{18}{40} \\ \frac{21}{37} \\ \frac{24}{34} \end{bmatrix} - \text{IX} \rightarrow$$

$$\rightarrow \begin{bmatrix} M_2 - \frac{40}{40} \\ \frac{13}{45} - \text{VIII} - \frac{18}{40} - \frac{40}{40} \end{bmatrix} - M_3 - \text{X} - \frac{28}{35} - \text{VI} - \frac{18}{33} - \text{VII} \rightarrow$$

$$\rightarrow \begin{bmatrix} \frac{33}{37} - \text{XIV} - \begin{bmatrix} \frac{18}{16} - \text{XVI} - \frac{18}{18} - M_7 - \text{VII（纵向进给丝杠）} - \begin{bmatrix} \text{工作台} \end{bmatrix} \\ \frac{37}{33} - M_6 - \text{XV（横向进给丝杠）} - [\text{床鞍}] \end{bmatrix} \\ M_5 - \text{VII} - \frac{22}{33} - \text{XIII} - \frac{22}{44} - \text{XVIII（垂直进给丝杠）} - [\text{升降台}] \end{bmatrix}$$

3）快速空行程传动链

此为辅助运动传动链，两个端件与进给传动链相同。由图 4-4 可知，接通电磁离合器 M_4 而脱开 M_3 时，进给电动机的运动便由定比齿轮副和 M_4 传给轴 X，以后再沿着与进给运动相同的传动路线传至工作台、床鞍和升降台。

课题 2 车削加工及车床

【学习目标】

(1) 掌握 CA6140 的组成。
(2) 了解车床的种类、车床的传动链。
(3) 了解车床的典型机构。
(4) 掌握车削加工的基本内容。

【重点难点】

(1) 课题的重点是掌握车削加工的工艺特点、车刀、加工范围等。
(2) 课题的难点是对车床传动链的理解。

车削加工主要适用于加工各种回转面。因机械零件中回转面用得最多，因此车削加工是应用最广的一种加工方法。

4.2.1 车床

1. 车床的组成

车床的主要组成部件如图 4-5 所示，有床身、主轴箱、进给箱、溜板箱、刀架、尾座等。

加工时,工件由主轴带动作旋转主运动;刀具安装在刀架上可作纵向或横向进给运动。普通车床是车床中应用最广的一种,常用的型号有 CA6140 型卧式车床,其主参数为最大加工直径 400mm。

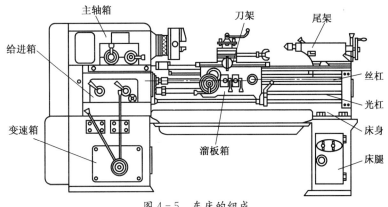

图 4-5 车床的组成

(1) 主轴箱。安装主轴和主轴变速机构。主轴通过前端的卡盘或者花盘带动工件完成旋转作主运动,也可以安装前顶尖通过拨盘带动工件旋转。

(2) 变速箱。安装变速机构,增加主轴变速范围。

(3) 进给箱。安装作进给运动的变速机构。通过改变进给量的大小,可改变所加工螺纹的种类及导程。

(4) 溜板箱。安装作横向运动的传动元件及互锁、换向等机构,并与床鞍连为一体。

(5) 尾架。安装尾架套筒及顶尖。顶尖支承长工件的后端以加工长圆柱体。

(6) 床身。支承上述部件并保证其相对位置,是车床的基础零件。

2. 机床的传动系统分析

车床的传动路线是指从电动机到机床主轴或刀架之间的运动路线,图 4-6 为其传动框架图。

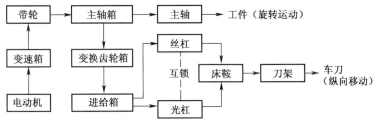

图 4-6 车床传动框架图

图 4-7 是 CA6140 型卧式车床的传动系统图,包括主运动传动链、纵向进给运动传动链、横向进给运动传动链、螺纹进给运动传动链以及刀架快速移动传动链。

主运动传动链可使主轴获得 24 级正转转速和 12 级反转转速。主电动机经 ϕ130mm 带轮带动 ϕ230mm 带轮,从而带动Ⅰ轴,Ⅰ轴上有双向摩擦离合器 M_1,M_1 向左结合,左边双联齿轮与Ⅰ轴一起转动,通过两对传动副 $\left[\dfrac{56}{38}, \dfrac{51}{43}\right]$ 传动Ⅱ轴实现主轴正转。M_1 向右

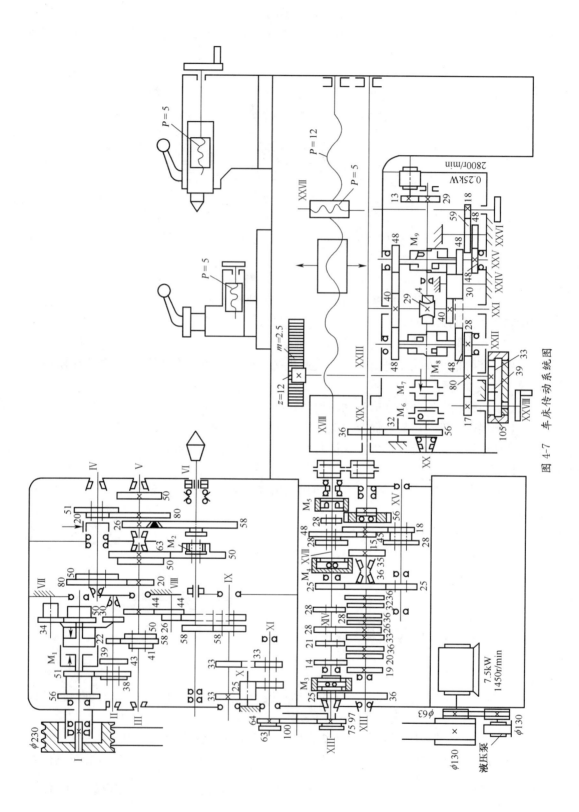

图 4-7 车床传动系统图

结合,实现主轴反转。M_1 处于中间,Ⅰ轴空转。Ⅱ轴的运动通过Ⅱ—Ⅲ轴之间的三对传动副 $\left[\frac{39}{41},\frac{22}{58},\frac{30}{50}\right]$ 传动Ⅲ轴,Ⅲ轴通过Ⅵ轴上的 M_2 向左滑移实现主轴高速转动;M_2 向右结合,Ⅲ轴通过 $\left[\frac{20}{80},\frac{50}{50}\right]$ 传动Ⅳ轴,Ⅳ轴通过 $\left[\frac{20}{80},\frac{51}{50}\right]$ 传动Ⅴ轴,Ⅴ轴通过 $\frac{26}{58}$ 传动主轴。

螺纹进给传动链实现车削公制、英制、模数制和径节制四种标准螺纹;还可车削大导程、非标准和较精密的螺纹。螺纹可以是右旋的,也可以是左旋的。

螺距参数及其与螺距、导程的换算关系见表 4-5。

表 4-5 螺距参数及其与螺距、导程的换算关系

螺纹种类	螺距参数	螺距/mm	导程/mm
公制	螺距 P/mm	P	$L=kP$
模数制	模数 m/mm	$P_m=\pi m$	$L_m=kP_m=k\pi m$
英制	每英寸牙数 a/(牙·in^{-1})	$P=\dfrac{25.4}{a}$	$L=kP=\dfrac{25.4k}{a}$
径节制	径节 DP/(牙·in^{-1})	$P_{DP}=\dfrac{25.4}{DP}\pi$	$L_{DP}=kP_{DP}=\dfrac{25.4}{DP}\pi$

当进行非螺纹车削加工时,可使用纵向和横向进给运动链。该传动链由主轴经过公制或英制螺纹传动路线至进给箱轴ⅩⅧ,其后运动经齿轮副传至光杠ⅩⅨ,再由光杠经溜板箱中的传动机构,分别传至齿轮齿条机构和横向进给丝杠ⅩⅩⅦ,使刀架作纵向或横向机动进给。

刀架快速移动传动机构可使刀架实现机动快速移动。按下快速移动按钮,快速电动机经齿轮副使轴ⅩⅩ高速转动,再经蜗杆副、溜板箱内的转换机构,使刀架实现纵向和横向的快速移动,方向仍由双向牙嵌式离合器 M8、M9 控制。

3. 车床的典型机构

1) 双向多片摩擦离合器及其操纵机构

双向多片摩擦离合器就是传动系统图中的 M_1,摩擦离合器由内摩擦片、外摩擦片、止推片、压块、螺母、销子、推拉杆等组成。左离合器需传递的转矩较大,片数较多,右离合器主要用于退回,片数较少。摩擦离合器不但实现主轴的正反转和停止,并且在接通主运动链时还能起过载保护作用。其外形结构如图 4-8 所示,内部结构如图 4-9 所示。

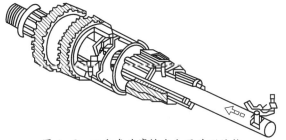

图 4-8 双向多片摩擦离合器外形结构

2) 变速操纵机构

图 4-7 中的双联齿轮、三联滑移齿轮是用一个手柄操纵的,双联齿轮的左、右分别对应三联齿轮的左、中、右,操纵手柄转一周有 6 个均布的工作位置对应齿轮的 6 组啮合位

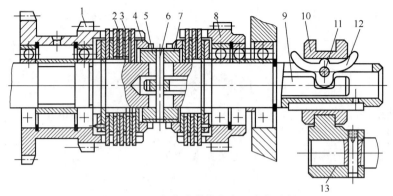

图 4-9 双向多片摩擦离合器内部结构

1—双联齿轮；2—内摩擦片；3—外摩擦片；4,7—螺母；5—压套；6—长销；8—齿轮；
9—拉杆；10—滑套；11—销轴；12—摆块；13—拨叉。

置，其结构如图 4-10 所示。

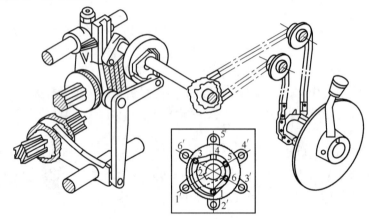

图 4-10 变速操纵机构

3）纵向、横向进给及快速移动操纵系统

纵向、横向机动进给和快速移动是由一个操纵手柄操纵的，如图 4-11 所示，操纵手

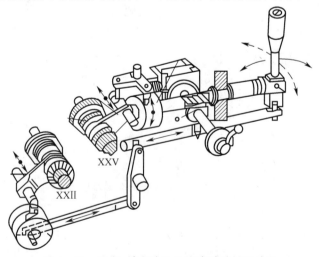

图 4-11 纵向、横向进给及快速移动操纵系统

柄在一水平的十字滑槽中,当手柄向左或右扳动时,实现纵向机动进给。当手柄向前或向后扳动时,实现横向机动进给,当手柄处于十字的中间位置时,纵向横向全部切断。接通机动进给,按下手柄上端按钮,快速电动机起动带动刀架实现快速移动。

4. 车床的种类

车床的种类很多,按结构和用途可分为卧式、立式、转塔、回轮等(表 4-3)。图 4-12、图 4-13、图 4-14 是几种常见车床的简单结构示意图。

1) 转塔车床

转塔车床结构如图 4-12 所示,有前刀架和转塔刀架。前刀架可以纵向进给车外圆,也可以横向进给加工端面和沟槽。转塔刀架只能作纵向进给,主要用来车削外圆柱面及对内孔的加工。工件装夹在主轴上,由主轴带动旋转完成主运动。采用转塔刀架可以使机床上安装多把刀具,实现多刀同时或依次加工,缩短加工时间,节省装卸刀具的辅助时间。转塔车床成批地加工复杂工件时能有效地提高效率,但调整费时费力,加工精度受一定限制。

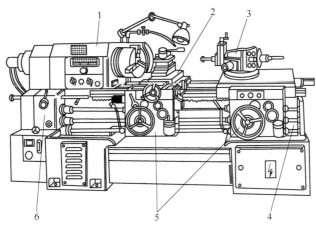

图 4-12 转塔车床
1—主轴箱;2—前刀架;3—转塔刀架;4—车身;5—溜板箱;6—进给箱。

2) 回轮车床

其外形如图 4-13(a)所示,主轴带动工件回转完成主运动。没有前刀架,只有一个轴线与主轴中心线平行的回轮刀架,回轮刀架沿圆周分布有 12 个~16 个安装刀具用的孔(图 4-13(b)),每个刀具孔转到最上面位置时与主轴中心线同轴。回轮刀架可沿床身上的导轨作纵向进给,最多可由几个刀具孔中的刀具同时进行切削。回轮刀架也可绕自身轴线缓慢回转,进行切槽、车成形面或切断等加工。

3) 立式车床

立式车床的主轴位于竖直位置,有一个直径很大的圆形工作台,工作台面处于水平平面内,便于工件的装夹和找正。因此,立式车床适于加工径向尺寸大而轴向尺寸相对较小、形状比较复杂的大、重型工件。图 4-14 为立式车床外形图,分为单柱式和双柱式两种。单柱式立式车床只用于加工直径不太大的工件,双柱式立式车床加工大直径工件。

立式车床的工作台安装在底座上,工件装夹在工作台上并由工作台带动旋转完成主运动。进给运动由垂直刀架和侧刀架实现。侧刀架可在立柱的导轨上移动作垂直进给,

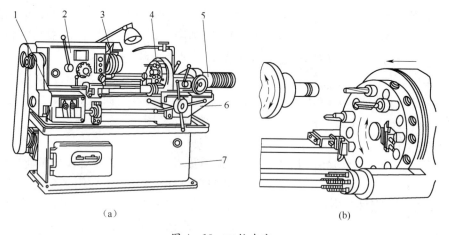

图 4-13 回轮车床
(a) 回轮车床外形；(b) 回轮刀架。
1—进给箱；2—主轴箱；3—夹头；4—回轮刀架；5—挡块轴；6—车身；7—底座。

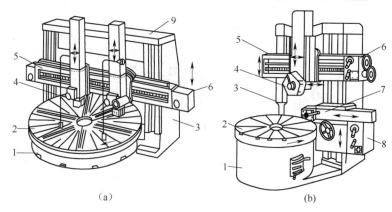

图 4-14 立式车床
(a) 双柱式；(b) 单柱式。
1—底座；2—工作台；3—立柱；4—垂直刀架；5—横梁；6—垂直刀架进给箱；
7—侧刀架；8—侧刀架进给箱；9—横梁。

完成外圆等加工。还可沿刀架滑座的导轨作横向进给，完成车端面及切槽等加工。垂直刀架可在横梁的导轨上或沿其滑座导轨作横向、纵向进给。横梁可根据工件的高度沿立柱导轨调整位置。

4.2.2 车削加工

1. 工件在车床上的安装

切削前，工件必须在机床上取得与刀具正确的相对位置，并夹固后方可加工。完成这项工作要借助于夹具。车削时大部分工件是使用作为车床附件的通用夹具来完成切削任务的。

(1) 三爪卡盘（图 4-15(a)）。用于截面为圆形、正三边形、正六边形等形状规则的中小型工件的装夹，可以自动定心，无须进行校正，装夹效率高。但是它不能装夹形状不规则的工件，而且夹紧力没有四爪卡盘大。

(2) 四爪卡盘(图4-15(b))。它的四个爪1、2、3、4可分别作径向移动,故主要用于装夹形状不规则的工件。装夹时使用千分表校正,也可在它上面加工精度较高的工件。它的夹紧力较大,但装夹效率较低。

(3) 拨盘—夹头(图4-15(c))。对于较长的或需经多次装夹的工件(如长轴、丝杠等),或车削后还需进行铣、磨等多道工序加工的工件,为使每次装夹都保持其定位精度(保证同轴度),可采用顶针定位的方法。此时无须校正,定位精度高。主轴通过拨盘和夹头(此处使用的称为直尾鸡心夹头)带动工件回转。螺钉用来紧固工件。

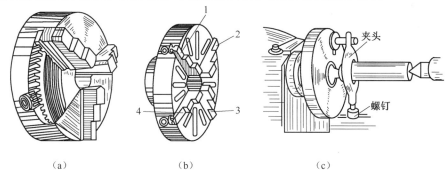

图4-15 车床的通用夹具
(a) 三爪自定心卡盘;(b) 四爪单动卡盘;(c) 拨盘—夹头。
1、2、3、4—卡爪。

车削细长工件时,为防止工件刚性不足而弯曲,可在工件中部安装中心架(图4-16(a))或跟刀架(图4-16(b)),用增加支撑的方法来提高工件切削时的刚度。二者均为车床附件。前者固定于床身导轨上;后者固定于溜板上,随刀架一起运动。

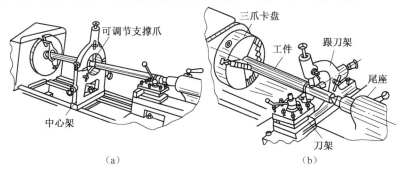

图4-16 中心架与跟刀架
(a) 中心架;(b) 跟刀架。

2. 车削加工及常用的车刀

1) 车削加工范围

车削加工是指工件旋转作主运动、刀具移动作进给运动的加工方法。车削加工范围广泛,车床上能加工出各种内、外回转表面。主要有车外圆面(含外圆切槽)、车内圆面(含内圆切槽)、车锥面、车平面、钻中心孔、钻孔、铰孔、车外螺纹、车内螺纹、车成形面和滚花等,如图4-17所示。

(1) 车外圆。刀具的运动方向与工件平行,加工出的工件表面为圆柱形,用此方法加工轴销和盘套类零件,如图4-18所示。

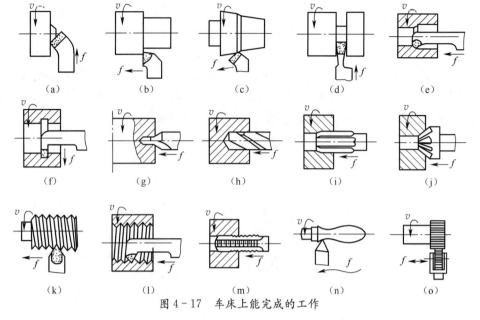

图 4-17 车床上能完成的工作

(2) 车孔。在车床上进行钻孔、扩孔、铰孔、车孔；钻孔、扩孔、铰孔时，刀具装在尾座上，工件作主运动，刀具用手动进给；车孔时，车孔刀装在小刀架上作纵向进给，如图 4-19 所示。

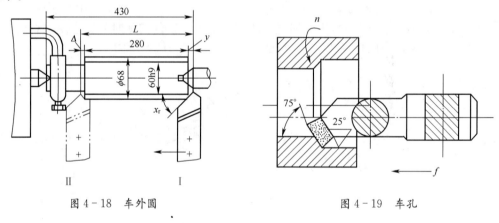

图 4-18 车外圆　　　　　图 4-19 车孔

(3) 车平面。车平面主要是车工件的端平面，常见的方法如图 4-20 所示。

2) 常用车刀

常用车刀的头部形式如图 4-21 所示。

车刀按用途可分为：

(1) 端面车刀（45°车刀，又称弯头车刀）。用于车削工件的外圆、端面和倒角（图 4-21(a)）。

(2) 外圆车刀（90°车刀，又称偏刀）。用于车削工件的外圆、台阶和端面（图 4-21(b)、图 4-21(c)、图 4-21(d)）。

(3) 切断刀。用于切断工件或在工件上车槽（图 4-21(f)）。

(4) 内孔车刀。用于车削工件的内孔（图 4-21(e)）。

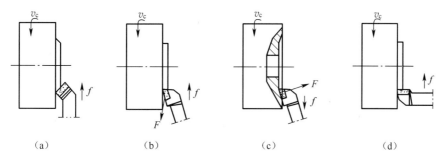

图 4-20 车平面的方法

(a) 弯头刀车平面;(b) 右偏刀车平面;(c) 右偏刀车平面;(d) 左偏刀车平面。

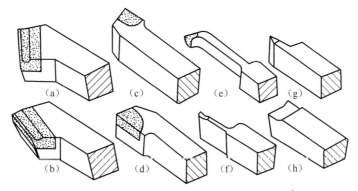

图 4-21 常用的几种车刀

(a) 45°外圆车刀;(b) 75°外圆车刀;(c) 左偏刀;(d) 右偏刀;
(e) 镗孔刀;(f) 切断刀;(g) 螺纹刀;(h) 样板刀。

(5) 螺纹车刀。用于车削螺纹(图 4-21(g))。

(6) 圆头刀。用于车削工件的圆弧面或成形面(图 4-21(h))。

车刀按结构又可分为整体式车刀、焊接式车刀、机夹式车刀和可转位车刀,如图 4-22 所示。

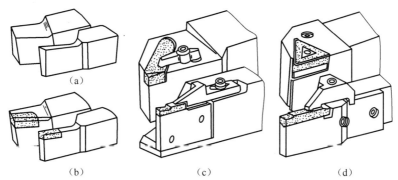

图 4-22 车刀的结构类型

(a) 整体式车刀;(b) 焊接式车刀;(c) 机夹式车刀;(d) 可转位车刀。

3. 粗车与精车

车削加工零件时,根据需要可分粗车、半精车和精车。

1) 粗车

粗车用来去除毛坯表皮,对精度要求不高的表面,可作为最终加工,一般粗车常作为精加工的准备工序。粗车的公差等级为IT13～IT11,表面粗糙度Ra为25μm～12.5μm。

粗车时,背吃刀量a_p为3mm～12mm,一般为提高生产率,a_p就等于单边车削余量。进给量f的常用范围是0.3mm/r～1mm/r。车中碳钢时,切削速度取50mm/min～70mm/min,车铸铁时,切削速度取20mm/min～50mm/min。

2）精车

精车是使零件达到图样规定的精度和表面粗糙度要求,半精车则作为粗车和精车之间的过渡。半精车的公差等级为IT10～IT9,表面粗糙度Ra为6.3μm～3.2μm;精车的公差等级为IT8～IT7,表面粗糙度Ra为1.6μm～0.8μm。

一般半精车a_p取1mm～2mm,f取0.2mm/r～0.5mm/r;精车a_p取0.05mm～0.8mm,f取0.10mm/r～0.3mm/r。在选择切削速度时,精车一般有高速精车和低速精车。高速精车是采用硬质合金车刀在$v \geqslant 100$mm/min下进行的精车,低速精车主要是采用高速钢宽刃精车刀在$v=2$mm/min～12mm/min下进行的精车。

4. 车削加工的工艺特点

（1）易于保证各加工表面的位置精度。对于轴套或盘类零件,在一次装夹中车出各外圆面、内圆面和端面,可保证各轴段外圆的同轴度、端面与轴线的垂直度、各端面之间的平行度及外圆面与孔的同轴度等精度。

（2）适合于有色金属零件的精加工。当有色金属的轴类零件要求较高的精度和较小的表面粗糙度值时,因材质软易堵塞砂轮,不宜采用磨削,这时可用金刚石车刀精细车,精度可达IT6～IT5,表面粗糙度Ra达0.4μm～0.2μm。

（3）生产率较高。因切削过程连续进行,且切削面积和切削力基本不变,车削过程平稳,因此可采用较大的切削用量,使生产率大幅度提高。

（4）生产成本低。由于车刀结构简单,制造、刃磨和安装方便,而且易于选择合理的角度,有利于提高加工质量和生产率;车床附件较多,能满足一般零件的装夹,生产准备时间短。因此,车削加工生产成本低,既适宜单件小批生产,也适宜大批大量生产。

4.2.3 加工实例

【实例4-1】 车台阶（零件图样见图4-23）

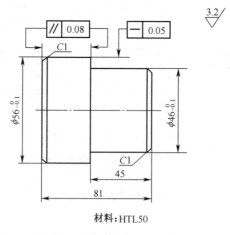

图4-23 台阶零件图样

车削台阶时,不仅要车削组成台阶的外圆,还要车削环形的端面,它是外圆车削和平面车削的组合。因此,车削台阶时既要保证外圆的尺寸精度和台阶面的长度要求,还要保证台阶平面与工件轴线的垂直度要求。车削台阶工件,一般分为粗车和精车,通常选用90°外圆车刀。车刀的装夹应根据粗车、精车和余量的多少来调整。

1. 车刀的装夹

(1)粗车时,余量多,为了增大切削深度和减少刀尖的压力,车刀装夹时实际主偏角以小于90°为宜(一般 κ_r 取 85°~90°),如图 4-24 所示。

(2)精车时,为了保证台阶平面与工件轴线的垂直,车刀装夹时实际主偏角应大于90°(一般 κ_r 为 93°左右),如图 4-25 所示。

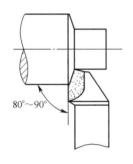

图 4-24 粗车台阶时的偏刀装夹位置

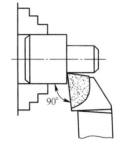

图 4-25 精车台阶时的偏刀装夹位置

2. 车削步骤

(1)用三爪自定心卡盘夹住工件,留出外圆长 120mm 左右,校正并夹紧。

(2)粗车端面、外圆 $\phi56.5$mm。

(3)粗车外圆 $\phi46.5$mm,长 45mm。

(4)精车端面、外圆 $\phi46_{-0.1}^{0}$mm,长 45mm,倒角 C1,表面粗糙度 Ra 为 3.2μm。

(5)调头,垫铜皮夹住 $\phi46_{-0.1}^{0}$mm 外圆,校正卡爪处外圆和台阶平面(反向),夹紧工件。

(6)粗车端面(总长 82mm)、外圆 $\phi56.5$mm。

(7)精车端面,保证总长 81mm,保证平等度误差在 0.08mm 以内。

(8)精车外圆 $\phi46_{-0.1}^{0}$mm,素线度误差不大于 0.05mm,表面粗糙度 Ra 为 3.2mm。

(9)倒角 C1。

(10)检查质量后取下工件。

【实例 4-2】 车通孔(零件图样见图 4-26)

通孔的车削基本上与车外圆相同,在粗车或精车时也要进行试切削,只是进刀与退刀的方向相反,车孔时的切削用量应比车外圆时小一些,尤其是车小孔或深孔时,其切削用量应更小。

1. 车孔刀的装夹

(1)车孔刀的刀尖应与工件中心等高或稍高。若刀尖低于工件中心,切削时在切削抗力的作用下,容易将刀柄压低而产生扎刀现象,并可造成孔径扩大。

(2)刀柄伸出刀架不宜过长,一般比被加工孔长 5mm~10mm。

(3)车孔刀刀柄与工件轴线应基本平行,否则在车削到一定深度时刀柄后半部容易碰到工件的孔口。

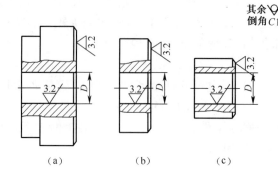

材料:HT150

图 4-26 通孔零件图样

2. 车削步骤

(1)夹持外圆,校正并夹紧。
(2)车端面(车平即可)。
(3)钻孔 $\phi 18$mm。
(4)粗、精车孔径尺寸至要求。
(5)孔口倒角 $C1$。
(6)检查后取下工件。

课题 3　铣削加工及铣床

【学习目标】

(1) 掌握 X6132 型卧式万能升降台铣床的组成。
(2) 了解铣床的种类及其结构。
(3) 掌握铣削方式。
(4) 掌握铣削加工的基本内容。

【重点难点】

(1) 课题的重点是掌握铣削加工的工艺特点、铣刀、加工范围等。
(2) 课题的难点是铣削方式的选择。

4.3.1　铣床与铣刀

1. 铣床结构及种类

铣床是一种用多齿、多刃刀具加工工件的金属切削机床,其生产效率高、表面质量好、适用范围广。其主运动是铣刀的旋转运动,进给运动是工件在垂直于铣刀轴线方向上的直线运动、或是工件的回转运动、或是工件的曲线运动。

铣床的种类很多,是组别、系别最多的机床大类之一。包括卧式铣床、立式铣床、龙门铣床、工具铣床、仿形铣床及各种专门化铣床等。

1) 卧式铣床

在铣床中,卧式万能升降台铣床是应用较为广泛的一种,是机床主轴轴线与工作台台面平行为主要特征的铣床,图4-27(a)为其简图。铣刀装在刀杆(图中未画出)上,由主轴带动作主运动。悬梁上的支架用来支撑刀杆的外伸端,以增强刀杆的刚性。悬梁可沿水平方向调整其位置。安装工件的工作台可以在纵、横、垂直三个方向实现任一种手动或自动进给。此外,工作台还可以绕其下层的过渡底座的中心线在水平面内转动±45°,从而扩大了机床的加工范围。常用铣床有X6132型卧式万能升降台铣床(旧型号为X62W),其主参数为工作台宽度320mm。

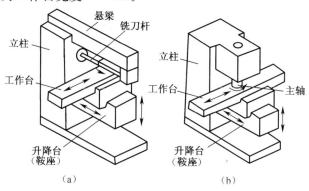

图4-27 铣床的结构及其切削运动
(a) 卧式铣床;(b) 立式铣床。

2) 立式铣床

其主轴是垂直安装的,这是其与卧式铣床的主要区别,铣头可根据加工需要在垂直平面内调整角度,主轴可沿轴线方向进给或调整位置,工作台、升降台等与卧式铣床相同,如图4-27(b)所示。

3) 龙门铣床

主要用于加工重型、大型工件的平面及沟槽。其生产效率高,可多刀同时加工多件或多个表面,适于成批大量生产。图4-28为龙门铣的基本结构。主体结构呈龙门式框架,其横梁上装有两个铣削主轴箱;两个立柱上又各装一个卧铣头,各铣头的水平或垂直运动都可以是进给运动,也可以是调整铣头与工件间相对位置的快速调位运动。铣刀的旋转为主运动。

2. 铣刀

铣刀是多刃回转刀具,由刀齿和刀体组成。刀体为回转体形状,刀齿分布在刀体圆周表面的称为圆柱铣刀,刀齿分布在刀体端面的称为端铣刀。铣刀的品种很多,图4-29为常见铣刀类型。

其中图4-29(a)~图4-29(i)分别为圆柱形铣刀、面铣刀、槽铣刀、两面刃铣刀、三面刃铣刀、错齿刃铣刀、立铣刀、键槽铣刀、角度铣刀、成形铣刀等。铣刀是一种多齿刀具,其每一个刀齿从本质上可看作一把外圆车刀,但是它又有其自身的特点。铣削时为断续切削,刀齿是依次切入工件的。这有利于刀齿的冷却,但易引起周期性的冲击和振动。其次,由于刃磨或装配的误差,难以保证各个刀齿在刀体上的应有位置(如各个刀齿的刀尖

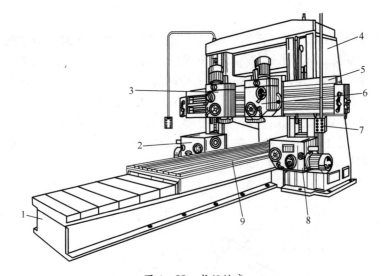

图 4-28 龙门铣床
1—床身;2、8—卧铣头;3、6—立铣头;4—立柱;5—横梁;7—控制器;9—工作台。

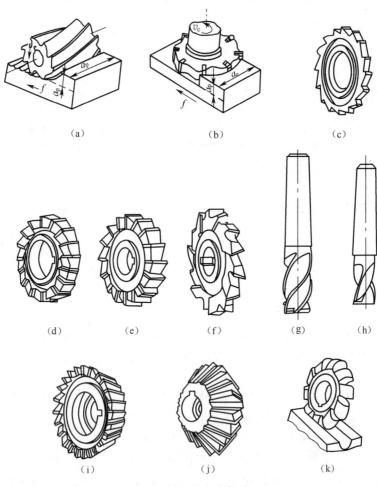

图 4-29 铣刀的类型

不在同一个圆周上),再加上其他因素,例如切削负荷变化引起的切削力周期性变化等,从而使铣削过程不如车削过程平稳。但是,由于铣削为多刃切削,故生产率较高。

4.3.2 铣削加工

1. 铣削工艺

铣削是一种应用非常广泛的加工方法。平面、沟槽及台阶的加工除采用刨削外,更多地是采用铣削加工。铣削加工是指铣刀旋转作主运动、工件移动作进给运动的一种切削加工方法。它用于加工平面、沟槽(直槽、螺旋槽)、成形表面、花键、齿轮、凸轮等。常见的铣削加工典型表面如图 4-30 所示。

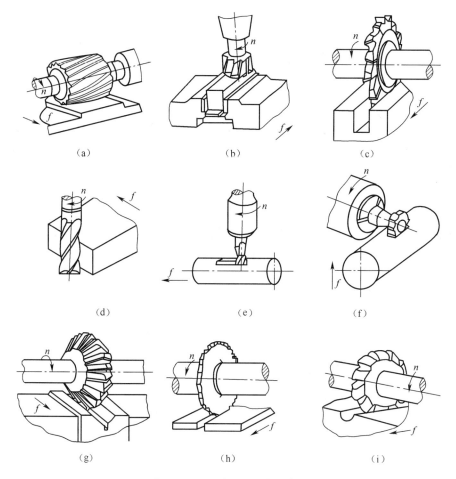

图 4-30 铣削加工的典型表面

铣平面有端铣、周铣和二者兼有三种方式,如图 4-30(a)、(b)、(d)所示。刀具有镶齿端铣刀、套式立铣刀、圆柱铣刀、三面刃铣刀和立铣刀等。铣沟槽通常采用立铣刀加工。

常用的工件装夹方法有虎钳装夹、V 形铁装夹、压板螺栓装夹等,如图 4-31 所示。

铣削加工分为粗铣、半精铣和精铣。粗铣的公差等级为 IT13～IT11,表面粗糙度 Ra 为 $25\mu m$～$12.5\mu m$;半精铣的公差等级为 IT10～IT9,表面粗糙度 Ra 为 $6.3\mu m$～$3.2\mu m$;精铣的公差等级为 IT8～IT7,表面粗糙度 Ra 为 $1.6\mu m$～$3.2\mu m$。

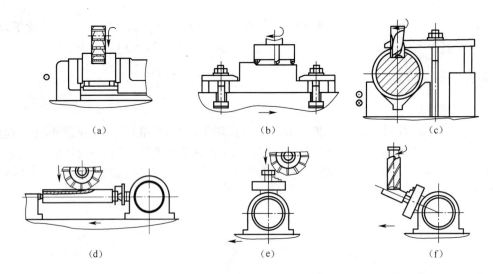

图 4-31 铣床上常用的装夹方法
(a) 虎钳装夹;(b) 压板螺栓装夹;(c) V形铁装夹;(d)、(e)、(f) 分度头装夹。

铣削的特点是:铣刀为多刃旋转刀具,加工中无空行程,切削速度高,故加工平面时较刨削生产效率高;由于铣刀的类型多,铣床附件多,使铣削加工范围广,可完成许多车削和刨削无法实现的成形表面加工。但是铣削过程的平稳性差,影响工件表面的加工质量。

2. 铣削方式

1) 周铣和端铣

铣削方式按所用铣刀不同分为周铣和端铣,如图 4-32 所示。端铣时切削力变化小,铣削过程平稳,加工质量较周铣高,且端铣刀结构刚性好,生产率高。但周铣能用多种铣刀铣各种成形面,适应性广,而端铣则适应性差,主要用于平面铣削。

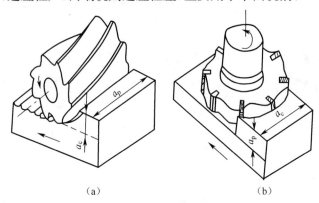

图 4-32 周铣与端铣
(a) 周铣;(b) 端铣。

2) 逆铣与顺铣

周铣时,当铣刀上切削刀齿的运动方向与工件的进给方向相同时称为顺铣,反之称为逆铣,如图 4-33 所示。

逆铣时,每个刀齿的切削厚度均是从零逐渐增大,使得开始切削阶段刀齿在工件表面上打滑、挤压,恶化了表面质量且使刀齿容易磨损。而顺铣时,刀齿从最大切削厚度开始

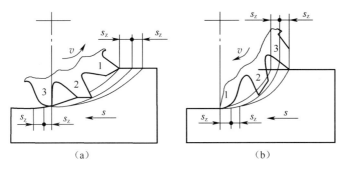

图 4-33 顺铣与逆铣
(a)逆铣；(b)顺铣。

切削,避免了上述打滑现象,可获得较好的表面质量,当工件表面无硬皮时也提高了刀具的使用寿命。

顺铣时水平切削分力与工作台的移动方向一致,有使传动丝杠和螺母的工作侧面脱离的趋势。由于铣刀的线速度比工作台的移动速度大得多,切削力又是变化的,所以刀齿经常会将工件和工作台一起拉动一个距离。这个距离就是丝杠与螺母之间的间隙。工作台的这种突然窜动,使切削不平稳,影响工件的表面质量,甚至发生打刀现象。所以,只有在铣床的纵向丝杠装有间隙调整机构,将间隙调整到刻度盘一小格左右时,且切削力不大的场合才能使用顺铣。

因此,一般情况下逆铣比顺铣用得多。精铣时,铣削力较小,为提高加工质量和刀具耐用度,多采用顺铣。

4.3.3 平面铣削加工实例

【实例 4-3】 铣平行面和垂直面

1. 目的

(1)掌握用手动进给铣削平面和垂直面的方法。

(2)掌握基准面的选择方法及零件的加工顺序。

2. 加工步骤

(1)读图。图 4-34 所示为压板铣平行面和垂直面工序图,看懂工序图,了解图纸上有关加工的尺寸及其精度要求。

(2)对照图纸检查毛坯的尺寸、形状以及毛坯余量的大小。

(3)用圆柱铣刀铣平面 3、1、2 及 4 四个平面步骤如下：

①安装并校正平口钳,使固定钳口与 X62W 型铣床主轴轴线垂直。

②选择直径为 80mm,宽为 80mm 的圆柱铣刀,并将铣刀和刀轴一起安装在铣床主轴上。

③分粗、精两次进给：粗铣时,取 $n=118 \text{r/min}$, a_p 在 1.5mm～2mm 之间;精铣时,取 $n=140 \text{r/min}$, a_p 视具体情况确定。

④铣平面 1,以平面 3 为定位基准,在它对面(2 面)上安置一圆棒,使夹紧后 3 面与固定钳口贴合紧密,然后铣平面 1,保证平面度、垂直度要求。

⑤铣平面 2,以 3 面与 1 面为定位基准,装夹方法同上,铣平面 2 至尺寸 $17_{-0.2}^{0}$ mm,并达到平面度及平行度要求。

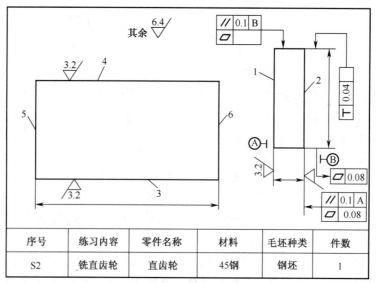

图 4-34 压板铣平行面和垂直面工序图

⑥铣平面 4,以 3 面与 1 面为定位基准,铣平面 4 至尺寸 $45_{-0.2}^{0}$ mm,并达到平面度及平行度要求。

(4)用端铣刀铣端面 5 和端面 6 的步骤如下:①校正固定钳口与 X62W 型铣床主轴平行;②选择直径为 100mm 端铣刀;③取 $n=95$ r/min,a_p 在 2mm~2.5mm 之间;④装夹工件分别铣出 5、6 两端面;⑤去毛刺,检查各项要求,合格后卸下工件。

【实例 4-4】 铣轴上键槽

1. 目的

(1)掌握轴上键槽的铣削方法。

(2)正确选择铣轴上键槽所用铣刀。

(3)掌握轴上铣键槽的测量方法。

2. 加工步骤

(1)读图。图 4-35 所示为轴上铣键槽工序图。

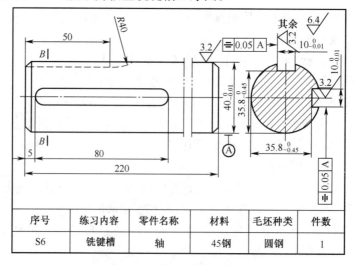

图 4-35 轴上铣键槽工序图

(2) 在 X52K 型铣床上铣封闭式键槽步骤如下：①安装平口钳,校正固定钳口与铣床横向工作台垂直;②装夹找正工件;③选用 φ10mm 的键槽铣刀;④对刀试铣,检查铣刀尺寸;⑤取 $n=475\text{r/min}, a_p=4.2\text{mm}, f=30\text{mm/min}$;⑥铣封闭式键槽至尺寸及对称度要求;⑦去毛刺,检查各项要求。

课题 4 磨削加工及磨床

【学习目标】
(1) 掌握 M1432A 型万能外圆磨床的组成。
(2) 掌握磨床的运动、主要结构及功用。
(3) 掌握磨削加工的基本内容。

【重点难点】
(1) 课题的重点是磨削加工的工艺特点、加工范围、砂轮特性等。
(2) 课题的难点是对无心外圆磨床原理的理解。

4.4.1 磨床

通常把使用砂轮加工的机床称为磨床。磨床可分为外圆磨床、内圆磨床、平面磨床、无心磨床、螺纹磨床和齿轮磨床等。磨削时,砂轮的旋转为主运动,工件的移动和转动为进给运动。常用的有 M1432A 型万能外圆磨床,如图 4-36 所示,其主参数为最大磨削直径 320mm；M7120 型平面磨床,其主参数为工作台工作面宽度 200mm；M6025 型万能工具磨床,其主参数为最大可刃磨刀具直径 250mm。磨削的加工范围很广,可加工各种外圆、内孔、平面和成形面(螺纹、齿轮、花键等)。磨床主要用于工件的精加工,特别适用于高强度材料和淬硬钢零件的精加工。此外,磨床还可以刃磨刀具和进行切断等。

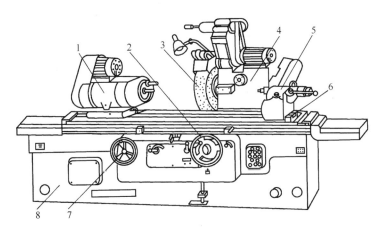

图 4-36 M1432A 万能外圆磨床
1—工件头架;2—手轮;3—砂轮;4—砂轮架;5—尾架;6—工作台;7—手轮;8—床身。

1. 机床的运动

为了实现磨削加工,万能外圆磨床应具有以下运动。

(1) 砂轮旋转运动。磨削加工的主运动,用转速 n_1 或线速度 v_1 表示。

(2) 工件旋转运动。工件的圆周进给运动,用工件的转速 n_2 或线速度 v_2 表示。

(3) 工件纵向往复运动。工件沿砂轮轴向的进给运动,是磨出全长所需要的运动,用 f_1 表示。

(4) 砂轮横向进给运动。沿砂轮径向的切入运动,用 f_2 表示。

2. 磨床主要结构及功用

(1) 床身。支承部件,内含油池,使部件保持准确的相对位置。

(2) 头架。安装和夹持工件,并带动工件旋转完成圆周进给运动。以 0°~90°范围在水平面转动。头架主轴直接支承工件,主轴及轴承应具有足够高的旋转精度和刚度,M1432A 万能外圆磨床的头架主轴轴承采用 4 个 D 级精度的角接触球轴承。图 4-37 所示为 M1432A 型万能外圆磨床头架的结构。

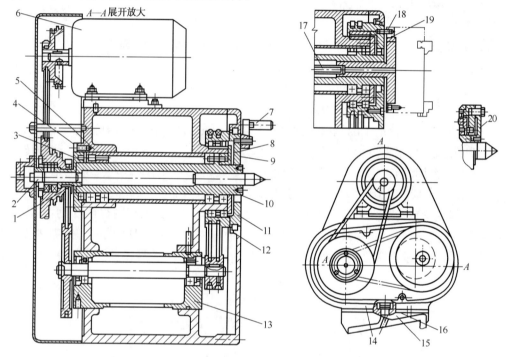

图 4-37　M1432A 型万能外圆磨床头架的结构

1—螺套;2—螺钉;3,11—轴承盖;4,5,8—隔套;6—双速电动机;7—拨杆;9—拨盘;10—主轴;12—带轮;13—偏心套;14—壳体;15—底座;16—轴销;17—拉杆;18—拨销;19—法兰盘;20—拨块。

(3) 工作台。装有头架和尾座,由液压传动控制,实现工件纵向进给运动。

(4) 砂轮架。安装在床身的横向导轨上,支承并传动高速旋转的砂轮轴,以 ±30°范围在水平面转动。M1432A 型万能外圆磨床砂轮架的组成如图 4-38 所示,砂轮架中的砂轮主轴及其支承部分应具有较高的回转精度、刚度及耐磨性。

(5) 内磨装置。安装在砂轮架上,由支架和内圆磨具组成。内圆磨具是磨内孔的砂轮主轴部件,独立安装在支架孔中,使用时将其翻下。M1432A 型万能外圆磨床内磨装置如图 4-39 所示,不用时翻向上方。万能外圆磨床备有几套尺寸与极限工作转速不同的内圆磨具。

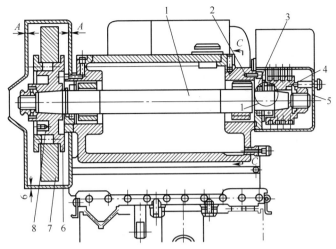

图 4-38 M1432A 型万能外圆磨床砂轮架

1—主轴;2—轴肩;3—滑动轴承;4—滑柱;5—弹簧;6—法兰;7—砂轮;8—平衡块。

(6)尾座。支持工件,可在工作台上左右移动以调整位置。

3. 其他磨床简介

1)普通外圆磨床

普通外圆磨床结构与万能外圆磨床基本相同,差别在于没有配置内圆磨具;头架和砂轮架不能绕垂直轴线在水平面内调整角度;头架主轴不能转动,工件只能用顶尖支承进行磨削加工等。因此该类机床加工范围小,只能磨削外圆柱面及较小的外圆锥面。

2)内圆磨床

内圆磨削主要采用纵磨法,有时也采用切入法。内圆磨床可以磨削圆柱形或圆锥形的通孔、盲孔和阶梯孔等。内圆磨床又分为普通内圆磨床、无心内圆磨床和行星内圆磨床等。应用最多的是普通内圆磨床,如图 4-40 所示。

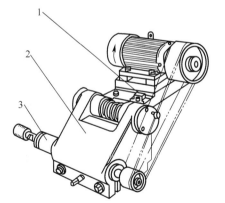

图 4-39 M1432A 型万能外圆磨床内磨装置

1—挡块;2—内圆磨具支架;3—内圆磨具。

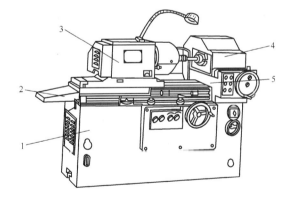

图 4-40 普通内圆磨床

1—床身;2—工作台;3—头架;4—砂轮架;5—滑鞍。

3)无心外圆磨床

无心外圆磨床磨削时,工件不是支承在顶尖上或夹持在卡盘中,而是直接放在砂轮和导轮之间,由托板和导轮支承,工件被磨削的表面本身就是定位基准面。无心外圆磨床适用于大批量磨削细长轴及不带孔的轴、套、销等零件。无心磨削有纵磨法(既贯穿磨法)和横磨法(即切入磨法)两种方式,如图4-41所示。

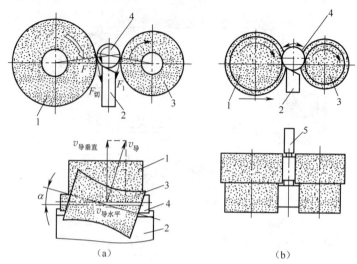

图4-41 无心外圆磨削
1—砂轮;2—托板;3—导轮;4—工件;5—挡板。
(a)纵磨法;(b)横磨法。

4.4.2 磨削加工

1. 磨削概述

用砂轮或其他磨具加工工件表面的工艺过程,称为磨削加工。磨削加工可分为普通磨削、高效磨削、高精度低粗糙度磨削和砂带磨削等。

普通磨削一般在通用机床上进行,属于精加工方法,可以加工外圆、内圆、锥面、平面等,如图4-42所示。

普通磨削可分为粗磨和精磨,粗磨的精度等级为IT8～IT7,表面粗糙度 Ra 为 $0.8\mu m \sim 0.4\mu m$;精磨的精度等级为IT7～IT6,表面粗糙度 Ra 为 $0.4\mu m \sim 0.2\mu m$。

高效磨削主要包括高速磨削、缓进给深度磨削、恒压力磨削等。高速磨削是指砂轮线速度达到50m/s以上的磨削,国外已达到220m/s;缓进给深度磨削的磨削深度可达到3mm～30mm,一般一次行程就可以完成磨削工作。

高精度低粗糙度磨削是指零件表面粗糙度 Ra 低于 $0.16\mu m$ 的磨削工艺,又分为精密磨削、超精密磨削和镜面磨削。高精度低粗糙度磨削时的背吃刀量为 $0.0025mm\sim 0.005mm$,切削速度一般为15m/s～30m/s。

砂带磨削是利用砂带根据加工要求以相应的接触方式对工件进行加工的方法。砂带磨削多在砂带磨床上进行,也可在卧式车床、立式车床上利用砂带磨头或砂带轮磨头进行,适宜加工大、中型尺寸的外圆、内圆和平面。

2. 磨削加工的工艺特点

1) 适于高硬度材料的加工

磨削不但可以加工碳刚、合金钢等一般结构材料,还可以加工一般刀具难以切削的材料,如高硬度淬硬钢、硬质合金、陶瓷等。磨削不适于塑性很大的有色金属及其合金,原因

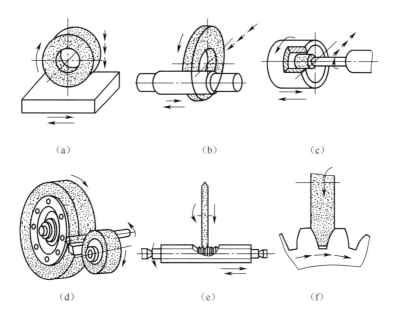

图 4-42 磨削的主要工作

(a) 平面磨削；(b) 外圆磨削；(c) 内圆磨削；(d) 无心磨削；(e) 螺纹磨削；(f) 齿轮磨削。

在于切屑易堵塞砂轮气孔。

2）加工精度高

磨床比一般机床的加工精度高，且具有微量进给机构；磨削过程是挤压、刻划和滑擦综合作用的结果，具有一定的研磨作用；砂轮属于多刃刀具，其切削刃半径比一般车刀等要小许多，能切下极薄的一层材料。磨削通常尺寸精度可达 IT7～IT5，表面粗糙度 Ra 为 $0.8\mu m \sim 0.2\mu m$。

3）磨削温度高

由于磨削过程中产生的切削热多，而砂轮本身的传热性差，使得磨削区温度高。所以在磨削过程中，为了避免工件烧伤和变形，应施以大量的切削液进行冷却。磨削钢件时，广泛采用的是乳化液和苏打水。

4）磨削的径向分力大

磨削时径向分力 F_y 很大，为切削力 F_z 的 1.6 倍～3.2 倍，在 F_y 力的作用下，机床砂轮工艺系统将产生弹性变形，使得实际磨削深度比名义磨削深度小。因此在磨去主要加工余量以后，随着磨削力的减小，工艺系统弹性变形恢复，应继续光磨一段时间，直至磨削火花消失。光磨对于提高磨削精度和表面质量具有重要意义。

5）应用日趋广泛

磨削可以加工外圆、内圆、锥面、平面、齿形等各种表面，也可以刃磨刀具。可不必经过粗加工、半精加工和精加工，直接磨削就可以达到很高的精度。

3. 磨削砂轮

磨削用的砂轮是由许多细小且极硬的磨料微粒与结合剂混合成形后烧结而成的，具有一定的孔隙。因砂轮表面布满磨粒，可以将其看作具有很多刀齿的多刃刀具。磨削过程是形状各异的磨粒在高速旋转运动中,对工件表面进行切削、挤压、滑擦以及抛光的综合作用,如图 4-43 所示。

1) 砂轮的特性要素

砂轮的切削性能由磨粒材料(磨料)、粒度、硬度、结合剂、组织、形状和尺寸等六项因素决定。

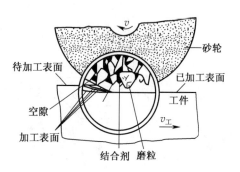

图 4-43 砂轮及磨削

(1) 磨料。磨料即砂轮中的硬质颗粒,它担负主要切削工作。磨料必须有很高的硬度、耐磨性、耐热性和韧性,还要具有比较锋利的形状,才能切下切屑。常用的磨料分为刚玉类、碳化物类和高磨硬料类。磨料的代号及主要用途见表 4-6。

表 4-6 磨料的代号及主要用途

名称	刚玉类			碳化物类				高磨硬料类	
	棕刚玉	白刚玉	铬刚玉	黑碳化硅	绿碳化硅	立方碳化硅	碳化硼	立方氮化硼	人造金刚石
原代号	GZ	GB	GG	TH	TL	TF	TP	JLD	JR
新代号	A	WA	PA	C	GC	SC	BC	DL	
主要用途	加工碳钢合金钢	加工淬硬钢	高速钢刀具成形磨削	加工铸铁黄铜	加工硬质合金	高硬度材料、高精度加工			

(2) 粒度。粒度是指磨料颗粒的大小。粒度又分磨粒和微粉两组。磨粒组用筛选法来区分颗粒的大小,以每英寸长度内筛孔的数目来表示其粒度号,粒度号从 4#～240# 共有 27 种。微粉则用磨料颗粒的显微尺寸来表示,其粒度号从 W63～W0.5 共有 14 种。粒度的选择主要影响表面粗糙度和生产率,一般粗磨应选较粗的磨粒,精磨可选较细的磨粒。

(3) 结合剂。砂轮中用来黏结磨料的物质称为结合剂。结合剂的性能对砂轮的强度、抗冲击性、耐热性和耐腐蚀性有突出影响。常用的结合剂有陶瓷结合剂(代号 V)、树脂结合剂(代号 B)、橡胶结合剂(代号 R)和金属结合剂(代号 J)。

(4) 硬度。砂轮的硬度是指在磨削力的作用下,磨料从砂轮表面脱落的难易程度。容易脱落的,称为软;反之称为硬。当硬度选择合适时砂轮具有自锐性,即磨削中磨钝的磨料能及时脱落,而使新磨料露出表面,从而保持砂轮的正常切削能力。砂轮的硬度对磨削质量和生产率影响很大。磨硬材料应选择软砂轮,磨软材料应选择硬砂轮。

(5) 组织。砂轮的组织是指砂轮的松紧程度,即磨料在砂轮中所占的体积比例。组织共分 0 号～14 号,号码越大越疏松。5 号～8 号为中等组织,最常用。磨削塑性材料、软金属及大面积磨削时,应选择组织疏松的砂轮;而精磨、成形磨削时,应选择组织紧密的砂轮。

(6) 形状和尺寸。为了适应不同类型的磨床和各种工件,砂轮有很多形状和尺寸规格,砂轮的形状用代号表示,如图 4-44 所示。

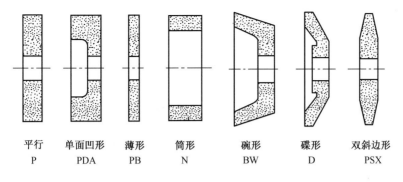

平行	单面凹形	薄形	筒形	碗形	碟形	双斜边形
P	PDA	PB	N	BW	D	PSX

图 4-44 砂轮的形状

砂轮的基本特性参数一般印在砂轮的端面上。其代号次序是：形状—尺寸—磨料—粒度—硬度—组织—结合剂—最高工作线速度。例如：

PSA	400×100×127	A	60	L	5	B	25
双面凹砂轮	外径×厚度×孔径	棕刚玉	60#	中软2号	5号组织	树脂结合剂	$v \leqslant 25m/s$

2) 砂轮的修整

由于磨削过程中砂轮不可能时时具有自锐性，且磨屑和碎磨粒会堵塞砂轮的空隙；再者，由于砂轮表面的磨料脱落不均匀，致使砂轮丧失外形精度，因此需要修整砂轮，去除表层磨料，以恢复砂轮的切削能力与外形精度。

修整砂轮常用金刚石笔，它由大颗粒金刚石镶焊在刀杆尖端制成。修整过程相当于用金刚石车刀切削砂轮外圆。修整时，应根据不同的磨削条件，选择不同的修整用量。

4.4.3 加工实例

【实例 4-5】 光滑轴的磨削（零件图样见图 4-45）

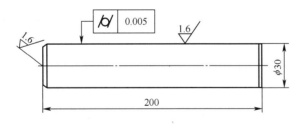

图 4-45 光轴零件图样

外圆磨削一般根据工件的形状大小、精度要求、磨削余量的多少和工件的刚性等来选择磨削的方法。磨削光轴要分两次调头装夹磨削才能完成，要求无明显接刀痕迹，对工件的定位基准有较高的要求，以保证工件的同轴度与圆柱度公差。

1. 磨削步骤

(1) 修研中心孔，校正头架、尾座中心，以防工件产生明显的接刀痕迹，如图 4-46 所示。

(2) 将工件装夹在两顶尖间。

(3) 确定工作台行程，调整行程挡块位置，使接刀长度小于 30mm，过长易变形产生接

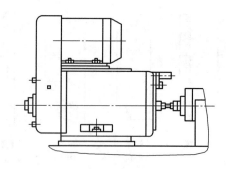

图 4-46 校正头架、尾座中心

刀痕迹。

(4)找正工作台,要求接刀处比另一端大 0.005mm,这样接刀时易接平,如图 4-47 所示。

(5)粗磨外圆,每次进给量 0.01mm,切削液要充分,留精磨余量 0.03mm～0.05mm。

(6)精磨外圆柱尺寸,每次进给量 0.005mm。

(7)工件调头垫铜片装夹,粗磨接刀处外圆留精磨余量 0.03mm～0.05mm,如图 4-48 所示。

(8)接刀外圆处涂上红丹粉,精磨接刀处外圆时用纵磨法磨削,每次横向进给 0.0025mm,当红丹粉变淡,说明砂轮已经磨到工件外圆,待红丹粉消失,立即退刀。

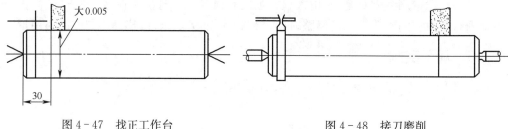

图 4-47 找正工作台　　　　图 4-48 接刀磨削

2. 接刀方法及注意事项

(1)磨削接刀处外圆,每次横向进给量 0.005mm。磨削余量剩余 0.003mm～0.005mm 时,横向进给量减少,最后以无横向进给量的"光磨"接平外圆。

(2)当出现单面接刀痕迹时,要及时检查中心孔和顶尖的质量以及外圆的圆度。

(3)要注意中心孔的清理和润滑,要注意调整顶尖的顶紧力,不要顶得过紧。

(4)要保证砂轮的锋利,并浇注充分的切削液,以避免工件产生烧伤痕迹。

课题 5　钻、镗加工及钻、镗机床

【学习目标】

(1)掌握钻孔的工艺特点。

(2)掌握扩孔与铰孔的特点。

(3)了解镗削加工及镗床。

【重点难点】
(1)课题的重点是掌握钻孔的工艺特点及麻花钻的结构。
(2)课题的难点是麻花钻的结构。

加工内孔表面的基本方法为钻削和镗削。一般尺寸较小的孔,采用钻削加工;尺寸较大的孔采用镗削加工;大工件或位置精度要求较高的孔,在镗床上加工。

4.5.1 钻削加工

1. 钻床

在钻床上进行切削加工称为钻削。在钻床上可进行的工作为钻孔、扩孔、铰孔、攻螺纹、锪孔、锪端面等,如图4-49所示。

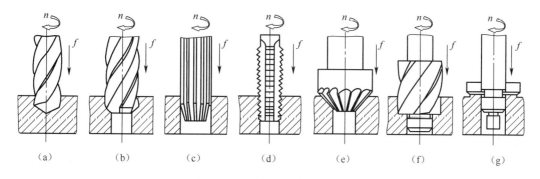

图4-49 钻床所能完成的工作
(a)钻孔;(b)扩孔;(c)铰孔;(d)攻丝;(e)锪锥坑;(f)锪沉头孔;(g)锪台阶面。

钻削加工时,刀具旋转作主运动,同时沿轴向移动作进给运动,钻床的主要参数是孔加工的最大直径。生产中常用的有台式钻床、立式钻床(图4-50)和摇臂钻床(图4-51)

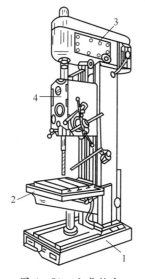

图4-50 立式钻床
1—底座;2—工作台;3—主轴箱;4—进给箱。

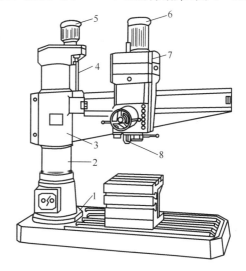

图4-51 摇臂钻床
1—底座;2—立柱;3—摇臂;4—丝杠;
5,6—电机;7—主轴箱;8—主轴。

三种。台钻适于加工小型工件上的各种小孔(直径在 13mm 以下),例如台钻 Z512,其主参数为最大钻孔直径 12mm。立钻比台钻刚性好、功率大,适于单件、小批生产中加工中、小型工件,典型的立钻如 Z5135,其主参数为最大钻孔直径 35mm。摇臂钻床的摇臂能绕立柱作 360°回转和沿立柱上下移动,故在加工中不必移动工件即可在很大范围内钻孔,适于加工大、中型工件。典型的摇臂钻床如 Z3040,其主参数为最大钻孔直径 40mm。

2. 钻孔

1) 麻花钻

麻花钻是最常用的钻孔刀具。在实心材料上钻孔,目前使用的刀具主要为麻花钻,麻花钻的结构如图 4-52(a)所示,它由柄部、颈部和工作部分组成。柄部为夹持部分,用来传递扭矩和轴向力,麻花钻的柄部通常有直柄和锥柄两种。直柄用于直径较小的钻头;锥柄用于直径较大的钻头;颈部在柄部与工作部分之间,是为砂轮磨削柄部而设的越程槽;工作部分由切削部分和导向部分组成。导向部分还是前者刃磨消耗以后的备用部分,切削部分可看作正反两把车刀的组合(图 4-52(b)、(c))。其主要几何角度有螺旋角 β、前角 γ_0、后角 α_0、横刃斜角 Ψ 和顶角 2φ。切削部分一般用高速钢制成,硬质合金麻花钻现在应用也日益广泛。小直径(ϕ5mm 及以下)钻头制成整体式,直径 ϕ6mm 及以上的制成镶片式和机夹可转位式。麻花钻起定心作用的横刃处产生严重的挤压和很大的轴向力,在外缘附近的主切削刃切削速度最高,而刃口的强度和散热条件最差,故最易磨损。基于以上原因,加之排屑困难等,麻花钻的加工质量不高,精度为 IT13~IT12,表面粗糙度 Ra 为 25μm~12.5μm,只能用于粗加工。经过特殊修磨的麻花钻,切削条件有很大的改善,可较大地提高生产率。

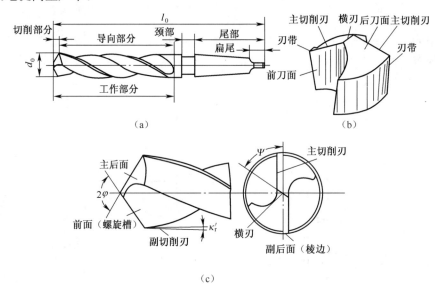

图 4-52 麻花钻
(a) 麻花钻的结构;(b)、(c) 麻花钻切削部分。

2) 钻头的安装

当柄部为锥柄时可直接装入机床的主轴锥孔内;为直柄时需要用钻夹头安装。

3) 钻孔的工艺特点

(1) 钻孔时钻头容易"引偏"。引偏是指加工时由于钻头弯曲而引起的孔径扩大、孔不圆或孔轴线偏斜等。产生的原因主要是由于切削刃的刃磨角度不对称;钻削时工件端面没有定位好;工件端面与机床主轴线不垂直。可采用钻套引导钻头、加工出预留孔、扩孔加工、钻孔前先加工工件端面以使端面与机床主轴线垂直、刃磨对称等措施以避免引偏。

(2) 加工中排屑困难,且排屑时易划伤已加工孔表面,降低了孔的表面质量,属于粗加工。

(3) 切削热不易传散,钻头易磨损,限制了切削用量和生产率的提高。

3. 扩孔与铰孔

对于中等尺寸以上较精密的孔,生产中常采用钻—扩—铰的工艺方案。

1) 扩孔

扩孔是用扩孔钻对工件上已有的孔进行加工,以扩大孔径,提高孔的加工质量。扩孔钻的直径规格为 10mm～80mm,扩孔余量($D-d$)一般为 0.5mm～4mm。为提高生产率,在钻直径较大的孔时($D \geqslant 30$mm),可先用小钻头(直径为孔径的 0.5 倍～0.7 倍)预钻孔,然后再用原尺寸的扩孔钻或大钻头扩孔。

扩孔可在一定程度上校正原孔轴线的偏斜,扩孔的尺寸公差等级为 IT10～IT9,表面粗糙度 Ra 为 6.3μm～3.2μm,属于半精加工,常作为铰孔前的预加工,对于质量要求不太高的孔,扩孔也可作为终加工。扩孔使用的刀具为扩孔钻,如图 4-53 所示。它和麻花钻的主要不同之处是:无横刃,轴向力小;刀齿和切削刃多(3 个～4 个),生产率高;加工余量小,排屑槽可以浅一些,从而使刀体强度和刚性好。由于这些原因,它的加工质量和生产率都比麻花钻高。

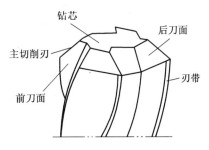

图 4-53 扩孔钻

2) 铰孔

用铰刀从工件孔壁上切除微量金属,以提高孔的尺寸精度和减小粗糙度值的加工方法,称为铰孔。它是在扩孔或半精镗孔后进行的一种精加工。铰孔生产率高,容易保证孔的精度和粗糙度,对于小孔和细长孔更是如此。但不宜加工短孔、深孔和断续孔。

铰孔余量影响铰孔的质量,一般粗铰余量为 0.15mm～0.35mm,精铰为 0.05mm～0.15mm。铰削由于加工余量小,刀具齿数多,并且孔壁切削后又经修光刃修光,所以铰削过程兼具了切削和挤刮两种作用的效果,故有较高的加工精度和表面质量。铰孔的尺寸公差等级为IT8～IT6,表面粗糙度 Ra 为 1.6μm～0.2μm。铰孔的精度取决于铰刀的精度、加工余量、切削用量、切削液及刀具安装方式等。铰孔时易采用较低的切削速度、选用较大的进给量。它适于加工中批、大批大量生产中不宜拉削的孔,及单件小批生产中的小孔($D<15$mm)或细长孔($L/D>5$)。

铰刀一般分为手用铰刀(图 4-54(a))和机用铰刀。铰刀的切削部分,前者大多用合金工具钢或高速钢制造;后者用高速钢或硬质合金制造。图 4-54(b)所示为硬质合金机用铰刀。两种铰刀工作部分的结构基本相同。圆柱部分起导向和修光挤刮作用,故刀齿

上留有长度 b_{a1} 的刃带。倒锥的作用是减少刀具与孔壁间的摩擦。

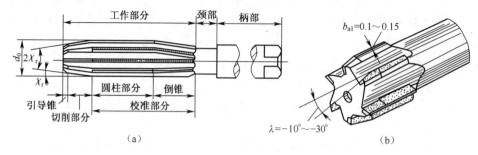

图 4-54 铰刀
(a) 手用铰刀；(b) 机用铰刀。

3) 深孔钻

深孔加工时所用刀具的钻杆细而长，刚性差，切削时很容易走偏和产生振动，加工精度和表面粗糙度难以保证，应该特别注意导向、断屑和排屑、冷却和润滑等问题。图 4-55 所示为单刃外排屑深孔钻，又称枪钻。

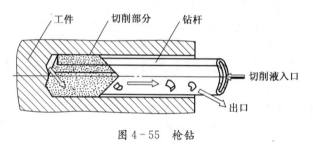

图 4-55 枪钻

4.5.2 镗削加工

在镗床上对毛坯的铸、锻孔或已钻出的孔进行切削加工称为镗削。镗削加工时，刀具作旋转切削主运动，刀具或工件作轴向进给运动，如图 4-56 所示。按结构和用途的不同，镗床可分为卧式镗床、落地镗床、坐标镗床、金刚镗床等。例如 T68 型卧式镗床，其主参数为镗轴直径 80mm；T4663 型卧式坐标镗床，其主参数为工作台宽度 630mm。

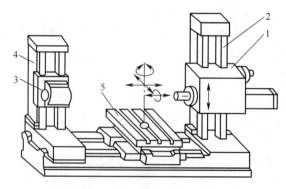

图 4-56 镗床的组成及其切削运动
1—主轴箱；2—前立柱主轴；3—尾架；4—后立柱；5—工作台。

镗床镗孔主要用于机座、箱体、支架等大型零件上孔和孔系的加工。镗床上除了可以镗孔外,还可以进行钻孔、扩孔、铰孔、铣平面(端面)、镗削内螺纹等。镗床的主要工作如图 4-57 所示。

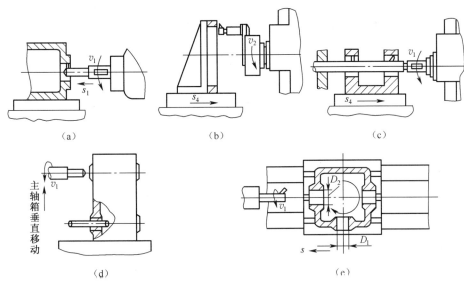

图 4-57 镗床的主要工作
(a) 镗孔;(b) 镗大孔;(c) 镗同轴孔;(d) 镗平行孔;(e) 镗垂直孔。

各类机床上镗孔所用的镗刀,其切削部分(镗刀头)的结构基本相同(图 4-58)。在镗床上镗直径较大且精度较高的孔时,则采用一些结构形式较为复杂的镗刀,如多刃式、浮动式、微调式等。

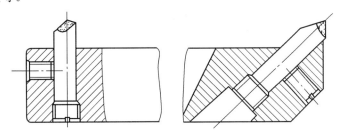

图 4-58 单刃镗刀

镗杆尺寸因受工件孔径的限制,刚性较差,加工时不宜采用太大的切削用量,同时在加工过程中必须通过调刀来达到孔径所要求的精度,因而镗孔生产率较低。但是镗刀结构简单,通用性强,在单件、小批生产中,镗孔是较经济的孔加工方法之一,特别是对于直径在 100mm 以上的大孔,镗孔几乎是唯一的精加工方法。在大批量生产时为减少调刀时间,可采用镗模板,以提高生产率。

镗孔加工可以修正原孔的轴线偏斜等误差,获得较高的孔位置精度,所以特别适于对精度要求高的箱体工件的孔系加工。

一般镗孔的尺寸公差等级为 IT8~IT7,表面粗糙度 Ra 为 $1.6\mu m \sim 0.8\mu m$;精细镗时公差等级为 IT7~IT6,表面粗糙度 Ra 为 $0.8\mu m \sim 0.1\mu m$。

镗削箱体孔系通常采用坐标法和镗模法。坐标法是将被加工各孔间的孔距尺寸换算成两个相互垂直的坐标尺寸,再按坐标尺寸调整机床主轴与工件在水平方向和铅直方向的相互位置来保证孔间距;镗模法是利用专用夹具即镗模镗孔,如图 4-59 所示。镗模上有两块模板,将工件上需要加工的孔系位置按图纸要求的精度提高 1 级复制在两块模板上,再将这两块模板通过底板装配成镗模,并安装在镗床的工作台上。工件在镗模内定位夹紧,镗刀杆支撑在模板的导套里。

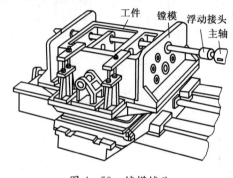

图 4-59 镗模镗孔

4.5.3 加工实例

【实例 4-6】 拉臂的钻、扩、铰加工

工艺的主要尺寸与技术要求如图 4-60 所示。

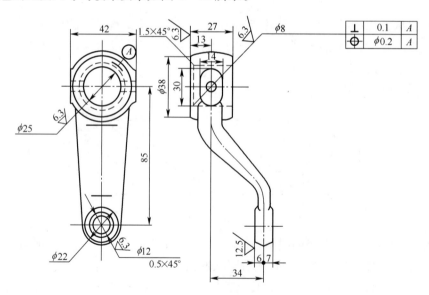

图 4-60 拉臂零件图

1. 工艺方案分析

(1)毛坯的选择。选用金属模铸造,材料为铸态球墨铁毛坯。为了使 $\phi 8^{+0.07}_{\ 0}$ mm 二联孔在钻削时钻头不致引偏,保证对 $\phi 25^{+0.045}_{\ \ \ 0}$ mm 孔的位置精度,又不能增加铣椭圆凸台两端面的工序,毛坯采用 $\phi 8$ mm 孔椭圆凸台外轮廓的曲面分型,使钻、铰 $\phi 8$ mm 孔时避开分模面,改善加工条件。

(2)定位基准与机床的选择。因工具较小且形状较复杂,凸台平面又较窄小,没有理想的定位基准面,若采用工序分散的方法(用多台钻床加工来保证工件的单位生产节奏),则很难保证工件的加工质量,且要占用过多的生产面积和劳动量,因此必须采用一次安装的高效六工位组合机床。各个工位动力头同时加工工件各个不同部位的工艺方案较为合理。工件的安装如图 4-61 所示。

(3)考虑到生产效率,刀、辅、量、检、夹具均采用工厂通用和专用的高生产率工装。

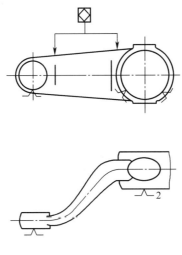

图 4-61 拉臂安装图

2. 加工步骤

(1)装夹工件。

(2)大端钻 $\phi 23$mm 孔,并倒角 $2.5 \times 45°$;小端钻 $\phi 10$mm,并倒角 $2.5 \times 45°$。

(3)卧式动力头在工件大端钻 $\phi 76$mm 二联孔,并与大孔相交,保证位置度与垂直度要求及距定位平面尺寸 14mm。

(4)大端扩至 $\phi 24.6$mm 并锪平面,保证尺寸 27mm,表面粗糙度为 $Ra=12.5\mu m$。小端扩至 $\phi 11.7$mm 并锪平面,保证尺寸 41mm,表面粗糙度为 $Ra=12.5\mu m$。

(5)卧式动力头在大端铰 $\phi 8_{0}^{+0.070}$mm 二联孔,保证位置与垂直度要求,表面粗糙度为 $Ra=6.3\mu m$。

(6)铰 $\phi 25_{0}^{+0.045}$mm 孔,保证位置与垂直度要求,表面粗糙度为 $Ra=6.3\mu m$。铰 $\phi 12_{0}^{+0.07}$mm 孔,表面的粗糙度为 $Ra=6.3\mu m$。

课题 6 齿 轮 加 工

【学习目标】

(1)了解齿轮加工机床。

(2)了解齿轮传动类型。

(3)掌握齿形加工的方法。

【重点难点】

(1)课题的重点是掌握展成法加工齿轮。

(2) 课题的难点是用展成法加工齿轮。

4.6.1 齿轮加工机床

齿轮加工机床可分为滚齿机、插齿机、剃齿机、磨齿机等类型。本节仅介绍几种常用的齿轮加工机床。

1. 滚齿机

滚齿机是齿轮加工机床中应用最广泛的一种,它采用范成法加工。其加工过程包括两种运动,即包络运动和切削运动。用齿轮滚刀加工直齿或斜齿外啮合圆柱齿轮,用蜗轮滚刀加工蜗轮。用其他非渐开线齿形的滚刀加工外花键、链轮等。滚齿机有立柱移动式和工作台移动式两种;按工件的安装方式不同,可分为立式和卧式。卧式滚齿机适用于加工小模数齿轮和连轴齿轮,工件轴线为水平安装;立式滚齿机是应用最广泛的一种,它适用于加工轴向尺寸较小而径向尺寸较大的齿轮。

图4-62所示的Y3150E型滚齿机,可加工工件的最大直径为500mm,最大模数为8mm。主要用于加工直齿圆柱齿轮齿形、斜齿圆柱齿轮齿形、蜗轮齿形,还可以加工外花键齿形等。立柱固定在床身上,刀架滑板可沿立柱的导轨作垂直方向的直线移动,其上的刀架可绕水平周线转位,用于调整滚刀和工件间的相对位置。滚刀主轴安装在刀架上,滚刀安装在滚刀主轴上作旋转运动。工件安装在工作台的心轴上并随工作台一起旋转。后立柱和工作台连成一体,可沿床身的导轨作水平移动,用于调整工件与滚刀间的径向位置。

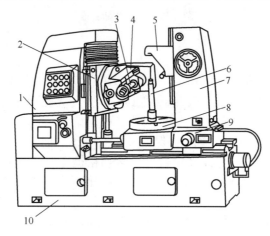

图4-62 Y3150E型滚齿机

1—立柱;2—刀架溜板;3—刀杆;4—刀架体;5—支架;6—心轴;
7—后立柱;8—工作台;9—床鞍;10—床身。

2. 插齿机

插齿机主要用来加工内、外啮合的直齿圆柱齿轮,也可以加工外啮合的斜齿圆柱齿轮(采用专用的插齿刀和螺旋导轨),特别适用于加工在滚齿机上不能加工的内齿轮和多联齿轮。安装上附件,插齿机还能加工齿条,但不能加工蜗轮。图4-63所示为插齿机结构简图,机床必须具备展成运动、主运动、径向进给运动、圆周进给运动和让刀运动。插齿刀装在刀架的刀具主轴上,由主轴带动上下往复的插削运动和旋转运动(圆周进给运动);工件装在工作台上,由工作台带动作旋转运动,并随同工作台作直线移动,实现径向切入运动。

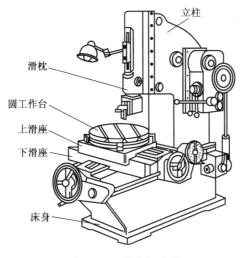

图 4-63 插齿机结构

4.6.2 齿轮加工

齿轮是机械传动系统中传动动力和运动的重要零件,其结构多样,应用十分广泛。图 4-64 为常见的齿轮传动类型。

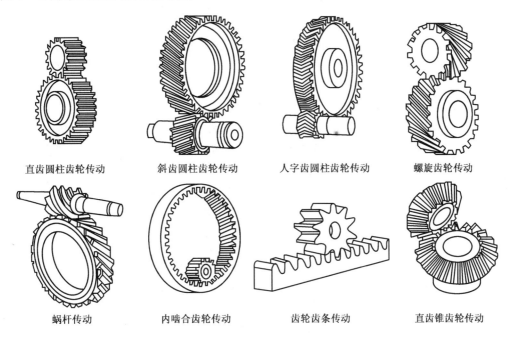

图 4-64 常见的齿轮传动类型

齿轮的切削加工方法按成形原理可分为成形法和展成法两种。

1. 成形法

成形法加工时,所用刀具的切削刃形状必须与待加工齿轮的齿槽形状一致。常用的刀具有盘形铣刀和指状铣刀,如图 4-65 所示。模数 $m \leqslant 16$ 的齿轮,常用盘形铣刀加工(在卧式铣床上);模数 $m > 16$ 的齿轮,一般用指状铣刀加工(在立式铣床上)。机床需要两个成形运动:一个是铣刀的旋转;一个是铣刀沿齿坯的轴向移动。铣完一个齿轮后,铣刀返回原位,齿坯作分度运动即转过$360°/z$,铣下一个齿槽。

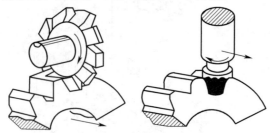

图4-65 盘形铣刀和指状铣刀

采用成形法加工的优点是可以利用通用机床加工。缺点是对于同一模数的齿轮,只要齿数不同,齿廓形状就不相同,需采用不同的成形刀具。在实际生产中,为了减少成形刀具的数量,每一种模数通常只配有8把刀具,各自适应一定的齿数范围,因而加工出来的齿形是近似的,存在不同程度的齿形误差,加工精度较低,生产率低。通常多用于修配行业或单件小批生产且加工精度要求不高的齿轮。

2. 展成法

展成法也称包络法、范成法,是利用齿轮的啮合原理加工齿轮的。通过将齿轮啮合副(如齿轮—齿轮、齿轮—齿条)中的一个为工件,另一个转化为刀具,同时要求刀具与工件作严格的啮合运动而展成切出齿轮。

用范成法加工齿轮的优点是,所用刀具切削刃的形状相当于齿条或齿轮的齿廓,只要刀具与被加工齿轮的模数和压力角相同,一把刀具可以加工同一模数不同齿数的齿轮。在齿轮加工中,如滚齿机、插齿机、剃齿机等都采用这种加工方法,展成法应用最广泛,生产率和加工精度都比较高。

滚齿时的范成运动是滚刀的旋转运动B_1和工件的旋转运动B_2组合而成的复合运动,如图4-66所示。当滚刀与工件连续不断地旋转时,便在工件整个圆周上依次切出所有齿槽,形成齿轮的渐开线齿廓。要想得到所需的渐开线齿廓和齿轮齿数,滚切齿形时滚刀和工件之间就必须保证严格的运动关系为:当滚刀转过1r时,工件必须相应转过k/z(r)(k为滚刀头数,z为工件齿数),以保证两者的对滚关系。

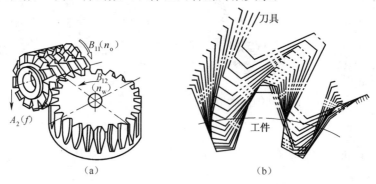

图4-66 滚齿过程

插齿原理类似一对圆柱齿轮啮合,一个是工件,另一个是齿轮形刀具,它的模数和压力角与被加工齿轮相同,每个齿的渐开线齿廓和齿顶都是切削刃。范成运动是插齿刀的旋转和工件的旋转组成复合的成形运动,形成齿轮的渐开线齿廓,如图4-67所示。

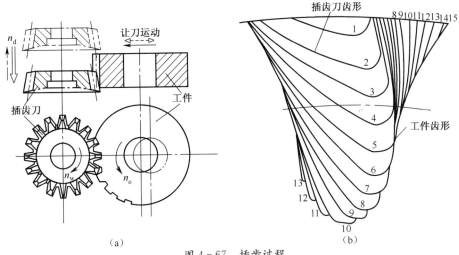

图4-67 插齿过程

插齿刀的上下往复运动是主运动,用以形成轮齿齿面的导线——直线。插齿刀相对于工件还要作径向切入运动,直到全齿深时停止切入。插齿刀在往复运动的回程时不切削,需要有让刀运动。

4.6.3 齿轮加工实例

【实例4-7】 直齿圆柱齿轮的铣削

1. 目的

(1)了解直齿圆柱齿轮各部分名称、基本尺寸计算,掌握齿轮铣刀的选择方法。

(2)掌握在铣床上铣削圆柱齿轮方法。

(3)掌握用公法线百分尺测量直尺圆柱的测量方法。

2. 机床、刀具、夹具、量具

(1)机床:X62W。

(2)刀具:齿轮铣刀。

(3)夹具:分度头、尾架、前顶尖、鸡心夹头、专用心轴。

(4)量具:公法线百分尺、百分表、标准圆棒、游标卡尺。

3. 加工步骤

(1)读图,图4-68为铣直齿圆柱齿轮工序图。

(2)对照图线,检查各精度要求。

(3)安装并找正分度头和尾架。

(4)进行分度计算。

(5)将工件安装在专用心轴上,用两端尖装夹并找正。

(6)选择模数为2.5mm,压力角为20°的6号直齿轮铣刀。

(7)对刀。

(8)调整铣削深度,铣削至要求尺寸,然后依次铣完各齿。

(9)去毛刺,检查各项要求。

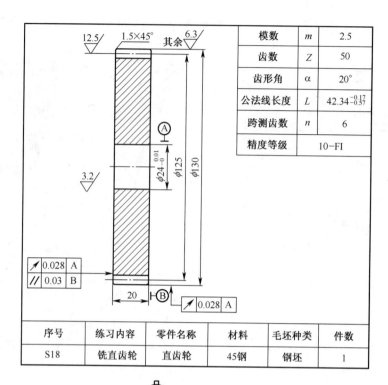

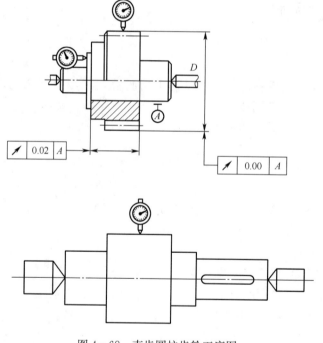

图 4-68 直齿圆柱齿轮工序图

4. 安全及注意事项

(1) 分度要准确。

(2) 工件要夹牢固。

(3) 必须认真找正上母线、侧母线与工作台面和纵向进给方向平行。

(4)要正确选择铣刀。

课题 7　其他切削加工方法

【学习目标】
(1)掌握刨床、刨刀及刨削的特点。
(2)了解插削及拉削加工。

【重点难点】
掌握刨、插、拉的工艺特点。

刨削、插削及拉削主要用于对水平面、垂直平面、内外沟槽以及成形表面的加工。其特点是刀具和工件的相对运动轨迹为直线。

4.7.1　刨削加工

1. 刨床

刨削中,刀具对工件的相对往复直线运动为主运动,工件相对刀具在垂直于主运动方向的间歇运动为进给运动,刨削是在牛头刨床或龙门刨床上进行的,如图4-69所示。

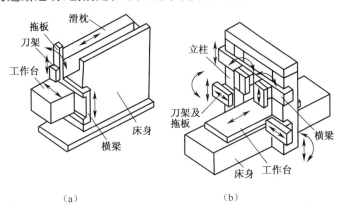

图4-69　刨床的组成
(a)牛头刨床;(b)龙门刨床。

前者适于加工中、小型工件,因其滑枕和刀架形似牛头而得名,工作时,滑枕由摆杆带动,沿导轨作直线往复运动,使刀具实现主切削运动,滑枕的运动速度和行程长度均可调节;工件安装在工作台上,作间歇的横向移动,实现切削过程的进给运动;横梁可沿导轨上、下移动,以调整工件与刨刀的相对位置,例如B6050型牛头刨床,其主参数为最大刨削长度500mm;后者适于加工大型工件或同时加工多件中、小型工件,尤其是长而窄的平面,工件安装在工作台上,工作台沿床身的导轨作纵向往复主切削运动;装在横梁上的两个立刀架可沿横梁导轨作横向运动,立柱上的两个侧刀架可沿立柱作升降运动,这两个运动可以是间歇进给运动,也可以是快速调位运动;两个立刀架的上滑板还可扳转一定的角度,以便作斜向进给运动;横梁可沿立柱的垂直导轨作调整运动,以适应加工不同高度的工件,例如B2012A型龙门刨床,其主参数为最大刨削宽度1250mm,其最大刨削长度为 4000mm。

2. 刨刀及其用途

刨刀的形状类似于车刀,构造和刃磨简单。根据加工内容不同可分为平面刨刀、偏刀、切刀、角度刀和样板刀等。

刨削主要用于加工平面、垂直面、斜面、直槽、V 形槽、燕尾槽、T 形槽、成形面。刨刀及其用途如图 4-70 所示。

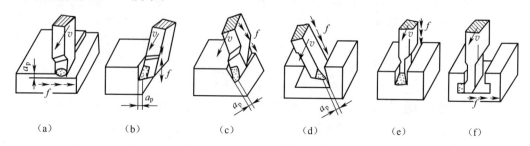

图 4-70 刨刀及其用途
(a) 刨水平面;(b) 刨垂直面;(c) 刨斜面;(d) 刨燕尾槽;(e) 刨直槽;(f) 刨 T 形槽。

3. 刨削的特点

由于刨削加工时,主运动为往复运动,切削过程不连续,受惯性力的影响,切削速度不可能很高(牛头刨床 $v \leqslant 80\text{m/min}$,龙门刨床 $v \leqslant 100\text{m/min}$),并且有相当一部分时间花费在不切削的空回程上,故生产效率较低。但刨削加工有其独特的优点,其适应性好,工艺成本低,加工狭长平面和薄板平面方便,并可经济地达到 IT8 级公差等级、表面粗糙度 Ra 为 $1.6\mu\text{m}$ 及平面度 $0.025\text{mm}/500\text{mm}$(牛头刨床)或平面度 $0.02\text{mm}/1000\text{mm}$(龙门刨床)。

4.7.2 插削加工

插削加工是在插床上进行的,其基本原理与刨削加工相同,不同的是插刀对工件作垂直往复直线主运动,因此插床也称为立式刨床。如图 4-71 所示,滑枕带动刀具沿立柱导轨作直线往复主运动;工件安装在工作台上,工作台可作纵向、横向和圆周方向的间歇进给运动;工作台的旋转可加工一定角度的键槽;滑枕可以在垂直平面内倾斜 0°~8°,加工斜槽和斜面。

插削主要用于加工工件的成形内表面和外表面,如方形孔、多边形孔、花键槽、内齿轮及外齿轮等。

插削的生产效率低,加工精度也不高(插削的加工精度比刨削的差,插削加工的 Ra 值为 $6.3\mu\text{m} \sim 1.6\mu\text{m}$),这是由于插刀刀杆刚性弱,前角过大,易产生扎刀现象;前角过小易产生让刀现象。插削只适于单件小批生产和修配加工。大批量的键槽孔或成形孔等,多采用拉削方式进行加工。

4.7.3 拉削加工

拉削加工在拉床上进行,可用来加工各种截面形状的通孔、直线或曲线形状的外表面,如图 4-72 所示。

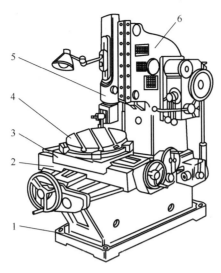

图4-71 插床的简单结构
1—底座；2—托板；3—滑台；4—工作台；5—滑枕；6—立柱。

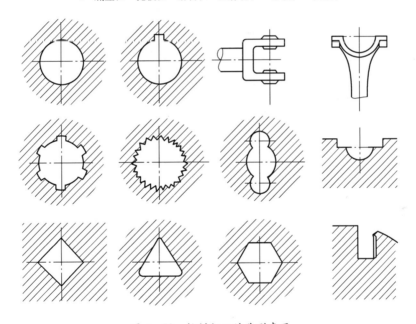

图4-72 拉削加工的典型表面

拉削加工的刀具为拉刀。拉刀是一种多刃刀具，图4-73所示为圆孔拉刀。拉削的本质是刨削，不过刨削为单刃切削，拉削属多刃复合切削。

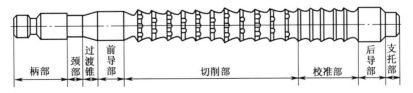

图4-73 圆孔拉刀

如图4-74所示,拉削只有一个主运动(拉刀的直线运动),进给运动由相邻前后刀齿之间的齿升量实现,一次行程能够完成粗、半精及精加工,故拉削的生产效率很高,且拉床结构简单,操作方便。

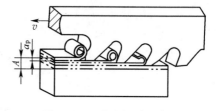

图4-74 平面拉削示意图

拉削加工的优点是尺寸精度高、表面粗糙度值小,拉削一般在低速下工作,但因拉刀为结构复杂的专用成形刀具,制造成本高,故拉削只适于成批或大量生产时的加工。拉削可分为粗拉和精拉。粗拉尺寸公差等级为IT8~IT7,表面粗糙度Ra为$1.6\mu m \sim 0.8\mu m$;精拉时公差等级为IT7~IT6,表面粗糙度Ra为$0.8\mu m \sim 0.4\mu m$。

4.7.4 平面刨削加工实例

【实例4-8】 图4-75所示

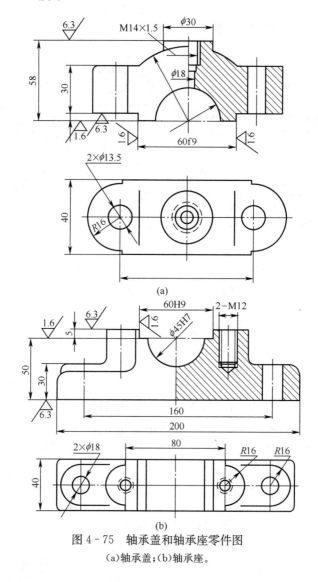

图4-75 轴承盖和轴承座零件图
(a)轴承盖;(b)轴承座。

1. 零件图分析

这两个零件材料均为 HT200,切削性能较好,主要加工表面有平面和轴承支撑孔。零件表面加工精度最高为 7 级,表面粗糙度 Ra 为 1.6μm。轴承支撑孔需要两零件合装后同时加工。由于零件尺寸较小,主要平面的加工可在牛头刨床上进行。

2. 零件的主要加工过程

这两个零件的机械加工过程分别如表 4-7、表 4-8 所列。

表 4-7 轴承盖机械加工工艺过程

序 号	工 种	工步	加工内容
1	钳		划出刨削工序各表面加工线
2	刨	1	刨 A 面到加工线,表面粗糙度 Ra 为 6.3μm
		2	粗刨底面,留精磨余量 0.3mm~0.5mm,表面粗糙度 Ra 为 6.3μm
		3	精刨止口 60f9 达图纸尺寸要求,表面粗糙度 Ra 为 1.6μm
3	钳		划出 2×φ13.5 和 M14×1.5 螺纹孔中心线
4	钻		钻攻 2×φ13.5 和 M14×1.5
5	钳		与轴承座合装
6	镗		镗 φ45H7 轴承支撑孔及端面达图纸要求

表 4-8 轴承座机械加工工艺过程

序 号	工 种	工步	加工内容
1	钳		划出刨削工序各表面加工线
2	刨	1	刨底面到加工线,表面粗糙度 Ra 为 6.3μm
		2	粗刨底面,留精磨余量 0.3mm~0.5mm,表面粗糙度 Ra 为 6.3μm
		3	精刨止口 60f9 达图纸尺寸要求,表面粗糙度 Ra 为 1.6μm
3	钳		划出 2×φ18 和 2-M12 螺纹孔中心线
4	钻		钻攻 2×φ18 和 2-M12
5	钳		与轴承盖合装
6	镗		镗 φ45H7 轴承支撑孔及端面达图纸要求

3. 刨削加工分析

从工艺过程中可以看出,对以上零件的刨削加工主要是在牛头刨床上刨止口。

(1) 零件的装夹及夹具的选择。刨削时可采用平面定位,利用虎钳夹紧。

(2) 刀具的选择及走刀线路的确定。刀具选择材料为 W18Cr4V 的正切刀,它是在普通切刀的两个副切刃靠近刀尖处,分别磨出 1mm~2mm 长的修光刃,修光刃与主切削刃成 90°夹角。走刀路线为:先把止口右面台阶的垂直面刨到尺寸线,表面粗糙度 Ra 为 1.6;然后摇起刀架,再重新对刀,刨止口的左面台阶垂直面,严格控制止口配合尺寸 60H9/f9;再精刨左、右两台阶水平面,保证图纸尺寸。

(3) 切削用量的选择。影响切削用量的因素很多,工件上的材料和硬度、加工的精度要求、刀具的材料和耐用度等都直接影响到切削用量的大小。在以上两零件止口的刨削中,加工分粗加工和精加工。粗刨时,留精刨余量 0.3mm~0.5mm,进给量 f 为 0.33~0.66/双行程,刨削速度 v_c 为 0.25m/min~0.41m/min;精刨时,表面达尺寸要求,进给量

f 为 0.33~2.33/双行程,刨削速度 v_c 为 0.08m/min~0.13m/min

课题 8　工程实训

【实例 4-9】　阶梯传动轴的加工

轴是机械加工中常见的典型零件之一,图 4-76 所示为一个阶梯传动轴零件图样,试说明其加工过程。

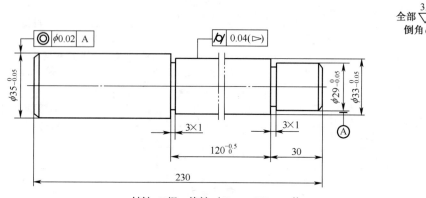

图 4-76　阶梯传动轴零件图样

1. 加工目的

(1)了解轴类零件的车削特点。

(2)掌握轴类零件的车削步骤与方法。

2. 工艺分析

(1)该零件结构较简单,结构尺寸变化大,为一般用途的轴。

(2)零件有 3 个台阶面、两个直槽、前后两台阶同轴度公差为 $\phi0.02$mm,中段台阶轴颈圆柱度公差为 0.04mm,且只允许左大右小,零件精度要求较高。

因此,加工时应分粗、精加工阶段。粗加工时采用一夹一顶的装夹方法,精加工时采用两顶尖支撑装夹方法,车槽安排在精车后进行,为保证工件对圆柱度的要求,粗加工阶段就校正好车床的锥度。

3. 加工步骤

毛坯伸出三抓自定心卡盘长度约 40mm,校正后夹紧。

(1)车端面,钻中心孔 B2.5/8.0,粗车外圆 $\phi35$mm×25mm。

(2)调头夹持工件 $\phi35$mm 外圆处,校正后夹紧,车端面保正总长 230mm,钻中心孔 B2.5/8.0。

(3)用后顶尖顶住工件,粗车整段外圆(夹紧处 $\phi35$mm 除外)至 $\phi36$mm。

(4)调头一夹(夹持 $\phi36$mm 处外圆)一顶装夹工件,粗车右端两处外圆。

①车 $\phi29$mm 处外圆至 $\phi29.8$mm,长 29.5mm。

②车 $\phi33$mm 处外圆至 $\phi35$mm,长 119.5mm,检查并校正锥度后,再将外圆车到 $\phi33.8$mm

(5)修研两端中心孔。

(6)工件调头,用两顶尖支撑装夹,精车左端外圆到 $\phi 33$mm,表面粗糙度 $Ra3.2$,倒角 $C1$。

(7)工件调头,用两顶尖支撑装夹。精车右端两处外圆。

①车外圆至 $\phi 29$mm,长 30mm,表面粗糙度 $Ra3.2$,倒角 $C1$。

②复检锥度后,车外圆 $\phi 33$mm,长 $120^{+0.5}_{0}$mm,,表面粗糙度 $Ra3.2$。

(8)车两处矩形沟槽 3mm×1mm 至要求。

(9)检查两端外圆同轴度、中段台阶外圆圆柱度及各处尺寸,符合图样要求后卸下工件。

【小结】

(1)掌握机床的类型、型号编制和传动原理。按加工性质和所用刀具进行分类,将机床分为 12 大类:车床、钻床、镗床、磨床、齿轮加工机床、螺纹加工机床、铣床、刨插床、拉床、特种加工机床、切断机床及其他机床。

(2)掌握车床的组成、车床种类、车削加工范围、车刀分类和车削加工特点。车床的主要组成部分为主轴箱、进给箱、溜板箱、尾座、床身。车床按结构和用途可分为卧式、立式、转塔、回轮等。车刀按用途可分为外圆车刀、端面车刀、螺纹车刀、镗孔刀和切断刀。车削加工的特点为工艺范围广、生产率高、生产成本低。

(3)掌握铣床结构及种类、铣刀分类、装夹方法和铣削方式。铣床的种类包括卧式铣床、立式铣床、龙门铣床、工具铣床、仿形铣床及各种专门化铣床等。铣刀的种类有圆柱铣刀、面铣刀、立铣刀、盘铣刀、锯片铣刀、键槽铣刀和特种铣刀。装夹方法包括虎钳装夹、V 形铁装夹、压板螺栓装夹等。铣削方式按所用铣刀不同分为周铣和端铣,周铣又分为逆铣与顺铣。

(4)掌握磨床结构及功用、磨削加工的特点和砂轮的特性。磨床结构包括床身、头架、工作台、砂轮架及尾座等。磨床可分为外圆磨床、内圆磨床、平面磨床、无心磨床、螺纹磨床和齿轮磨床等。磨削加工可分为普通磨削、高效磨削、高精度低粗糙度磨削和砂带磨削等。砂轮的切削性能由磨粒材料(磨料)、粒度、硬度、结合剂、组织、形状和尺寸 6 项因素决定。

(5)钻削加工和镗削加工。钻削加工是用钻头或扩孔钻等在工件上加工孔的方法。钻孔的工艺特点包括钻孔时钻头容易"引偏"、加工中排屑困难、切削热不易传散及钻头易磨损等。钻床的种类包括台式钻床、立式钻床和摇臂钻床。镗床的种类包括立式镗床、卧式镗床、坐标镗床和精密镗床。

(6)齿轮加工。齿轮的加工方法就工作原理来说有成形法和展成法。齿轮加工机床可分为滚齿机、插齿机、剃齿机、磨齿机等类型。

(7)其他切削加工。刨削主要用于加工平面、垂直面、斜面、直槽、V 形槽、燕尾槽、T 形槽、成形面。刨床的种类包括牛头刨床、龙门刨床和插床。拉削加工在拉床上进行,可用来加工各种截面形状的通孔、直线或曲线形状的外表面。

【知识拓展】

机床运动

机床在加工过程中除完成成形运动外,还需完成其他一系列运动。以卧式车床上车削圆柱面为例,除工件旋转和车刀直线移动这两个成形运动外,还需完成安装工件、开车、车刀快速趋近工件并切入一定深度(以保证所需直径尺寸d)、径向退离工件(车刀切削到所需长度尺寸时)并纵向退回到起始位置等运动。这些与表面成形过程没有直接关系的运动,统称为辅助运动。辅助运动的作用是实现机床加工过程中所必需的各种辅助动作,为表面形成创造条件,它的种类很多,一般包括以下几种。

1. 切入运动

刀具相对工件切入一定深度,以保证工件达到要求的尺寸。

2. 分度运动

利用多工位工作台、刀架等的周期转位或移位,可以依次加工工件上的各个表面,或依次使用不同刀具对工件进行顺序加工。

3. 调位运动

加工开始前机床有关部件的移位可以调整刀具和工件之间的正确相对位置。

4. 其他各种空行程运动

包括切削前后刀具或工件的快速趋近或退回运动,开车、停车、变速、变向等控制运动,装卸、夹紧、松开工件的运动等。

虽然辅助运动不直接参与表面形成过程,但对机床整个加工过程却是不可缺少的,同时对机床的生产率和加工精度往往也有重大影响。

思考与练习

(1) 机床中常用的传动副有哪几种?各有何特点?

(2) 简述车床的主要组成部分及其作用。

(3) 车床能完成哪些工作?

(4) 车削加工中工件有多少种装夹方式?各用于何种场合?

(5) 试对钻孔、扩孔、镗孔、铰孔、拉孔、磨孔等孔加工方法,从刀具结构、工艺特点、应用范围等方面比较和分析。

(6) 铣削一般可以完成哪些加工内容?铣削加工有何特点?

(7) 常用的磨料有哪几类?试述它们的主要特性和用途。

(8) 砂轮的特性由哪些要素组成?试述这些要素的概念和意义,以及对磨削过程和磨削质量的作用和影响。

(9) 外圆、内圆和平面磨削时,必须具备哪些基本运动?

(10) 磨削时已加工表面是如何形成的?

(11) 磨削过程与切削过程有何异同?

知识模块 5　机械加工过程及工艺规程制定

课题 1　基 本 概 念

【学习目标】
(1) 掌握工序、安装、工步、进给的基本定义。
(2) 掌握生产纲领的定义及其与生产类型的关系。
(3) 理解生产过程与工艺过程的关系。

【重点难点】
(1) 课题的重点是掌握工序、安装、工步、工位及它们之间的关系。
(2) 课题的难点是工序的划分。

5.1.1　生产过程和工艺过程

1. 生产过程

生产过程是指将原材料转变为成品的一系列相互关联的劳动过程的总和。对机械制造而言,生产过程主要包括以下内容。

(1) 生产技术准备工作,如产品的开发和设计、工艺设计、专用工艺装备的设计与制造、各种生产资料及生产组织等方面的准备工作。

(2) 原材料、半成品的运输和保管。

(3) 毛坯制造,如铸造、锻造、焊接和冲压等。

(4) 零件的各种加工过程,如机械加工、热处理、焊接和表面处理等。

(5) 产品的装配过程,如组装、部装和总装及调试等。

(6) 产品的检验和试车。

(7) 产品的喷涂、包装和保管。

2. 工艺过程

在生产过程中,将原材料转变为成品直接有关的过程称为工艺过程,如毛坯制造、零件加工、热处理和装配等。工艺过程是生产过程中的主要部分。机械制造工艺过程又可分为:毛坯制造工艺过程、机械加工工艺过程、机械装配工艺过程等。其中采用机械加工的方法,直接改变毛坯的形状、尺寸和表面质量,使之成为合格零件的过程,称为机械加工工艺过程。图 5-1 所示为生产过程、工艺过程和机械加工工艺过程三者间的大致关系。

5.1.2　机械加工工艺过程的组成

在机械加工工艺过程中,针对不同零件的结构特点和技术要求,采用不同的加工方法

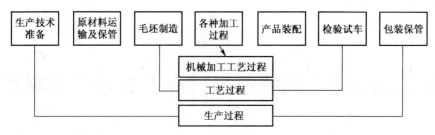

图 5-1 生产过程、工艺过程和机械加工工艺过程的关系

和工艺装备,按照一定的顺序依次进行才能完成由毛坯到成品的转变过程。为便于工艺过程的编制、执行和生产组织管理,通常把机械加工工艺过程划分为不同层次的单元。它们分别是工序、安装、工位、工步和进给(走刀),其中工序是工艺过程中的基本单元,其相互关系如图 5-2 所示,即零件的机械加工工艺过程可由若干个顺序排列的工序组成,在一个工序中又包含一个或几个安装,每次安装中又可能包含一个或几个工位,每个工位包含一个或几个工步。

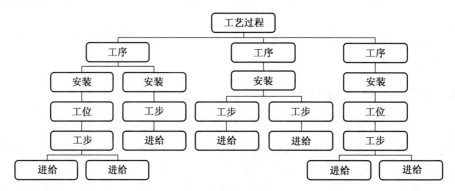

图 5-2 工艺过程的组成

1. 工序

工序是指一位(或一组)工人,在一个工作地(指安置机床、钳工台等加工设备和装置的地点)对一个(或同时对几个)工件所连续完成的那一部分机械加工工艺过程。它包括在这个工件上连续进行的直到转向下一个工件为止的全部动作。划分工序的主要依据是工作地是否变动(即机床、钳工台等加工设备和装置是否改变)或工作是否连续。如图 5-3 所示的阶梯轴,当加工数量较少时,其加工工艺过程中工序的划分见表 5-1。

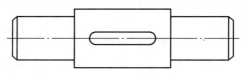

图 5-3 阶梯轴

在上述阶梯轴的工艺过程中,工序 1 和工序 2 虽然工作地相同,但是工作(工艺内容)不连续,因此属于两道工序。

生产规模不同,加工条件不同,其工艺过程、工序的划分也会不同。比如单件生产的工艺过程可将表 5-1 中的第 1、2 道工序合为一道工序,即车端面→钻中心孔→车外圆→车槽→倒角。

表 5-1 阶梯轴的工艺过程

工序号	工序内容	设备
1	车端面、钻中心孔	车床
2	车外圆、车槽、倒角	车床
3	铣键槽、去毛刺	铣床
4	磨外圆	外圆磨床
5	检验	检验台

2. 安装

在加工前,应使工件在机床或夹具中占据某一正确位置(定位),并且采取一定措施将工件夹紧,这两者合称为装夹。工件经一次装夹所完成的那部分工序称为安装。在一道工序中,工件有时需经多次安装才能完成加工。如表 5-1 中,工序 1 要经过两次安装:先装夹工件的一端,车端面及钻中心孔,称为安装 1,再掉头装夹,车另一端面和钻中心孔,称为安装 2。同样,工序 2 也要经过两次安装才能完成。

零件在加工过程中应尽可能减少安装次数,因为安装次数越多,安装误差就越大,同时也增加了装夹工件的辅助时间,影响生产率。

3. 工位

工位是为了完成一定的工序内容,一次安装工件后,工件与夹具或设备的可动部分一起相对刀具或设备的固定部分所占据的每一个位置。

工件每安装一次至少有一个工位。为了减少由于多次安装而带来的安装误差及时间损失,加工中常采用回转工作台、回转夹具或移动夹具,使工件在一次安装中先后处于几个不同的位置进行加工。例如,在大批大量生产中,表 5-1 中阶梯轴加工工序 1 的两次安装可以合并为一次。工件经过一次安装后,在铣端面钻中心孔专用机床上完成加工内容,如图 5-4 所示。图中端面铣削和中心孔钻削在两个位置上完成,就是两个工位。无转位或移位功能,就不存在多工位。

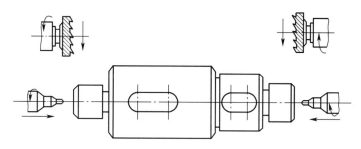

图 5-4 一次安装两个工位(铣端面钻中心孔)

图 5-5 所示为在四工位机床上加工的情况,Ⅰ 为装卸工件的工位,其他 Ⅱ、Ⅲ、Ⅳ 工位分别进行钻孔、扩孔和铰孔。采用多工位加工方法,可以减少安装次数,提高加工精度及劳动生产率。

4. 工步

工步是在加工表面(或装配时的连接表面)、加工(或装配)工具不变、切削用量中的进给量和切削速度基本保持不变的情况下所连续完成的那一部分工序内容。一道工序可能

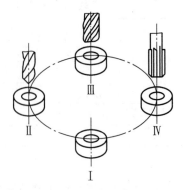

图 5-5 四工位机床上的加工情况
Ⅰ—装卸；Ⅱ—钻孔；Ⅲ—扩孔；Ⅳ—铰孔。

只有一个工步,也可以包括几个工步。例如在表5-1中,工序1的每次安装中都有车端面和钻中心孔两个工步,而工序3就只有铣键槽一个工步。

为提高生产率而使用一组刀具同时对几个表面进行加工时,也把它看作一个工步,称为复合工步,如图5-6所示。复合工步的几种情况：

(1) 几把刀具同时加工一个表面。

(2) 几把刀具同时加工几个表面。

在这两种情况下,尽管加工刀具、加工表面都不同,但由于各表面的加工是同时进行的,故应为一个复合工步。

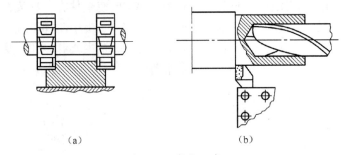

图 5-6 复合工步
(a) 铣凸台；(b) 钻孔、车外圆。

5. 进给

进给又称走刀,是工步的一部分。在某些工步中,由于工件的加工余量较大或其他原因,需要用同一把刀具对同一表面进行多次切削。刀具对工件每切削一次称为一次进给。以棒料制造阶梯轴的进给情况如图5-7所示。

5.1.3 生产纲领及生产类型

1. 生产纲领

生产纲领是指企业在计划期内应当生产的产品产量和进度计划。由于计划期通常定为一年,所以生产纲领也称年产量。生产纲领的大小对加工过程和生产组织起着重要作用,它决定了各个工序所需要的专业化和自动化的程度,决定了所选用的工艺方法和生产

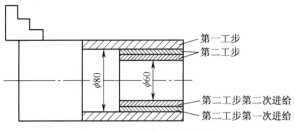

图 5-7 以棒料制造阶梯轴

设备。

零件的生产纲领 N 是包括备品和废品在内的零件的年产量,计算公式如下:

$$N=Qn(1+\alpha\%)(1+\beta\%) \text{（件/年）} \qquad (5-1)$$

式中 Q——机器产品的年产量(台/年);

N——零件的年产量(件/年);

$\alpha\%$——备品的百分率;

$\beta\%$——废品的百分率;

n——每台产品中该零件的数量(件/台)。

2. 生产类型

生产类型是指企业生产专业化程度的分类。根据产品的尺寸大小和特征、生产纲领、批量及投入生产的连续性,机械制造业的生产类型分为单件生产、成批生产和大量生产三种。

1) 单件生产

单件生产是指产品品种多,而每个品种的结构、尺寸不同,且产量很少,各个工作地的加工对象经常改变,而且很少重复的生产类型。例如新产品试制,工、夹、模具制造,重型机械制造,专用设备制造等都属于这种类型。

2) 大量生产

大量生产是指产品品种少,而产量很大,大多数工作地(或设备)经常重复地进行某个零件的某一道工序的生产。例如,汽车、拖拉机、轴承、标准件等的生产都属于这种类型。

3) 成批生产

成批生产是指一年中分批轮流地制造若干种不同的产品,每种产品均有一定的数量,且工作地(或设备)的加工对象周期性地重复的生产类型。例如,机床制造、机车制造等都属于成批生产。

按批量大小及产品特征,成批生产又可分为小批生产、中批生产和大批生产三种。对小批生产来说,零件虽按批量投产,但批量不稳定,生产连续性不明显,其工艺过程和生产组织与单件生产相似。大批生产是指产品品种较为稳定,零件投产批量大,其中主要零件是连续性生产的情况,例如,液压元件、电机和阀门等产品的生产。大批生产的工艺过程和生产组织与大量生产相似。中批生产是指产品品种规格有限而且生产有一定周期性的状况,其工艺过程和生产组织类型介于单件生产和大量生产之间。因此,经常把小批生产同单件生产、大批生产同大量生产相提并论,把生产类型分为单件小批生产、中批生产和大批大量生产。

生产类型主要由生产纲领决定,但产品的尺寸大小和结构复杂程度对生产类型也有影响。另外,在同一个企业中,甚至同一个车间内,可能同时存在几种不同的生产类型。

生产类型直接影响加工和装配工艺,进而影响效率和成本。同一产品,大量生产比成批生产和单件生产的效率高,成本低,质量可靠。表5-2是不同类型的产品生产类型与生产纲领之间的关系。

表5-2 划分生产类型的参考数据

生产类型		生产纲领/(件/年)			工作地每月担负的工序数/(工序数/月)
		轻型零件	中型机械或中型零件	重型机械或重型零件	
单件生产		≤100	≤10	≤5	不做规定
成批生产	小批生产	100～500	10～150	5～200	>20～50
	中批生产	500～5000	150～500	100～300	>10～20
	大批生产	5000～50000	500～5000	300～1000	>1～10
大量生产		>50000	>5000	>1000	1

3. 工艺特征

生产类型不同,产品制造过程中对生产组织、生产管理、车间布置、毛坯种类、加工工艺、工装设备、工人的技术熟练程度等方面的要求大不相同。比如大批、大量生产由于其生产能力的需要和投资能较快地收回,一般采用先进、高效、专用和投资大的设备和工艺装备,按流水线和自动线排列设备;毛坯采用精度高,加工余量小的模锻或特种铸造的锻、铸件;对调整工的技术要求高;工艺文件要求详细、具体。单件、小批生产则主要使用通用的设备和工艺装备;毛坯多为自由锻或木模加手工造型的锻、铸件;对操作工人的技术要求高;工艺文件简单。因此,在制定零件机械加工工艺规程时,必须首先确定生产类型,再分析该生产类型的工艺特征,选择合理的加工方法和加工工艺,以制定出正确合理的工艺规程,取得最大的经济效益。各种不同生产类型的工艺特征可归纳成表5-3。

表5-3 各种生产类型的工艺特征

工艺特征	生产类型		
	单件小批	中批	大批大量
零件的互换性	用修配法,钳工修配,缺乏互换性	大部分具有互换性。装配精度要求高时,灵活应用分组装配法和调整法,同时还保留某些修配法	具有广泛的互换性。少数装配精度较高处,采用分组装配法和调整法
毛坯的制造方法与加工余量	木模手工造型或自由锻造。毛坯精度低,加工余量大	部分采用金属模铸造或模锻。毛坯精度和加工余量中等	广泛采用金属模机器造型、模锻或其他高效方法。毛坯精度高,加工余量小
机床设备及其布置形式	通用机床。按机床类型采用机群式布置	部分通用机床和高效机床。按工件类别分工段排列设备	广泛采用高效专用机床及自动机床。按流水线和自动线排列设备

(续)

工艺特征	生产类型		
	单件小批	中批	大批大量
工艺装备	大多采用通用夹具、标准附件、通用刀具和万能量具。靠划线和试切法达到精度要求	广泛采用夹具,部分靠找正装夹达到精度要求。较多采用专用刀具和量具	广泛采用专用高效夹具、复合刀具、专用量具或自动检验装置。靠调整法达到精度要求
对工人的技术要求	需技术水平较高的工人	需一定技术水平的工人	对调整工的技术水平要求高,对操作工的技术水平要求较低
工艺文件	有工艺过程卡,关键工序需要工序卡	有工艺过程卡,关键零件需要工序卡	有工艺过程卡和工序卡,关键工序需要调整卡和检验卡
成本	较高	中等	较低

课题 2 机械加工工艺规程概述

【学习目标】
（1）掌握制定工艺规程的原则。
（2）掌握制定工艺规程的原始资料及步骤。
（3）理解工艺文件的格式。

【重点难点】
（1）课题的重点是掌握制定工艺规程的原则、步骤。
（2）课题的难点是工艺文件的使用。

机械加工工艺规程是规定零件加工工艺过程和操作方法等的工艺文件。它一般包括下列内容：工件加工的工艺路线及所经过的车间和工段；各工序的具体加工内容及所用的机床和工艺装备；工件的检验项目及检验方法；切削用量；工时定额等。

5.2.1 工艺规程的作用和制定工艺规程的原则

1. 机械加工工艺规程的作用

1) 工艺规程是指导生产的主要技术文件

一个好的工艺规程是在总结广大工人和工程技术人员生产实践经验的基础上，依据工艺理论和工艺实验，经过生产验证而制定出来的，是科学技术和生产经验的结晶。合理的工艺规程是获得合格产品和较高生产率的技术保证，是指导生产的重要技术文件，因此生产中应严格按照既定的工艺规程进行操作，否则可能引起产品质量下降、废品率增加或过量消耗原材料和工时、增加产品成本，甚至使生产陷入混乱状态。

2) 工艺规程是生产组织和管理工作的基本依据

产品投产前原材料及毛坯的准备、设备和工具的购置、专用工艺装备的设计制造、机床负荷的调整、生产进度计划安排、劳动力组织和生产成本的核算都是依据产品的工艺规程进行的,车间的生产组织、调度和机床工时任务的下达也要以工艺规程为依据。

3) 工艺规程是新建或扩建工厂或车间的基本资料

在新建或扩建工厂或车间时,必须依据产品生产纲领和工艺规程,才能正确确定生产所需的机床和其他设备的种类、规格和数量;工人工种、等级和人数;车间面积及机床布置,以及辅助生产部门的设置等。

2. 制定工艺规程的原则

制定工艺规程的原则是优质、高产、低成本,即在保证产品质量的前提下,尽可能地提高生产率、降低成本。为此,应注意下列三个问题。

1) 技术上的先进性

在制定工艺规程时,应在充分利用本企业或本部门现有生产条件的基础上,积极采用国内外先进的工艺技术和工艺装备。

2) 经济上的合理性

在一定的生产条件下,可能有几种工艺方案。此时应通过分析对比,选择经济上最合理的方案,以争取最好的经济效益。

3) 有良好、安全的劳动条件

注意采取机械化或自动化等措施,尽量改善工人的劳动条件,并保证操作安全。

制定工艺规程时还应考虑符合国家环境保护法的要求,并做到正确、完整、统一和清晰,所用术语、符号、计量单位及编号都应符合相应标准。

5.2.2 制定工艺规程的原始资料及步骤

1. 原始资料

在制定工艺规程前,应掌握和研究以下原始资料。

(1) 产品装配图及零件工作图。

(2) 产品验收的质量标准。

(3) 产品的生产纲领。

(4) 现有的生产技术条件,包括本厂现有加工设备和工艺装备的种类、规格及性能、工人的技术水平以及专用设备和工艺装备的制造能力等。

(5) 有关的各种技术资料,如机械工艺师手册、切削用量手册、夹具手册、有关的国家标准、部颁及厂颁标准、相似零件的工艺规程以及国内外新技术、新工艺等资料。

2. 制定步骤

制定零件机械加工工艺规程的主要步骤如下:

(1) 对照产品装配图及零件工作图对所加工的零件进行工艺分析。

(2) 确定毛坯的制造方法。

(3) 拟定工艺路线,选定定位基准。

(4) 确定各工序的加工余量,计算工序尺寸及公差。

(5) 确定各工序的设备和工、夹、刀、量具。

(6) 确定各工序的切削用量和工时定额。

(7) 确定各主要工序的技术要求和检验方法。

(8) 填写工艺文件。

5.2.3 工艺文件的格式

将零件机械加工工艺规程的内容,填入一定格式的卡片,即成为生产准备和施工依据的工艺文件。目前工艺文件尚无统一的格式,一般由各厂根据所加工零件的复杂程度和生产类型自行确定。机械加工工艺文件的格式很多,常用的有三种。

1. 机械加工工艺过程卡片(工艺过程卡)

工艺过程卡中主要列出整个零件加工所经过的工艺路线(包括毛坯、机械加工、热处理以及装配等),完成各道工序的车间(工段),各工序所用的机床、夹具、刀具、量具和工时定额等内容。工艺过程卡相当于零件加工工艺规程的总纲,它是制定其他工艺文件的基础,也是进行技术生产准备、安排生产计划和组织生产的依据。

由于这种卡片是以工序为单位简要说明零件加工工艺过程的,对各工序的说明不够具体,通常作为生产管理使用,不用来直接指导生产工人的操作。但在单件小批生产中,一般不再编制更详细的工艺文件,就用工艺过程卡直接指导生产。工艺过程卡的格式见表 5-4。

表 5-4 机械加工工艺过程卡片

厂名	机械加工工艺过程卡片	产品名称及型号		零件名称		零件图号			
		材料	名称	毛坯	种类	零件重量 /kg	毛重		第 页
			牌号		尺寸		净重		共 页
			性能	每料件数		每台件数		每批件数	
工序号	工序内容		加工车间	设备名称及编号	装备名称及编号		工人技术等级	时间定额/min	
					夹具	刀具	量具	单件	准备—终结
更改内容									
编制		抄写		校对		审核		批准	

2. 机械加工工艺卡片(工艺卡)

工艺卡是以工序为单位详细说明整个工艺过程的一种工艺文件,内容包括毛坯的制造方法、零件的工艺特性(材料、质量、加工表面及精度等)、各个工序所包括的工位及工步的工作内容(所用机床、工艺装备、定位基准和切削用量等)以及加工后需要达到的精度和表面粗糙度等,其格式见表 5-5。

工艺卡是用来指导工人生产和帮助技术管理人员掌握整个零件加工过程的一种主要技术文件,广泛应用于成批生产或重要零件的小批生产场合。

3. 机械加工工序卡片

以工艺卡片中的每道工序制定的工艺文件。该卡片详细记载了该工序工步加工的具体内容与要求及所需的工艺资料,包括定位基准、工件安装方法、工序尺寸及极限偏差、切削用量的选择、工时定额等,并配有工序图。在大批、大量生产中用以对工人生产进行具体的指导。其格式见表 5-6。

表 5-5 机械加工工艺卡片

厂名	机械加工工艺卡片	产品名称及型号		零件名称		零件图号			第 页
		材料	名称	毛坯	种类	零件重量/kg	毛重		共 页
			牌号		尺寸		净重		
			性能	每料件数		每台件数		每批件数	
工序	安装	工步	工序内容	同时加工零件数	切削用量			工艺装备名称及编号			工人技术等级	时间定额/min	
					切削深度/mm	切削速度/(m·min⁻¹)	r/min或每分钟往复次数	进给量/(mm·r⁻³或mm/双行程)	夹具	刀具	量具		单件	准备终结
更改内容														
编制		抄写		校对		审核			批准					

表 5-6 机械加工工序卡片

工厂	加工工序卡片	产品名称及型号	零件名称	零件图号	工序名称	工序号	第 页
							共 页
（工序简图）		车间	工段	材料名称	材料牌号	力学性能	
		同时加工工件数	每料件数	技术等级	单件时间/min	准—终时间/min	
		设备名称	设备编号	夹具名称	夹具编号	切削液	
工步号	工步内容	进给次数	切削用量			时间定额/min		工艺装备			
			切削深度/min	进给量/(mm/r)	切削速度/(m/min)	基本时间	辅助时间	名称	规格	编号	数量
编制		抄写		校对		审核		批准			

课题 3 零件图的工艺分析

【学习目标】

(1) 掌握零件技术要求。
(2) 掌握零件结构的工艺性。
(3) 理解零件结构分析原则。

【重点难点】
掌握零件结构的工艺性。

在制定零件的机械加工工艺规程时，首先必须对照产品装配图及零件图对所加工的零件进行分析和研究，明确零件在产品中的位置、作用以及与相关零件的关系，然后对零件进行工艺分析。对零件的工艺分析是否透彻，将直接影响所制定的加工工艺规程的科学性、合理性和经济性。零件的工艺分析主要包括零件技术要求分析、零件结构分析和零件结构工艺性分析三个方面。

1. 零件技术要求分析

零件的技术要求分析，是制定工艺规程的重要环节，只有认真透彻地分析零件的技术要求，分清主次后，才能正确选择零件每个加工表面的加工方法，以及整个零件的加工路线。零件技术要求分析主要有以下三方面内容。

（1）精度分析，包括对工件被加工表面的尺寸精度、形状精度和各表面相互位置精度的分析。

（2）表面粗糙度和其他表面质量要求的分析。

（3）热处理要求和其他要求（如动平衡、镀铬等）的分析。

零件的技术要求对确定机械加工工艺方案和生产成本的影响很大。通常，零件加工表面的尺寸精度、表面粗糙度和有无热处理要求，决定该表面的最终加工方法，进而得出中间和粗加工工序所采用的加工方法。零件各加工表面间的相互位置精度，则基本决定了各加工表面的定位方法和加工顺序。因此，应对零件的技术要求认真审查，确认其是否经济合理，避免过高的要求使加工工艺复杂化及增加不必要的加工费用，若发现有遗漏、错误或不妥之处，应与设计人员商量解决。

2. 零件结构分析

各种机械零件的结构，由于其应用场合和使用要求的不同而在形状和尺寸上存在很大的差别。在机械制造中，通常将零件按其结构和工艺过程的相似性，大致分为轴类零件、箱体类零件、齿轮类零件、盘环类零件和叉架类零件等。各类零件结构特点上的差别和尺寸大小的不同，会对其加工工艺方案的确定产生重要影响。

机械零件是由一些基本表面和特形表面组成的。基本表面主要有内外圆柱面、圆锥面和平面等；特形表面主要有螺旋面、渐开线齿形表面和圆弧面等。

在研究具体零件的结构特点时，先要分析该零件表面的组成和特征。因为表面形状和特征是选择加工方法的基本因素，只有将零件的基本表面和特形表面分析清楚后，才能针对每种基本表面和特形表面，选择相应的加工方法。例如，平面通常可以选择铣削、刨削、拉削和磨削等方法加工；外圆可以选择车削或磨削等方法加工；内孔则可通过钻、扩、铰、镗、拉或磨削等加工方法获得。

除表面形状外，零件结构分析的另一个方面，就是分析组成零件的基本表面和特形表面的组合情况及其尺寸的大小。以平面加工为例，箱体类零件上的平面，通常选择刨削、铣削或磨削等加工方法，除非箱体的尺寸较小，一般不采用车削；而盘环类等回转体零件上的平面，则一般多用车削加工完成。即使同一类零件的同一类型加工表面，其尺寸大小的不同对其加工工艺方案的选择也有重要影响，如大孔与小孔、深孔与短孔在加工工艺方案上均有明显的不同。

3. 零件结构工艺性分析

零件的结构工艺性是指所设计的零件在满足使用要求的前提下,制造的可行性和经济性。许多功能完全相同而结构工艺性不同的零件,它们的加工方法和制造成本往往有很大的差别。良好的结构工艺性,首先是指这种结构便于机械加工,即在同样的生产条件下能够采用简便和经济的方法制造出来。零件的结构还应适应生产类型和具体生产条件的要求。

零件的结构工艺性问题比较复杂,涉及毛坯制造、机械加工、热处理和装配等方面的要求,需统筹考虑。发现零件的结构工艺性不好时,可以提出修改意见,但需征得设计人员同意并且经过审批后方能修改。对零件来讲,主要从以下几方面来优化其结构工艺性:加工工具进出方便;减少内表面加工;减小质量,减少加工面积;形状简单、进给调刀次数少;尺寸标准化、规格化;按基准重合原则选择设计基准;按尺寸链最短原则标注零件尺寸。

表5-7中列举了一些零件机械加工工艺性对比的典型例子,以供参考。

表5-7 零件机械加工结构工艺性示例

序号	零件结构			
	工艺性不好		工艺性好	
1	车螺纹时,螺纹根部不易清根,且工人操作困难,易打刀			留有退刀槽,可使螺纹清根,工人操作相对容易,可避免打刀
2	插齿无退刀空间,小齿轮无法加工			留出退刀空间,小齿轮可以插齿加工
3	两端轴颈需磨削加工,因砂轮圆角而不能清根			留砂轮越程槽,磨削时可以清根
4	孔距箱壁太近:①需加长钻头才能加工;②钻头在圆角处容易引偏			①加长箱耳,不需加长钻头即可加工 ②如结构上允许,可将箱耳设计在某一端,便不需加长箱耳
5	斜面钻孔,钻头易引偏			只要结构允许,留出平台,钻头不易偏斜
6	孔壁出口处有台阶面,钻孔时钻头易引偏,易折断			只要结构允许,内壁出口处做成平面,钻孔位置容易保证

(续)

序号	零件结构	
	工艺性不好	工艺性好
7	钻孔过深,加工量大,钻头损耗大,且钻头易偏斜	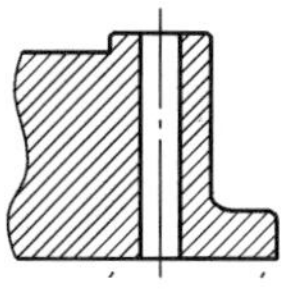 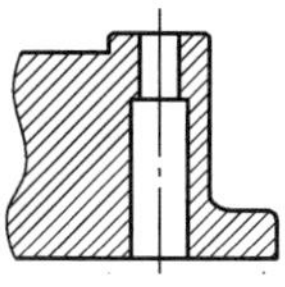 钻孔一端留空刀,减小钻孔工作量
8	加工面高度不同,需两次调整加工,影响加工效率	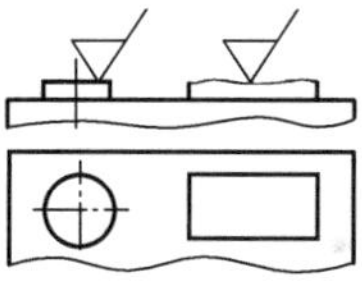 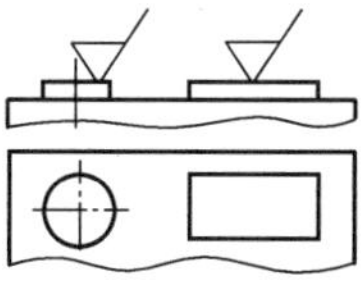 加工面在同一高度,一次调整可完成两个平面加工
9	三个退刀槽宽度不一致,需使用三把不同尺寸的刀具进行加工	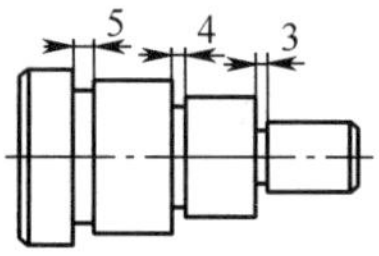 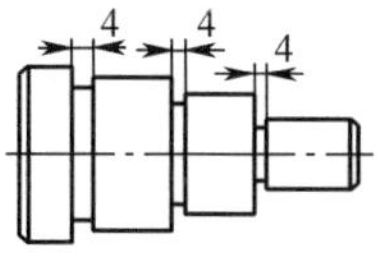 退刀槽宽度尺寸相同,使用一把刀具即可加工
10	键槽方向不一致,需两次装夹才能完成加工	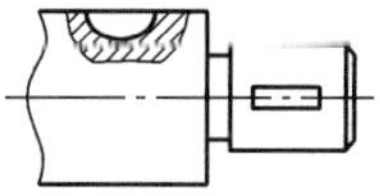 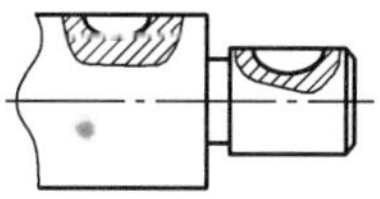 键槽方向一致,一次装夹即可完成加工
11	加工面大,加工时间长,平面度要求不易保证	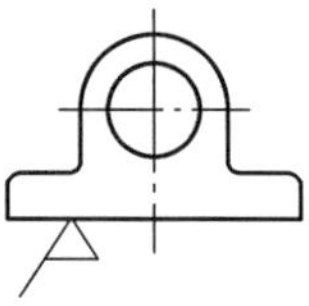 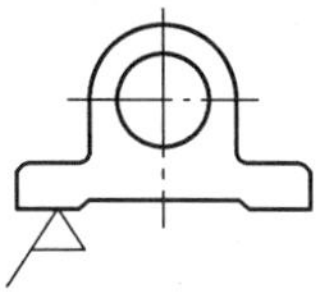 加工面减小,加工时间短,平面度要求容易保证

课题 4　毛坯的选择

【学习目标】

(1) 了解机械加工中常用毛坯种类。
(2) 理解毛坯选择时应注意的问题。
(3) 了解毛坯形状与尺寸确定时应注意的问题。

【重点难点】

掌握确定毛坯时的几项工艺措施。

除了少数要求不高的零件外,机械上的大多数零件都要通过铸造、锻压或焊接等加工方法先制成毛坯,然后再经切削加工制成成品。因此,毛坯选择是否合理,不仅影响每个零件乃至整部机械的制造质量和使用性能,而且对零件的制造工艺过程、生产周期和成本也有很大的影响。表 5-8 列出了常用毛坯生产方法及有关内容的比较,可供选择毛坯时参考。

表 5-8 常用毛坯的生产方法及其有关内容比较

生产方法 比较内容	铸造	锻造	冲压	焊接	型材
成形特点	液态成形	固态下塑性变形		借助金属原子间的扩散和结合	固态下切削
对原材料工艺性能要求	流动性好,收缩率小	塑性好,变形抗力小		强度、塑性好,液态下化学稳定性好	
适用材料	铸铁、铸钢、有色金属	中碳钢、合金结构钢	低碳钢和有色金属薄板	低碳钢和低合金结构钢、铸铁、有色金属	碳钢、合金钢、有色金属
适宜的形状	形状不受限,可相当复杂,尤其是内腔形状	自由锻件简单,模锻件可较复杂	可较复杂	形状不受限	简单,一般为圆形或平面
适宜的尺寸与重量	砂型铸造不受限	自由锻不受限,模锻件<150kg	不受限	不受限	中、小型
毛坯的组织和性能	砂型铸造件晶粒粗大、疏松、缺陷多、杂质排列无方向性。铸铁件力学性能差,耐磨性和减振性好;铸钢件力学性能好	晶粒较小、较均匀、致密,可利用流线改善性能,力学性能好	组织致密,可产生纤维组织。利用冷变形强化,可提高强度和硬度,结构刚性好	焊缝区为铸态组织,熔合区及过热区有粗大晶粒,内应力大;接头力学性能达到或接近母材	取决于型材的原始组织和性能
毛坯的精度和表面质量	砂型铸造件精度低和表面粗糙(特种铸造较高)	自由锻件精度较低,表面较粗糙;模锻件精度中等,表面质量较好	精度高,表面质量好	精度较低,接头处表面粗糙	取决于切削方法
材料利用率	高	自由锻件低,模锻件中等	较高	较高	较高
生产成本	低	自由锻较高,模锻较低	低	中	较低
生产周期	砂型铸造较短	自由锻短,模锻长	长	短	短
生产率	砂型铸造低	自由锻低,模锻高	高	中、低	中、低
适宜的生产批量	单件和成批(砂型铸造)	自由锻单件小批,模锻成批、大量	大批量	单件、成批	单件、成批
适用范围	铸铁件用于受力不大,或承压为主的零件,或减振、耐磨的零件;铸钢件用于重载而形状复杂的零件,如床身、立柱、箱体、支架和阀体等	用于承受重载、动载或复杂载荷的重要零件,如主轴、传动轴、杠杆和曲轴等	用于板料成形的零件	用于制造金属结构件,或组合件和零件的修补	一般中小型简单件

5.4.1 毛坯种类的选择

毛坯的选择包括毛坯材料、类别和具体的制造方法。毛坯材料(即零件材料)和毛坯类型的选择是密切相关的,因为不同的材料具有完全不同的工艺性能。毛坯与成品零件尽可能接近,以节约材料、降低成本,但这样又会造成毛坯制造难度增大、成本提高。为合理解决这一矛盾,通常选择毛坯时必须考虑以下原则。

1. 保证零件的使用要求

毛坯的使用要求,是指将毛坯最终制成机械零件的使用要求。零件的使用要求包括对零件形状和尺寸的要求,以及工作条件对零件性能的要求。工作条件通常指零件的受力情况、工作温度和接触介质等,所以对零件的使用要求也就是对外部和内部质量的要求。例如机床的主轴和手柄,虽同属轴类零件,但其承载及工作情况不同。主轴是机床的关键零件,其尺寸、形状和加工精度要求很高,受力复杂,在长期使用过程中只允许发生极微小的变形,因此应选用 45 钢或 40Cr 等具有良好综合力学性能的材料,经锻造制坯及严格的切削加工和热处理制成;而机床手柄,尺寸、形状等要求不很高,受力也不大,故选用低碳钢棒料或普通灰铸铁为毛坯,经简单的切削加工即可制成,不需要热处理。再如,燃气轮机上的叶片和电风扇叶片,虽然同是具有空间几何曲面形状的叶片,但前者要求采用优质合金钢,经过精密锻造和严格的切削加工及热处理,并且需经过严格的检验,其制造尺寸的微小偏差,将会影响工作效率,其内部的某些缺陷则可能造成严重的后果;而一般电风扇叶片,采用低碳钢薄板冲压成形或采用工程塑料成形就基本完成了。

由上述可知,即使同一类零件,由于使用要求不同,从选择材料到选择毛坯类别和加工方法,可以完全不同。因此,在确定毛坯类别时,必须首先考虑工作条件对其提出的使用要求。

2. 降低制造成本,满足经济性

一个零件的制造成本包括其本身的材料费以及所消耗的燃料费、动力费用、人工费、各项折旧费和其他辅助费用等分摊到该零件上的份额。在选择毛坯的类别和具体的制造方法时,通常是在保证零件使用性能要求的前提下,把几个可供选择的方案从经济上进行分析、比较,从中选择成本低廉的方案。

一般来说,在单件小批量生产的条件下,应选择常用材料、通用设备和工具、低精度低生产率的毛坯生产方法。这样,毛坯生产周期短,能节省生产准备时间和工艺装备的设计制造费用。虽然单件产品消耗的材料及工时多些,但总的成本还是较低的。在大批量生产的条件下,应选用专用材料、专用设备和工具以及高精度高生产率的毛坯制造方法。这样,毛坯的生产率高、精度高。虽然专用材料、专用工艺装备增加了费用,但材料的总消耗量和切削加工工时会大幅度降低,总的成本也较低。通常的规律是:单件、小批量生产时,对于铸件应优先选用灰铸铁和手工砂型铸造方法;对于锻件应优先选用碳素结构钢和自由锻方法;采用焊接方法时,应优先选用低碳钢和手工电弧焊方法制造焊接结构毛坯。在大批量生产中,对于铸件应采用机器造型的铸造方法,锻件应选用模型锻造方法,焊接件应优先选用低合金高强度钢材料和自动、半自动的埋弧焊、气体保护焊等方法制造毛坯。

3. 考虑实际生产条件

在考虑实际生产条件时,应首先分析本厂的设备条件和技术水平能否满足毛坯制造方案的要求。如不能满足要求,则应考虑某些零件的毛坯可否通过厂际协作或外购来解决。从而确定一个既能保证质量,又能按期完成任务,经济上也合理的方案。

上述三条原则是相互联系的,考虑时应保证使用要求的前提下,力求做到质量好、成本低和制造周期短。

5.4.2 确定毛坯时的几项工艺措施

毛坯的形状和尺寸是根据零件的加工精度、表面质量等技术要求和加工工艺确定的。同时与毛坯本身的制造方法有一定关系,比如精铸和精锻的毛坯,加工余量比较小,尺寸就相应小一些,并且像螺纹、花键等某些表面可以在毛坯上制造。但是,在确定毛坯的形状和尺寸时,除了考虑上述因素外,还要考虑机械加工中的一些工艺要求,应设法予以满足。

(1) 为了便于安装,有些铸件毛坯需铸出工艺搭子,如图 5-8 所示。

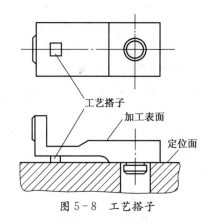

图 5-8 工艺搭子

(2) 装配后需要形成同一工作表面的两个相关偶件,为了保证加工质量并使加工方便,常常将这些分离零件先制成一个整体毛坯,例如车床开合螺母,如图 5-9 所示。

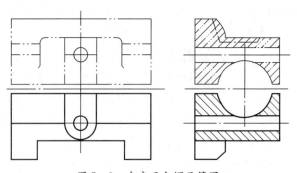

图 5-9 车床开合螺母简图

(3) 对于形状比较规则的小型零件,为了便于安装和提高机械加工的生产率,可将多件合成一个毛坯,加工到一定阶段后再分离成单件,如图 5-10 所示。

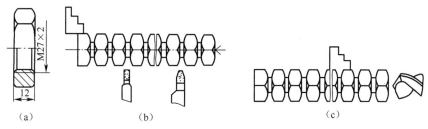

图 5-10 合件毛坯
(a)零件图;(b)、(c)零件加工过程。

课题 5　定位基准的选择

【学习目标】
(1) 掌握基准的概念及类别。
(2) 掌握定位基准的选择方法。

【重点难点】
(1) 课题的重点是掌握精基准的选择原则。
(2) 课题的难点是基准选择的具体应用。

5.5.1　基准及分类

基准是用来确定生产对象上几何要素间的几何关系所依据的那些点、线、面。

任何零件都是由若干点、线、面等型面要素组成的,各要素之间都有一定的尺寸和相互位置精度要求。在设计、加工零件时,必须选择一些点、线、面来确定其他点、线、面的尺寸和位置,那些作为依据的点、线、面就叫做基准。

基准根据其作用不同,分为设计基准和工艺基准两大类。

1. 设计基准

设计基准是在设计图样上用来确定其他点、线、面位置关系所采用的基准。

图 5-11(a)中,A 面是 B 面的设计基准,也可以说,B 面是 A 面的设计基准,二者互为设计基准,在这里设计基准是可逆的。图 5-11(b)中,$\phi30mm$ 和 $\phi50mm$ 两端圆柱面本身大小的设计基准是其各自的轴线;由同轴度要求可知,$\phi50mm$ 圆柱面的轴线是 $\phi30mm$ 圆柱面轴线的位置精度设计基准。图 5-11(c)中,键槽底面的设计基准是圆柱面的下母线。

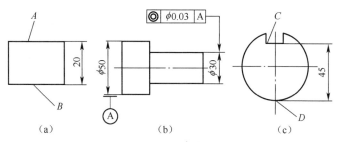

图 5-11　设计基准的实例

2.工艺基准

工艺基准是在加工或装配过程中所使用的基准。工艺基准根据其使用场合的不同,可分为工序基准、定位基准、测量基准和装配基准四类。

1) 工序基准

在工序图上,用来确定所加工表面加工后的尺寸、形状、位置的基准。如图5-12所示,在轴套上钻孔时,孔轴线分别是以轴肩左侧面和右侧面为工序基准。

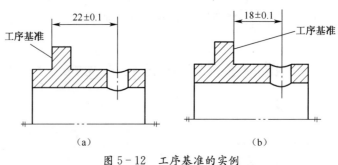

图5-12 工序基准的实例
(a)轴肩左侧面为基准;(b)轴肩右侧面为基准。

2) 定位基准

在加工中用作定位的基准。它是与夹具定位元件直接接触的工件上的点、线、面,如图5-13所示,工件以 D、C 面定位。

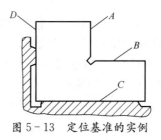

图5-13 定位基准的实例

3) 测量基准

在测量工件已加工表面的尺寸和位置时所采用的基准。如图5-14(a)所示,轴的上母线是平面的测量基准;在图5-14(b)中,大圆下母线是平面的测量基准。

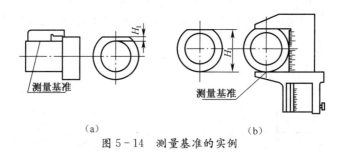

图5-14 测量基准的实例

4) 装配基准

即装配时用来确定零件或部件在产品中的相对位置所采用的基准。如图5-15所示,齿轮的内孔是齿轮在传动轴上的装配基准。

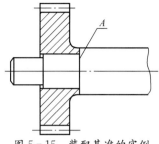

图 5-15 装配基准的实例

基准是客观存在的,既可以是轮廓要素(如平面),也可以是中心要素(如对称轴线);作为基准的要素无法触及时,由具体的表面来体现(即基面);代表基准的基面总是有一定面积的,分析基准时,必须注意以上几点。

5.5.2 定位基准的选择

定位基准的选择,影响着加工精度、加工顺序、夹具结构的复杂程度等。因此,要通盘考虑各方面的因素,选择一套合理的定位方案。这是制订机械加工工艺规程时必须考虑的一个重要工艺问题。选择定位基准应满足:各加工表面应有足够的加工余量;定位基准应有足够大的接触面积和分布面积。

定位基准又分为粗基准(未加工表面作为定位基准)和精基准(已加工表面作为定位基准)。选粗基准时要重点考虑如何保证加工表面有足够的余量,选精基准时要重点考虑减少误差。选择定位基准时,一般是先看用哪些表面为精基准能最好地把各个表面都加工出来,然后再考虑选择哪个表面为粗基准来加工被选为精基准的表面,即分析定位基准应先精基准再粗基准。

1. 粗基准的选择

图 5-16 所示的零件毛坯,铸件的内孔 B 与外圆 A 之间可能存在偏心,在加工时,如果用三爪自定心卡盘夹持不需加工的外圆为粗基准加工内孔,加工后内孔与外圆是同轴的(由于此时外圆的中心线与机床主轴的回转中心线重合),即加工后孔的壁厚是均匀的,但是内孔的加工余量却不是均匀的;如果用四爪单动卡盘夹持外圆,然后按内孔找正既选择内孔作为粗基准,内孔的加工余量是均匀的(由于此时内孔的中心线与机床主轴的回转中心线重合),但加工后的内孔与外圆不同轴,即加工后的壁厚是不均匀的。

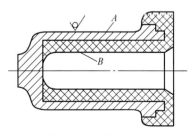

图 5-16 零件毛坯

由此可见,粗基准的选择主要影响不加工表面与加工表面间的相互位置精度,以及影响加工表面的余量分配。

选择粗基准时应遵循以下原则。

(1) 选择要求保证加工余量均匀的重要表面为粗基准。一般情况下,零件上的重要表面都要求余量均匀。加工时就以此表面为定位粗基准来加工其他表面,再以加工出来的其他表面为精基准定位加工出该重要表面来,这样就保证了该重要表面加工余量均匀,如图 5-17 所示。

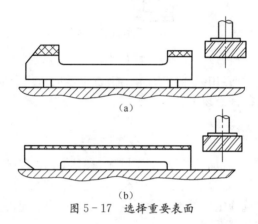

图 5-17 选择重要表面

由于导轨面是床身的主要表面,精度要求高,并且要求耐磨,在铸造床身毛坯时,为了减少气孔、夹砂等缺陷,导轨面需向下放置,以使其表面层的金属组织细致均匀,而加工时要求加工余量均匀,既容易达到较高的精度,又可使切去的金属层尽可能薄一些,以便保留下组织紧密、耐磨的金属表层。因此加工时先以导轨面作为粗基准加工床腿平面,再以床腿平面作精基准定位加工导轨面,这种定位加工方法可以保证导轨面的加工余量比较均匀,即使床腿平面上的加工余量可能不均匀,也不会影响床身的加工质量;否则,会造成导轨面的加工余量不均匀。

(2) 尽可能选用精度要求高的主要表面作粗基准。

(3) 尽量用非加工表面作粗基准。这样容易保证加工表面与非加工表面间的相互位置精度。如果有若干个非加工表面,那就选与加工表面间相互位置精度要求较高的那一非加工表面作粗基准。

(4) 尽可能选大而平整的表面作粗基准,无飞边、浇口、冒口或其他缺陷。

(5) 粗基准在同一尺寸方向上通常只允许使用一次。毛坯表面精度低,每一次装夹,它的位置都是随机的、变化的,难以保证加工精度,如图 5-18 所示。

2. 精基准的选择

1) 选择精基准时应考虑的重点

(1) 减少定位误差,保证加工精度。

(2) 装夹应方便、准确、可靠、稳定。

2) 选择精基准时应遵循的原则

(1) 基准重合原则。尽可能选择设计基准作为定位精基准,这样可避免因基准不重合所带来的误差。如图 5-19 所示为采用调整法加工 C 面,则尺寸 c 的加工误差 T_c 不

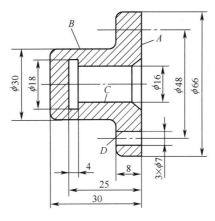

图 5-18 粗基准重复使用的误差

仅包括本工序的加工误差 Δj，还包括基准不重合带来的设计基准与定位基准之间的尺寸误差 T_a。如果采用如图 5-20 所示的方式安装工件，就避免了基准不重合误差。

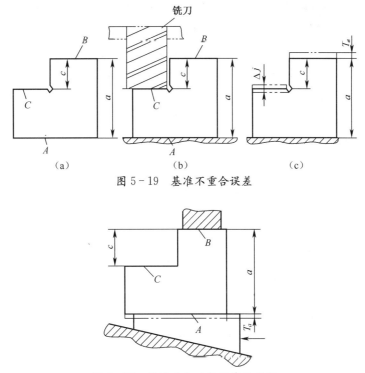

图 5-19 基准不重合误差

图 5-20 基准重合工件安装正确图

（2）基准统一原则。一般工件上有很多表面需要加工，各表面之间还有一定的位置精度要求。采用某一个表面作统一的基准定位，加工出可能多的其他表面，易于保证各加工表面间的相互位置精度。采用基准统一原则，可以简化工艺规程的制定、节约夹具费用、减少夹具数量等。采用顶尖孔加工轴类零件各个外圆表面及轴肩端面，即符合基准统一原则，这样可以保证各个外圆表面之间的同轴度以及各轴肩端面与轴心线的垂直度。

机床主轴箱体多采用底面和导向面作为统一精基准加工各轴孔、前端面和侧面。一般箱体形零件常采用一个大平面和两个距离较远的孔作为统一基准。圆盘和齿轮零件常采用一端面和短孔作为统一基准。

（3）互为基准原则。对于工件上相互位置精度要求较高的表面进行加工时，利用两个表面互相作为基准、反复加工的方法以保证位置精度要求。

如图5-21所示，精密齿轮的加工就是先以齿面为基准磨内孔，然后再以内孔为基准磨齿面。磨齿余量小而均匀，保证齿轮基圆对内孔有较高的同轴度。又如，车床主轴的主轴颈和前端锥孔的同轴度要求很高，也常采用互为基准反复加工的方法。

（4）自为基准原则。对于本身精度要求较高的表面，其表面加工余量小而均匀，常采用其本身定位来进行加工。如图5-22所示，在导轨磨床上磨削床身导轨面时，就是以导轨面自身为基准，用百分表来找正定位的。

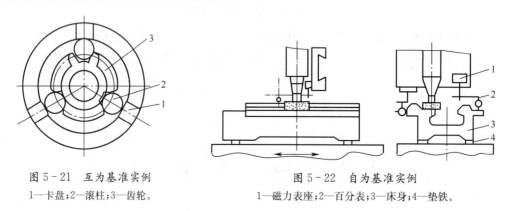

图5-21 互为基准实例
1—卡盘；2—滚柱；3—齿轮。

图5-22 自为基准实例
1—磁力表座；2—百分表；3—床身；4—垫铁。

（5）准确可靠原则。所选精基准应保证装夹稳定、可靠，夹具结构简单，操作安全方便。

有些原则之间是互相矛盾的，使用中要抓住主要矛盾，必须具体情况具体分析，确保加工质量，保证零件的主要设计要求，并使夹具结构简单。

5.5.3 辅助基准

有时工件上没有能作为定位基准用的合适表面，加工时就必须在工件上专门设置或加工出定位基准，这种基准称为辅助基准。辅助基准在零件的工作中不起任何作用，它完全是为了加工需要而设置的，是为了便于装夹或易于实现基准统一而人为制成的一种定位基准，它不是零件的工作表面，只是出于工艺上的需要才作出的。例如轴加工用的中心孔、箱体工件的两工艺孔等就是典型的例子。图5-8中的工艺搭子就是一种辅助基准。

课题6 机械加工工艺路线的拟定

【学习目标】

（1）掌握如何选择零件表面加工方法。
（2）掌握划分加工阶段的作用及怎样划分。

(3) 理解工序集中和工序分散的选择原则。
(4) 掌握切削加工工序的安排原则。

【重点难点】
(1) 课题的重点是掌握如何划分加工阶段和安排加工工序。
(2) 课题的难点是工序集中和工序分散的选择问题。

拟定工艺路线是工艺规程制订中的一项关键性工作,工艺路线的合理与否将直接影响整个零件的机械加工质量、生产率和经济性,影响工人的劳动强度,影响设备投资、车间面积等。拟定零件机械加工工艺路线包括:选定零件各加工表面的加工方法,划分加工阶段,安排工序的先后顺序和确定工序的集中与分散程度等。在具体工作中,应在充分分析研究的基础上,提出几个方案进行比较,再从中确定最佳的工艺路线。

5.6.1 零件表面加工方法的选择

机械零件的结构形状大多数由外圆、内孔、平面和各种成形面等基本表面组成。表面加工方法的选择,首先要满足表面加工精度和表面粗糙度的要求,其次是生产率和经济性的要求,还要考虑生产规模和设备情况等因素。零件上精度和表面质量要求最高的表面,称为主要表面;其他的称为次要表面。在选择加工方法时,首先选择主要表面的最终加工工序的加工方法,然后选择之前的一系列准备工序的加工方法。其次再用同样的方法选择次要表面的加工方法。对于每个零件,通常不可能在一台机床上加工完成,而且就每一表面而言,也可以用不同方法加工。

1. 外圆面加工方法的选择

外圆面是指轴类、套类和盘类等零件的表面。其主要加工方法有车、磨、研磨等。根据不同的公差等级和表面粗糙度要求,所采用的外圆面加工方法见表 5-9。公差等级低的外圆面(低于 IT12,粗糙度 Ra 值大于 $12.5\mu m$),只要经过粗车就可获得。公差等级中等的外圆面(IT9~IT11,粗糙度 Ra 值为 $3.2\mu m$~$1.6\mu m$),粗车后还要经过半精车才能达到。公差等级要求较高的外圆面(IT6、IT7,粗糙度 Ra 值为 $0.8\mu m$~$0.2\mu m$),在半精车之后还需要经过精车、细精车或磨削加工。对于公差等级要求更高的外圆面(IT5、IT6,粗糙度 Ra 值为 $0.1\mu m$~$0.006\mu m$),除了一般加工以外,还要进行精磨、研磨等才能满足要求。

表 5-9 外圆面加工方法

加工方案	经济精度公差等级(IT)	表面粗糙度 $Ra/\mu m$	适用范围
粗车	11~13	20~80	适用于除淬火钢以外的金属材料
→半精车	8~9	5~10	
→精车	6~7	1.25~2.5	
→滚压(或抛光)	6~7	0.04~0.32	
粗车→半精车→磨削	6~7	0.63~1.25	除不宜用于有色金属外,主要适用于淬火钢件的加工
→粗磨→精磨	5~7	0.16~0.63	
→超精磨	5	0.02~0.16	

(续)

加工方案	经济精度 公差等级(IT)	表面粗糙度 $Ra/\mu m$	适用范围
粗车→半精车→精车→金刚石车	5～6	0.04～0.63	主要用于有色金属
粗车→半精车→粗磨→精磨 →镜面磨	5级以上	0.01～0.04	主要用于高精度要求的钢件加工
精车→精磨→研磨	5级以上	0.01～0.04	
→粗研→抛光	5级以上	0.01～0.16	

此外,还应根据零件的形状、尺寸和产量等来选择合适的机床。如一般零件的单件小批量生产,选用卧式车床较为合适;成批或大量生产就应选用生产率较高的转塔车床或自动车床;直径大、长度短的零件应选用立式车床加工。如果精加工淬火零件,表面硬度高,要用磨削。对于铜、铝等有色金属,因切屑容易堵塞砂轮,所以一般用精车和精细车代替磨削加工。

2. 内孔加工方法的选择

内孔加工方法很多,选择时应根据工件材料、结构形状、孔径尺寸、长径比、公差等级、表面粗糙度、生产规模和设备情况等因素来决定。内孔加工可以在车床、钻床、镗床、拉床和磨床上进行。表 5-10 为不同公差等级和粗糙度要求的孔的加工方法。

表 5-10 不同公差等级和粗糙度要求的孔的加工方法

加工方案	经济精度 公差等级(IT)	表面粗糙度 $Ra/\mu m$	适用范围
钻	11～13	>20	加工未淬火钢及铸铁的实心毛坯,也可用于加工有色金属(所得表面粗糙度 Ra 值稍大)
→扩	10～11	10～20	
→铰	8～9	2.5～5	
→粗铰→精铰	7	1.25～2.5	
钻→(扩)→拉	7～9	1.25～2.5	大批量生产(精度可因拉刀精度而定),如校正拉削后,可降低到 0.63～0.32
镗(或扩)	11～13	10～20	除淬火钢外的各种钢材,毛坯上已有铸出或锻出的孔
→半精镗(或精扩)	8～9	2.5～5	
→精镗(或铰)	7～8	1.25～2.5	
→浮动镗	6～7	0.63～1.25	
粗镗(扩)→半精镗→磨	7～8	0.32～1.25	主要用于淬火钢,不宜用于有色金属
→粗磨→精磨	6～7	0.16～0.32	
粗镗→半精镗→精镗→金刚镗	6～7	0.08～0.63	主要用于精度要求高的有色金属
钻→(扩)→粗铰→精铰→珩磨	6～7	0.04～0.32	精度要求很高的孔,若以研磨代替珩磨,精度可达 6 级公差以上,粗糙度可降低到 0.16～0.01
→拉→珩磨	6～7	0.04～0.32	
粗镗→半精镗→精镗→珩磨	6～7	0.04～0.32	

对于公差等级要求低的孔,用钻孔方法就可以得到。公差等级要求中等的孔,可采用钻模钻孔或钻孔后再扩孔获得。若孔径大于 30mm,一般分两次钻孔,而后再扩孔或镗孔。公差等级要求较高的小孔,如直径小于 12mm 时,采用钻孔后铰孔;如直径较大的孔,可用镗孔代替扩孔和铰孔。对于淬火工件上的孔,应采用磨削加工。成批大量生产圆盘类零件的孔,用拉削加工能得到很高的生产率。公差等级要求特别高的孔,除了采用上述方法以外,还要经过精加工、珩磨、研磨等。

3. 平面加工方法的选择

平面是箱体、盘形和板形零件的主要组成表面,其加工方法见表 5-11。

表 5-11 平面加工方法

加 工 方 案	经济精度 公差等级(IT)	表面粗糙度 $Ra/\mu m$	适 用 范 围
粗车 →半精车 →精车 →磨	11~13 8~9 6~7 6	20~80 5~10 2.5~25 0.32~1.25	适用于工件的端面加工
粗刨(或粗铣) →精刨(或精铣) →刮研	11~13 7~9 5~6	20~80 1.0~2.5 0.16~1.25	适用于不淬硬的平面(用端铣加工,可得较低的粗糙度)
粗刨(或粗铣)→精刨(或精铣) →宽刀精刨	6	0.32~1.25	批量较大,宽刀精刨效率高
粗刨(或粗铣)→精刨(或精铣)→磨 →粗磨→精磨	6 5~6	0.32~1.25 0.04~0.63	适用于精度要求较高的平面加工
粗铣→拉	6~9	0.32~1.25	适用于大量生产中加工较小的不淬火平面
粗铣→精铣→磨→研磨 →抛光	5~6 5级以上	0.01~0.32 0.01~0.16	适用于高精度平面的加工

加工旋转体上的端平面,通常是在车床上的一次装夹中与加工外圆和内孔同时进行的,以保证端面与外圆和内孔垂直,并节省辅助时间。

刨削和铣削都是平面加工的主要方式。刨削用于加工窄长的平面或在单件小批生产中应用,对于某些竖直窄长平面可采用插削加工。铣削加工具有较高的生产率,故在成批大量生产中均以铣代刨。刨削和铣削多用于平面的粗加工或半精加工。

平面磨削是平面精加工的方法之一。如果是精加工淬火或薄片工件等,磨削几乎是唯一合适的方法。要求更高的平面,可用研磨等加工。

刮削是钳工操作中精加工方法,它能保证接合表面或滑动表面(如机床导轨面)有良好接触。但刮削劳动强度大,一般适用于单件小批量生产或维修工作,生产率低,在大量生产中常被磨削或精刨所代替。

4. 成形面加工方法的选择

成形面是指由曲线作为母线,以圆或直线为轨迹作旋转或平移运动所形成的表面。成形面的种类很多,按照几何特征可分为回转成形面、直线成形面、立体成形面和复合运动成形表面等,如图 5-23 所示。

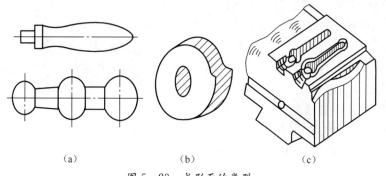

图 5-23 成形面的类型
(a)回转成形面；(b)直线成形面；(c)立体成形面。

某些机械零件有成形面（如手把、凸轮等），加工时可在卧式车床上用成形刀具（小尺寸成形面，如图 5-24 所示）或使用靠模装置进行加工。在大批量生产中，可使用专门化或专用机床进行加工（如加工凸轮的凸轮轴车床、凸轮轴磨床等）。对形状非常复杂，公差等级要求很高的成形表面（如模具内腔），可用数控机床加工，既可以保证质量，又有较高的生产率，如图 5-25 所示。

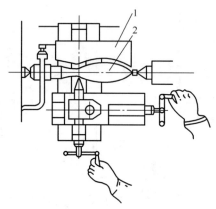

图 5-24 手动操作加工成形面
1—样板；2—工件。

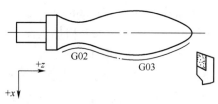

图 5-25 数控机床加工成形面

5.6.2 加工阶段的划分

1. 划分加工阶段

当零件加工表面的质量要求比较高时，往往不可能在一道工序内完成全部加工任务，而应把整个工艺过程划分成几个阶段,即粗加工阶段、半精加工阶段和精加工阶段。当零件的加工精度和表面质量要求特别高时,还应增加精密加工和超精密加工阶段。

1) 粗加工阶段

该加工阶段的主要目的是尽快切除各加工表面的大部分加工余量,并为半精加工阶段准备精基准。一般粗加工需要达到的加工精度和表面质量要求均较低。

2) 半精加工阶段

该加工阶段的主要目的是为零件主要表面的精加工做好准备(达到一定的精度和表面粗糙度,保证一定的精加工余量),同时完成一些次要表面的加工。

3) 精加工阶段

此加工阶段的主要目的是保证零件各主要加工表面达到图纸规定的要求。一般在精加工中从零件表面切除的余量较少。

4) 精密和超精密加工阶段

对于精度要求很高(IT6以上)、表面粗糙度值很小($Ra \leqslant 0.32\mu m$)的加工表面,还要安排精密和超精密加工。其目的主要是提高零件的尺寸精度和形状精度、降低表面粗糙度值或强化加工表面,一般不能用来提高位置精度。

当毛坯余量特别大,表面非常粗糙时,在粗加工前还安排去除黑皮的荒加工阶段。为了及时发现毛坯的缺陷,减少运输工作量,通常把荒加工阶段放在毛坯车间进行。

2. 划分加工阶段的作用

1) 有利于保证加工质量

粗加工阶段,切削用量大,产生的切削力和切削热也较大,零件产生较大的残余应力和变形。划分加工阶段后,粗加工造成的加工误差,可以通过以后各加工阶段逐步消除。

2) 有利于及早发现毛坯缺陷

粗加工各表面后,可以及早发现毛坯的各种缺陷(如气孔、砂眼、裂纹和加工余量不足等),便于及时修补或决定报废,以免造成工时浪费。

3) 合理使用设备

划分加工阶段,可充分发挥粗、精加工设备的特点,避免在粗加工阶段使用精度高的设备,做到合理使用设备。

4) 便于安排热处理工序

划分加工阶段,便于在适当的加工阶段后安排相应的热处理工序,使冷、热加工工序配合得更好。例如,粗加工后零件残余应力大,可安排时效处理,消除残余应力;又如半精加工后精加工前常安排淬火处理等。

需要指出的是,上述加工阶段的划分不是绝对的,在实际应用时要根据具体情况灵活掌握。例如,对于刚性好、加工精度要求不高或毛坯精度较高、加工余量不大的零件就可少划分或不划分加工阶段;对于重型零件,由于运输、装卸不便,也常在一次装夹中完成全部或大部分表面的粗、精加工。在组合机床和自动机床上加工零件,也常常不划分加工阶段。

5.6.3 工序的划分

在确定加工方法及划分加工阶段后,就可将零件的加工过程按工序集中或工序分散原则合理地组合成若干工序。

1. 工序集中及其特点

工序集中就是将零件整个工艺过程的加工集中在少数几道工序内完成,每道工序的加工内容比较多。工序集中有以下四个特点。

(1) 有利于采用高效专用设备和工艺装备,显著提高生产率。

(2) 减少了工序数目,也减少了机床、操作工人数量和生产面积,缩短了加工工艺过程,简化了生产计划和生产组织工作。

(3) 减少了工件安装次数,不仅缩短了辅助时间,还有利于保证各加工表面间的位置精度。

(4) 专用设备和工艺装备结构较复杂,投资大,调整和维修费事,生产准备工作量大,产品转型较困难。

2. 工序分散及其特点

工序分散就是将零件的加工分散在较多的工序中去完成,每道工序的加工内容较少或很少。工序分散有以下四个特点。

(1) 使用的机床设备和工艺装备比较简单,调整方便,对工人技术水平要求不高。

(2) 有利于选用最合理的切削用量,减少机动时间。

(3) 生产、技术准备工作量小而容易,投产期短,易适应产品更换。

(4) 机床设备和操作工人数量多,生产面积大,工艺路线长。

3. 工序集中和工序分散的选择

工序集中和工序分散各有利弊,应根据生产类型、零件的结构特点和技术要求、现有生产条件等因素,进行综合分析后决定。

一般而言,单件小批生产遵循工序集中原则,以便简化生产组织工作;而大批大量生产既可采取工序集中原则(如采用多刀、多轴机床、各种高效组合机床和自动化机床进行生产),也可采取工序分散原则。对于重型零件,为了减少工件装卸和运输的劳动量,工序应当适当集中;对于刚性差且精度高的精密零件,则工序应适当分散。

从目前国内外的发展趋势来看,由于数控机床、柔性制造单元和柔性制造系统的快速发展,采用工序集中原则组织生产越来越多。

5.6.4 加工顺序的安排

加工顺序的安排主要是指安排切削加工的先后顺序、确定热处理工序、检验工序和其他辅助工序在零件整个加工工艺过程中的位置。零件加工顺序安排得是否合理,对加工质量、生产率和经济性都有较大的影响。

1. 切削加工工序的安排原则

(1) 基准先行。先行工序必须为后续工序准备好精基准,这样才能使各工序都有合适的定位基准。例如,对于箱体类零件,以主要孔为粗基准加工平面,再以平面为精基准加工孔系。

(2) 先粗后精。零件各表面的加工按先粗后精的原则穿插在各加工阶段进行。

(3) 先主后次。首先安排加工主要表面的加工,次要表面的加工穿插在主要表面的各加工阶段中进行。通常将装配基面、工作表面等视为主要表面,将键槽、光孔、螺孔等视为次要表面。

(4) 先面后孔。箱体等类零件应先安排平面的加工,以平面为基准加工孔。这样一来既能保证可靠的定位基准,又有利于位置精度的要求。

2. 辅助工序的安排

辅助工序的种类很多,包括检验、去毛刺、倒棱边、去磁、清洗、动平衡、防锈和包装等。其中检验工序是主要辅助工序,它是保证产品质量的重要措施之一,是工艺过程中不可缺少的内容。除每道工序操作者自检外,一般在下列场合还应单独安排检验工序。

(1) 零件粗加工阶段结束后。

(2) 重要工序的前后。

(3) 零件转换车间的前后。

(4) 零件最终加工之后、入库之前。

应该指出的是,除检验工序之外的其他辅助工序也同样是保证产品质量所必需的。若缺少了这些辅助工序或辅助工序要求不严,将对装配工作造成困难,甚至使机器不能使用。例如,在铣键槽、齿面倒角等工序后应安排去毛刺工序;零件在装配前一般都应安排清洗工序。

3. 零件热处理的技术条件和工序位置

热处理是机械制造过程中的重要工序。正确分析和理解热处理的技术条件,合理安排零件加工工艺路线中的热处理工序,对于改善金属材料的切削加工性能,保证零件的质量,满足使用性能要求,具有重要的意义。

1) 零件热处理的技术条件及标注

需要热处理的零件,设计者应根据零件的性能要求,在图样上标明零件所用材料的牌号,并应注明热处理的技术条件,以供热处理生产和检验时使用。

热处理技术条件的内容包括零件最终的热处理方法、热处理后应达到的力学性能指标等。零件热处理后应达到的力学性能指标,一般仅需标注出硬度值。但对于某些力学性能要求较高的重要零件,例如动力机械上的关键零件(如曲轴、连杆、齿轮等),还应标出强度、塑性、韧性指标,有的还应提出对金相显微组织的要求。对于渗碳件则还应标出渗碳淬火、回火后的硬度(表面和心部)、渗碳的部位(全部或局部)、渗碳层深度等。对于表面淬火零件,在图样上应标出淬硬层的硬度、深度与淬硬部位,有的还应提出对显微组织及限制变形的要求(如轴淬火后的弯曲度、孔的变形量等)。

在图样上标注热处理技术条件时,可用文字对热处理条件加以简要说明,也可用国家标准(GB/T 12693—1990)规定的热处理工艺分类及代号来表示。热处理技术条件一般标注在零件图标题栏的上方(技术要求中)。在标注硬度时应允许有一个波动范围;一般布氏硬度范围在 30～40 左右,洛氏硬度范围在 5 左右。例如,"正火 210HBS～

240HBS"、"淬火回火 40HRC~45HRC"。

2) 热处理的工序位置

零件的加工都是按一定的工艺路线进行的。合理安排热处理的工序位置,对于保证零件质量、改善切削加工性能具有重要意义。根据热处理的目的和工序位置的不同,热处理可分为预先热处理和最终热处理两大类。

(1) 预先热处理的工序位置。预先热处理包括退火、正火、调质等。其工序位置一般均紧接着毛坯生产之后,切削加工之前;或粗加工之后,精加工之前。

① 退火、正火的工序位置。通常退火、正火都安排在毛坯生产之后,切削加工之前,以消除毛坯的内应力,均匀组织,改善切削加工性,并为最终热处理作组织准备。工艺路线一般为

毛坯生产—正火(退火)—切削加工

对于精密零件,为了消除切削加工的残余应力,在切削加工工序之间还应安排去应力退火。

② 调质处理的工序位置。调质处理一般安排在粗加工之后,精加工或半精加工之前。目的是为了获得良好的综合力学性能,或为以后的表面淬火或易变形的精密零件的整体淬火作好组织准备。调质一般不安排在粗加工之前,是为了避免调质层在粗加工时大部分被切削掉,失去调质的作用,这对于淬透性差的碳钢零件尤为重要。调质零件的加工路线一般为

下料—锻造—正火(退火)—切削粗加工—调质—切削精加工

在实际生产中,灰铸铁件、铸钢件和某些钢轧件、钢锻件经退火、正火或调质后,往往不再进行其他热处理,这时上述热处理也就是最终热处理。

(2) 最终热处理的工序位置。最终热处理包括各种淬火、回火及表面热处理等。零件经这类热处理后,获得所需的使用性能,因零件的硬度很高,除磨削加工外,不宜进行其他形式的切削加工,故最终热处理工序均安排在半精加工之后。

① 淬火、回火的工序位置。整体淬火、回火与表面淬火的工序位置安排基本相同,淬火件的变形、脱碳应在磨削中去除,故留磨削余量(直径在 200mm、长度在 100mm 以下的淬火件,磨削余量一般为 0.35mm~0.75mm)表面淬火件的变形小,其磨削余量要比整体淬火件的小。

(a) 整体淬火零件(局部淬火零件也一样)的加工路线一般为

下料—锻造—退火(正火)—粗切削加工、半精切削加工—淬火、回火(低、中)—磨削

(b) 感应加热表面淬火零件的加工路线一般为

下料—锻造—退火(正火)—粗切削加工—调质—半精切削加工—感应加热表面淬火、低温回火—磨削

② 渗碳的工序位置。渗碳分为整体渗碳和局部渗碳。因局部渗碳要对不渗碳部位采取防渗措施,故两者工序安排上略有不同。不渗碳部位可镀铜以防渗碳或采取多留余量的方法,待零件渗碳后淬火前再切削掉该处渗碳层。

整体渗碳零件的工艺路线一般为

下料—锻造—正火—粗切削加工、半精切削加工—渗碳、淬火、低温回火—磨削

局部渗碳件的加工路线一般为

下料—锻造—退火(正火)—粗切削加工、半精切削加工—非渗碳部位镀铜(留防渗余量)—渗碳(去除非渗碳部位余量)—淬火、低温回火—磨削

③ 氮化的工序位置。由于氮化温度低、变形小、氮化层硬而薄,因此工序位置应尽量靠后,为防止加工应力给氮化处理增加变形量,故常在氮化处理前加一消除应力工序。一般氮化处理后不再磨削,个别要求高者可留适当研磨量。

氮化零件的工艺路线一般为

下料—锻造—退火—粗加工—调质—半精加工—去应力—粗磨—氮化—精磨、超精磨

课题 7　工 序 设 计

【学习目标】
(1) 熟悉并应用工序尺寸及公差的计算。
(2) 掌握加工余量的概念。
(3) 了解影响加工余量的因素。
(4) 掌握工艺尺寸链的分析与解法。

【重点难点】
(1) 课题的重点是掌握工艺尺寸链的计算。
(2) 课题的难点是工艺尺寸链的分析。

工序内容设计涉及加工余量确定、工序尺寸计算、设备选择、工艺装备选择、切削用量选择、时间定额确定等方面的问题。

零件的加工工艺路线确定后,需要进一步确定各工序的工序尺寸。而确定工序尺寸,首先应确定加工余量。

5.7.1　加工余量的确定

1. 加工余量的概念

加工余量是指在加工过程中,为改变工件的尺寸和形状而切除的金属层厚度。加工余量分为工序余量和总加工余量两种。

完成某一道工序切除的金属层厚度,称为该工序的工序余量。

零件从毛坯变为成品的过程中,在某表面上所切除的金属层总厚度,称为该表面的加工总余量(毛坯余量),其值等于各工序的工序余量之和。

加工余量又可分为单边余量和双边余量。对于外圆和内孔等,加工余量从直径方向计算,称为双边余量,其实际所切除的金属层厚度是加工余量的1/2。平面的加工余量则是单边余量,等于其实际所切除的金属层厚度。

图 5-26 为平面和回转表面的加工余量示意图。

对于图 5-26(a)所示的被包容面(外表面):
$$Z_b = a - b \tag{5-2}$$

对于图 5-26(b)所示包容面(内表面):

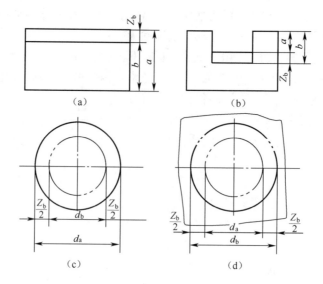

图 5-26 平面和回转表面的加工余量
(a) 平面(外表面);(b) 平面(内表面);(c) 外圆;(d) 内孔。

$$Z_b = b - a \tag{5-3}$$

式中　Z_b——本工序的加工余量;
　　　a——前工序的工序尺寸;
　　　b——本工序的工序尺寸。

对于图 5-26(c)所示外圆:

$$Z_b = d_a - d_b \tag{5-4}$$

对于图 5-26(d)所示内孔:

$$Z_b = d_b - d_a \tag{5-5}$$

式中　Z_b——本工序直径方向加工余量;
　　　d_a——前工序的加工直径;
　　　d_b——本工序的加工直径。

不论对外表面还是内表面,总加工余量均等于各工序余量之和,即

$$Z_总 = Z_1 + Z_2 + Z_3 + \cdots + Z_n = \sum_{i=1}^{n} Z_i$$

式中　$Z_总$——总加工余量;
　　　Z_i——第 i 道工序的工序余量;
　　　n——该表面的加工工序数目。

由于任何加工方法都存在加工误差,因此各工序加工后的尺寸(即工序尺寸)也都有公差,实际切除的余量大小也是变化的。所以,加工余量又可分为公称余量、最大余量和最小余量三种。

工序尺寸公差带的位置一般按"入体原则"布置。即对于被包容面(如外圆、键宽等),取上偏差为零,工序的基本尺寸就是最大工序尺寸;对于包容面(如内孔、键槽宽等),取下偏差为零,工序的基本尺寸就是最小工序尺寸。毛坯尺寸的公差带常取双向布置(可对称布置或不对称布置)。

图 5-27 所示为工序加工余量及公差与工序尺寸公差的关系。

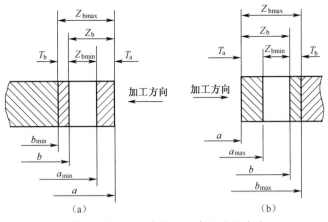

图 5-27 加工余量和工序公差的关系
(a) 被包容面(外圆);(b) 包容面(内孔)。

对于被包容面(图 5-27(a)):
$$Z_{bmax}=a_{max}-b_{min}=a-b_{min}$$
$$Z_{bmin}=a_{min}-b_{max}=a_{min}-b$$
$$T_{Zb}=Z_{bmax}-Z_{bmin}=T_a+T_b$$

对于包容面(图 5-27(b)):
$$Z_{bmax}=b_{max}-a_{min}=b_{max}-a$$
$$Z_{bmin}=b_{min}-a_{max}=b-a_{max}$$
$$T_{Zb}=Z_{bmax}-Z_{bmin}=T_a+T_b$$

式中 Z_{bmax}、Z_{bmin}——本工序最大、最小加工余量;
b_{max}、b_{min}——本工序最大、最小工序尺寸;
a_{max}、a_{min}——前工序最大、最小工序尺寸;
T_{Zb}——本工序加工余量公差;
T_b——本工序的工序尺寸公差;
T_a——前工序的工序尺寸公差。

可以看出,不论被包容面还是包容面,本工序余量公差都等于本工序尺寸公差与前工序尺寸公差之和。

2. 影响加工余量的因素

加工余量的大小,对零件的加工质量、生产率和经济性都有较大的影响。加工余量过大,不仅加大机械加工的工作量、降低生产效率,而且将增加原材料、刀具、动力等的消耗,使生产成本上升;若加工余量过小,则不能确保去除加工表面存在的各种缺陷和加工误差,无法保证零件的加工质量。因此,在保证加工质量的前提下,本工序的最小加工余量越小越好。若要合理地确定加工余量,必须了解影响加工余量的各种因素。影响本工序最小加工余量的因素主要有以下两方面。

1) 前工序形成的各种表面缺陷和误差

(1) 前工序的表面粗糙度 Ra 和表面缺陷层 H_a(图 5-28)。为使加工质量得到逐步提高,本工序加工时必须把前工序形成的表面粗糙度高度 Ra 及表面缺陷层 H_a 全部切除。表面缺陷层指的是铸件的冷硬层、气孔夹渣层,锻件和热处理件的氧化皮、脱碳层,以及切削加工后造成的表面塑性变形层等。

(2) 前工序尺寸公差 T_a。为消除前工序加工误差,本工序的加工余量必须大于前工序的尺寸公差。

(3) 前工序的空间误差 ρ_a。ρ_a 是指不由尺寸公差所控制的一些形位误差。应通过增大本工序的加工余量纠正前工序的这些空间误差。

2) 本工序的安装误差 ε_b

ε_b 包括工件的定位误差和夹紧误差,这些误差会使工件的加工位置产生偏移,因此加工余量必须包括工件的安装误差在内。例如,用三爪卡盘夹持工件磨内孔时(图 5-29),若三爪卡盘定心不准,将使工件轴心线与机床主轴旋转中心线产生偏移(图中偏移量为 e),造成磨削加工余量不均匀;为确保将要加工表面的各项误差和缺陷全部切除,就必须把加工余量在直径上增大 $2e$。

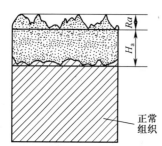

图 5-28 表面粗糙度和表面缺陷层

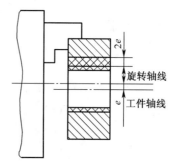

图 5-29 安装误差对加工余量的影响

3. 加工余量的确定

确定加工余量的方法有下列三种。

1) 分析计算法

分析计算法是根据以上对影响加工余量各因素的分析,通过计算来确定加工余量的一种方法。这种方法确定的加工余量最经济合理,但目前没有全面而可靠的实验资料,很少采用。

2) 经验估计法

此法是根据实际生产经验,确定加工余量的方法。为防止余量不足而产生废品,所估计的加工余量数值往往是偏大的,因此,这种方法只适用于单件小批生产。

3) 查表修正法

"机械加工工艺人员手册"等各种专业手册中,已根据工厂生产实践和实验研究积累的有关数据列出各种加工余量推荐表。查表修正法就是查阅这些表格,得到参考加工余量值,然后结合工厂的实际生产情况作适当修改。这种方法目前在实际生产中广泛使用。

基准重合时,各工序的加工余量确定后,就可确定各工序尺寸,且按各种加工方法的经济精度确定相应的工序尺寸的公差值,并且按照"入体原则"确定上、下偏差。基准不重合时,必须应用尺寸链的原理确定工序尺寸。

5.7.2 工序尺寸及公差的确定

零件上的设计尺寸往往要经过几道工序加工,每道工序应保证的尺寸就是工序尺寸。在确定工序尺寸及公差时,要考虑工序基准与设计基准是否重合。

1. 基准重合时工序尺寸及公差的计算

由设计尺寸到毛坯尺寸的推算过程,工序尺寸的公差按各工序的经济精度确定,并且按照"入体原则"确定上、下偏差。即先找出各工序适合的加工方法,进而确定对应的加工余量及精度。

例 5-1 如图 5-30 所示,某车床主轴箱主轴孔的设计尺寸为 $\phi 100$ H7,表面粗糙度为 $Ra=0.8\mu m$,毛坯为铸铁件。已知其加工工艺过程为粗镗—半精镗—精镗—浮动镗。用查表法或经验估算法确定毛坯总余量和各工序余量,其中粗镗余量由毛坯余量减去其余各工序余量之和确定。

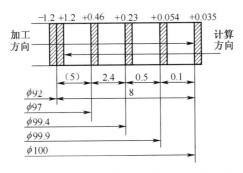

图 5-30 工序余量与工序尺寸及其公差

解:(1) 各道工序的基本余量如下:

浮动镗　　$Z=0.1$mm
精镗　　　$Z=0.5$mm
半精镗　　$Z=2.4$mm
毛坯　　　$Z=8$mm
粗镗　　　$Z=8-(2.4+0.5+0.1)=5$mm

(2) 各工序尺寸公差分别为:

浮动镗　　$T=0.035$mm
精镗　　　$T=0.054$mm
半精镗　　$T=0.23$mm
粗镗　　　$T=0.46$mm
毛坯　　　$T=2.4$mm

(3) 各工序的基本尺寸计算:

浮动镗　　$D=100$mm
精镗　　　$D=100-0.1=99.9$mm
半精镗　　$D=99.9-0.5=99.4$mm
粗镗　　　$D=99.4-2.4=97$mm

毛坯　　$D=97-5=92\text{mm}$

2. 基准不重合时工序尺寸及公差的计算

1) 尺寸链的基本概念

(1) 尺寸链的定义。一组相互联系的尺寸,按一定的顺序排列形成的封闭尺寸组合,叫做尺寸链。

(2) 尺寸链的组成。组成尺寸链的每一个尺寸,称作一个环。组成尺寸链的尺寸数(环数)不能少于三个。按各环的性质不同,可将环分成组成环和封闭环。

① 封闭环。尺寸链中最终间接获得或间接保证精度的那个环,称为封闭环。一个尺寸链中,封闭环仅有一个。

② 组成环。对封闭环有影响的全部环,称为组成环。组成环按其对封闭环的影响不同又可分为增环和减环。如果某一组成环的变动引起封闭环同向变动,则该环属于增环;反之,如果某一组成环的变动引起封闭环异向变动,则该环属于减环。

(3) 增、减环的判定。将尺寸链中各相应的环,用尺寸或符号标注在示意图上,这种尺寸图称为尺寸链图。对于一个尺寸链,在封闭环旁画一箭头(方向任选),然后沿箭头所指方向绕尺寸链一圈,并给各组成环标箭头,凡与封闭环箭头同向的为减环,反向的为增环。如图 5-31 所示尺寸链中,A_Σ 是封闭环,A_2 是减环,A_1 是增环。

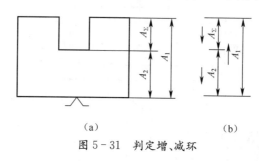

图 5-31　判定增、减环

(4) 尺寸链的特性。尺寸链的特性是其封闭性和关联性。

① 封闭性。指尺寸链中各尺寸呈封闭形式排列。不封闭的尺寸形式不是尺寸链。

② 关联性。指尺寸链中直接获得尺寸的变化,都将影响间接获得的那个尺寸的变化。

(5) 尺寸链的种类。按空间的分布形式分为直线尺寸链、角度尺寸链、平面尺寸链、空间尺寸链;按在生产过程中所处阶段分为装配尺寸链、零件设计尺寸链与工艺尺寸链。

2) 尺寸链的计算形式

(1) 正计算。已知组成环,求封闭环。产品设计的校验常用正计算。

(2) 反计算。已知封闭环,求组成环。产品设计常用反计算。

(3) 中间计算。已知封闭环和部分组成环尺寸求某一组成环尺寸。常用于加工过程中基准不重合时计算工序尺寸。

3) 尺寸链的计算公式

极值法和概率法是工艺尺寸链计算的两种方法,生产中常用极值法。

(1) 封闭环基本尺寸:封闭环的基本尺寸等于组成环尺寸的代数和,即

$$A_\Sigma = \sum_{i=1}^{m} \vec{A}_i - \sum_{j=m+1}^{n-1} \overleftarrow{A}_j \tag{5-6}$$

(2) 封闭环极限尺寸：封闭环的最大极限尺寸等于所有增环的最大极限尺寸之和减去所有减环的最小极限尺寸之和；封闭环的最小极限尺寸等于所有增环的最小极限尺寸之和减去所有减环的最大极限尺寸之和，即

$$A_{\Sigma\max} = \sum_{i=1}^{m} \vec{A}_{i\max} - \sum_{j=m+1}^{n-1} \overleftarrow{A}_{j\min} \tag{5-7}$$

$$A_{\Sigma\min} = \sum_{i=1}^{m} \vec{A}_{i\min} - \sum_{j=m+1}^{n-1} \overleftarrow{A}_{j\max} \tag{5-8}$$

(3) 封闭环上、下偏差：封闭环的上偏差等于所有增环的上偏差之和减去所有减环的下偏差之和，即

$$\mathrm{ES}_{A_\Sigma} = \sum_{i=1}^{m} \mathrm{ES}_{\vec{A}_i} - \sum_{j=m+1}^{n-1} \mathrm{EI}_{\overleftarrow{A}_j} \tag{5-9}$$

封闭环的下偏差等于所有增环的下偏差之和减去所有减环的上偏差之和，即

$$\mathrm{EI}_{A_\Sigma} = \sum_{i=1}^{m} \mathrm{EI}_{\vec{A}_i} - \sum_{j=m+1}^{n-1} \mathrm{ES}_{\overleftarrow{A}_j} \tag{5-10}$$

(4) 封闭环公差：封闭环公差等于各组成环公差之和，即

$$T_{A_\Sigma} = \mathrm{ES}_{A_\Sigma} - \mathrm{EI}_{A_\Sigma} = \sum_{i=1}^{n-1} T_i \tag{5-11}$$

(5) 尺寸链的计算竖式法：计算封闭环时可以列竖式进行计算。解算时应用口诀：增环上下偏差照抄；减环上下偏差对调、反号。

环的类型	基本尺寸	上偏差 ES	下偏差 EI
增环 $\vec{A}_1$	$+A_1$	ES_{A_1}	EI_{A_1}
$\vec{A}_2$	$+A_2$	ES_{A_2}	EI_{A_2}
减环 $\overleftarrow{A}_3$	$-A_3$	$-\mathrm{EI}_{A_3}$	$-\mathrm{ES}_{A_3}$
$\overleftarrow{A}_4$	$-A_4$	$-\mathrm{EI}_{A_4}$	$-\mathrm{ES}_{A_4}$
封闭环 A_Σ	A_Σ	ES_{A_Σ}	EI_{A_Σ}

3. 工艺尺寸链的分析与解法

应用工艺尺寸链解决实际问题的关键，是要找出工艺尺寸之间的内在联系，正确确定封闭环和组成环。当确定了尺寸链的封闭环和组成环后，就能运用尺寸链的计算公式进行具体计算。

1) 测量基准与设计基准不重合时的工序尺寸计算

例 5-2 图 5-32 所示为轴承座，图的下部尺寸为设计要求。在加工端面时应保证设计尺寸 $50_{-0.1}^{0}$ mm，实际操作时不好测量，必须改为测量尺寸 x，由于测量基准 A 与设计基准不一致，故应进行工艺尺寸换算。

解：本例中尺寸 $10_{-0.05}^{0}$ mm、$50_{-0.1}^{0}$ mm 和 x 构成尺寸链，由于尺寸 $10_{-0.05}^{0}$ mm 和 x 是直接测量得到的，因而是尺寸链的组成环。尺寸 $50_{-0.1}^{0}$ mm 是测量过程中间接得到的，因而是封闭环，由尺寸链的计算公式可知

$$x = (50+10)\mathrm{mm} = 60\mathrm{mm}$$
$$\mathrm{ES}_x = \mathrm{ES}_{50} + \mathrm{EI}_{10} = (0-0.05)\mathrm{mm} = -0.05\mathrm{mm}$$

$$EI_x = EI_{50} + ES_{10} = (-0.1+0)\text{mm} = -0.1\text{mm}$$

$$x = 60_{-0.10}^{-0.05}\text{mm}$$

也可列竖式进行计算：

基本尺寸	上偏差 ES	下偏差 EI
$x=60$	-0.05	-0.1
-10	$+0.05$	0
$A_\Sigma=50$	0	-0.1

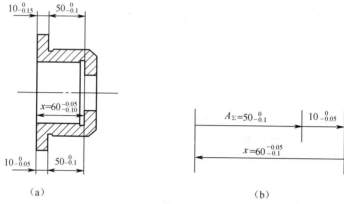

图 5-32 测量基准与设计基准不重合
(a)加工图；(b)尺寸链简图。

2) 定位基准与设计基准不重合时的工序尺寸计算

例 5-3 加工图 5-33 所示工件，其中 A、B、C 三面已在镗孔前完成加工，选择 A 面为定位基准进行孔的加工，孔的设计基准为 C 面，属于定位基准与设计基准不重合。

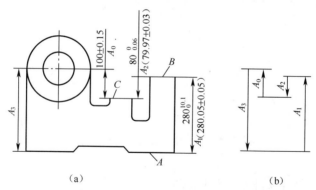

图 5-33 定位基准与设计基准不重合
(a)加工图；(b)尺寸链简图。

解：依题作出尺寸链简图 5-33(b)，经分析可知，A_1、A_2、A_3 均为组成环，A_0 为封闭环，根据尺寸链简图可知 A_2、A_3 为增环，A_1 为减环。列竖式如下：

基本尺寸	ES	EI
$A_3\ 300.08$	$+0.07$	-0.07
$A_2\ 79.97$	$+0.03$	-0.03
$A_1\ -280.05$	$+0.05$	-0.05
$A_0\ 100$	$+0.15$	-0.15

解得：$A_3 = 300.08 \pm 0.07$

课题8 工艺方案的技术经济分析

【学习目标】
(1) 掌握工艺成本的组成。
(2) 掌握不同工艺方案经济分析的方法。

【重点难点】
(1) 课题的重点是掌握分析不同工艺方案的方法。
(2) 课题的难点是分析方案时的具体选择。

制定工艺规程时，在满足零件的技术要求的前提下，可以制定出不同加工方案，而不同方案的生产成本和生产效率也会不同，必须比较不同加工方案的生产成本，选出最经济的加工工艺方案，这就是技术经济分析。

1. 工艺成本的组成、计算

把制造一个零件(或一件产品)所必须的所有费用的总和称为生产成本。其中一部分生产成本与工艺过程有直接关系，比如刀具费用、材料费用，称为工艺成本；另一部分生产成本与工艺过程没有直接关系，比如厂房折旧，在相同生产条件下，这部分费用基本上不变，因此，工艺方案的技术经济分析只研究工艺成本。

1) 工艺成本的组成

(1) 不变成本。不受年产量变化影响的费用就是不变成本，用 S 表示。它包括机床管理人员及车间辅助工人的工资、专用机床修理费及折旧费、专用夹具等。

(2) 可变成本。随年产量成正比例变化的费用就是可变成本，用 V 表示。它包括加工材料费、操作员工资待遇、通用机床修理费及折旧费、刀具费用和通用夹具等。

2) 工艺成本的计算

(1) 单件工艺成本：

$$E_d = V + S/N \text{(元/件)} \tag{5-12}$$

单件工艺成本 E_d 与年产量呈双曲线关系，如图 5-34 所示。对于某一个工艺方案，当 S 值一定时产量越小，S/N 比值增加，工艺成本增加。说明小批量生产应减少 S 值(通常指专用设备数量)。

(2) 全年工艺成本：

$$E = V \times N + S \tag{5-13}$$

全年工艺成本 E 与年产量呈线性关系，如图 5-35 所示。说明全年工艺成本的变化与年产量的变化成正比。

2. 不同工艺方案的经济分析

当工艺方案的基本投资采用现有设备的条件下，有下列两种情况。

(1) 当多数工序相同，只有少数工序不同的两种工艺方案比较时，一般通过计算单件工艺成本 E_d。如图 5-36 所示，当年产量小于临界产量时，E_{d1} 小于 E_{d2}，第一方案好；当年产量大于临界产量时，E_{d1} 大于 E_{d2}，第二方案好。

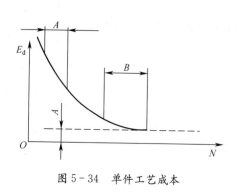

图 5-34 单件工艺成本

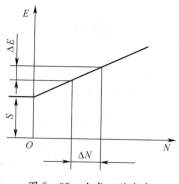

图 5-35 全年工艺成本

（2）当多数工序不同，只有少数工序相同的两种工艺方案比较时，一般通过计算全年工艺成本 E。如图 5-37 所示，当年产量小于临界产量时，E_1 大于 E_2，第二方案好；当年产量大于临界产量时，E_1 小于 E_2，第一方案好。

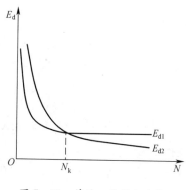

图 5-36 单件工艺成本比较

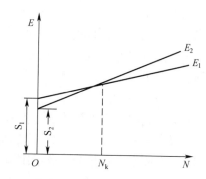

图 5-37 全年工艺成本比较

课题 9　提高机械加工生产率的措施

【学习目标】
(1) 掌握机械加工时间定额概念、组成。
(2) 掌握提高机械加工生产率的具体措施。

【重点难点】
掌握提高机械加工生产率的具体措施。

5.9.1　机械加工时间定额

1. 基本概念

时间定额是指在一定的生产条件下，规定生产一件产品所需要消耗的时间。它是核算生产成本、安排作业计划、规定设备数量等方面的重要依据。

机械加工生产率是指工人在单位时间内生产的合格产品的数量,或者指制造单件产品所消耗的劳动时间。

2. 时间定额的组成

(1) 基本时间 T_j。直接改变生产对象的形状、尺寸、相对位置与表面质量或材料性质等工艺过程所消耗的时间。如切除金属所消耗的时间即刀具的切入、切削、切出。

(2) 辅助时间 T_f。开停机床、改变切削用量、试切工件、测量工件和装卸工件等为了实现工艺过程而进行的这些辅助动作所消耗的时间。

基本时间与辅助时间之和称为操作时间 T_B,是直接用于制造产品或零部件所消耗的时间。

(3) 布置工作场地时间 T_b。更换刀具、收拾工具、清理切屑等为了使切削加工正常进行而消耗的时间,就是布置工作场地时间。T_b 是消耗在一个工作班内的时间,然后再分摊到单个零件上,其实际生产中按操作时间的 3% 左右估算。

(4) 休息所需时间 T_x。工人在工作班内为了保持状态而休息所消耗的时间就是休息所需时间。T_x 与 T_b 的算法一样,约 2%。

以上四部分时间的总和称为单件时间,用 T_d 来表示:

$$T_d = T_j + T_f + T_b + T_x \tag{5-14}$$

(5) 准备和终结时间 T_e。熟悉工艺文件、材料领取、工艺装备的领取归还及送交成品等准备和结束工作所消耗的时间。T_e 是消耗在一批工件上的时间,然后再分摊到单个零件上。实际生产中 T_e 值较小,特别是大批量生产中可忽略不计。

5.9.2 提高机械加工生产率的具体措施

机械加工生产率是一项综合性的技术经济指标,强调必须在保证产品质量的前提下,提高生产率,同时尽可能地降低成本。提高机械加工生产率的措施很多,从组织管理、制造工艺、产品设计等各个方面都可以提高生产率,本节仅从单件时间的更改来简要分析。

1. 缩短基本时间

(1) 提高切削用量。将切削用量中的切削速度、进给量和背吃刀量任意一个增大,都可以缩短基本时间,但是机床功率、工艺系统刚度以及刀具耐用度等各方面会制约切削速度、进给量和背吃刀量的提高。而随着新型刀具材料及新工艺的出现,切削用量获得了极大的提高。

(2) 多刀同时加工。很显然,加工一个工件时,多刀同时切削比单刀切削的时间要少很多。

(3) 多件同时加工。通过减少刀具的切入、切出时间来缩短基本时间,从而提高机械加工生产率,这种方式又可分为平行多件加工、顺序多件加工和顺序平行多件加工。

(4) 减少工件加工余量。主要通过提高毛坯制造精度来减少机械加工余量,从而达到缩短基本时间的目的。

2. 缩短辅助时间

采取措施缩短辅助时间也是提高生产率的重要方法,可以通过使辅助时间与基本时间重合,即间接缩短辅助时间来提高生产率,比如采用多工位夹具;或者使辅助动作实现机械自动化,即直接缩短辅助时间来提高生产率,比如采用专用夹具装夹工件(气动、液动、组合及可调夹具等)、采用主动检测装置或数字显示装置(在加工过程中进行检测,减少测量时间)。

3. 缩短布置工作场地时间

主要通过减少换刀次数和减少每次换刀时间来缩短布置工作场地时间。减少换刀次数可通过刀具耐用度的提高来实现,减少每次换刀时间可以通过改进刀具的安装方法或采用装刀夹具来实现。

4. 缩短准备和终结时间

缩短准备和终结时间的方法主要是扩大产品产量(可因此减少分摊到每个工件上的T_e)和直接减少准备和终结时间。

课题 10 应 用 实 例

下面介绍一个典型轴类零件加工工艺的制定实例。

【实例 5-1】 传动轴的加工工艺的制定

小批量加工的传动轴如图 5-38 所示,属于典型的回转体零件。零件长度大于直径,典型表面主要有内外圆柱面、内外圆锥面以及孔等。

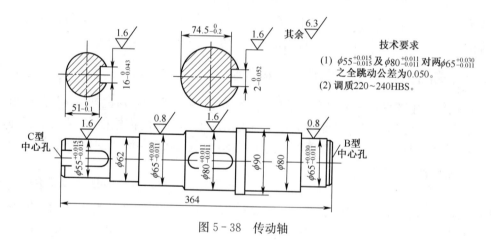

图 5-38 传动轴

1. 零件分析

从零件图可以获得以下信息:

(1)轴上主要表面直径分别为 $\phi 80$、$\phi 65$ 和 $\phi 55$ 的各段配合轴颈。

(2)轴颈不但有较高的尺寸精度,还有较高的表面质量要求。

(3)轴颈之间有较高的位置精度要求。

(4)$\phi 80$ 和 $\phi 55$ 轴颈处各有键槽需要加工。

2. 毛坯的选择

阶梯轴直径差别较小,又属于小批量生产,可以采用热轧圆钢作为毛坯。可以选用直径为 $\phi 95$mm 的 45 钢热轧棒料为毛坯。

3. 定位基准的选择

轴类零件的定位基准通常选取外圆面和顶尖孔。其中粗加工时,为了保证装夹的可靠性和牢固性,常采用外圆面定位,使用卡盘装夹,另一端采用顶尖支撑。半精加工和精加工时,为了保证定位精度要求,通常采用两顶尖支撑。

最后确定的加工工艺过程如表5-12所示

表5-12 传动轴的加工工艺过程

工序号	工序内容	定位基准	设备
1	下料:$\phi 95 \times 370$ 热轧圆棒		
2	车端面,然后打中心孔,最后粗车各段外圆	外圆、顶尖孔	普通车床
3	热处理:调质		
4	半精车各外圆、端面、然后倒角	顶尖孔	普通车床
5	研磨顶尖孔	外圆	钻床
6	精车 $\phi 80$ 和 $\phi 55$ 轴颈至技术要求	顶尖孔	普通车床
7	铣两端键槽	外圆	立式铣床
8	精磨外圆 $\phi 65$ 至技术要求	顶尖孔	外圆磨床
9	按照图样要求检验产品		

【小结】

(1) 生产过程是指,在机械产品制造时,将原材料(或半成品)转变为成品的过程。工艺过程是指改变生产对象的形状、尺寸、相对位置和性质等,使其成为成品或半成品的过程。

(2) 机械加工工艺过程是生产过程的重要组成部分,是采用机械加工方法,直接改变毛坯的形状、尺寸和质量,使之成为合格产品的过程。拟定工艺规程是机械加工中的主要技术环节,是根据生产条件规定工艺过程和操作方法,并写成工艺文件。

(3) 掌握工序、工步、工位、安装以及走刀等概念的含义。工序是指,一个或一组工人,在一个工作地对同一个或同时对几个工件所连续完成的那部分工艺过程。安装是指,工件经一次装夹后所完成的那部分工序。工位是指,为了完成一定的工序内容,工件经一次装夹后,工件与夹具或设备的可动部分一起相对刀具或设备的固定部分所占据的每一个位置。工步是指在加工表面和加工工具不变的情况下,所连续完成的那部分工序。走刀是指,切削工具在加工表面上每切削一次所完成的那部分工步。

(4) 在设计零件结构时,必须考虑到其结构的工艺性,在确保产品使用性能的情况下,尽量简化工艺,提高生产效率。选择毛坯时必须考虑几个原则和几项工艺措施。

(5) 基准及分类,定位基准的选择。基准根据其作用不同,分为设计基准和工艺基准两大类。工艺基准根据其使用场合的不同,可分为工序基准、定位基准、测量基准和装配基准四类。选择精基准时应遵循基准重合、基准统一、互为基准、自为基准和准确可靠等原则。

(6) 掌握机械加工工艺路线,零件表面加工方法的选择,加工阶段的划分,加工顺序的安排。加工阶段划分为粗加工阶段、半精加工阶段和精加工阶段。工序集中和工序分散的选择原则。加工顺序的安排原则为基准先行、先粗后精、先主后次和先面后孔。

(7) 掌握加工余量的概念、影响加工余量的因素、尺寸链的定义、尺寸链的组成及计算。一组相互联系的尺寸,按一定的顺序排列形成的封闭尺寸组合,叫做尺寸链。组成尺寸链的每一个尺寸,称作一个环。按各环的性质不同,环分成组成环和封闭环。

(8) 掌握工艺成本的组成、计算,机械加工时间定额概念、组成。工艺成本包括不变成本和可变成本。时间定额是指在一定的生产条件下,规定生产一件产品所需要消耗的时间,包括基本时间、辅助时间、布置工作场地时间、休息所需时间、准备和终结时间。

【知识拓展】

超高速切削

超高速切削是在20世纪70年代国内外发展应用的一种先进切削技术。超高速切削可达到很高的切削效率和高的切削加工质量,目前在航空航天、汽车制造和精密机械制造的车、铣和磨削等加工中均有使用。

1. 超高速切削速度

对于不同的加工方法、加工材料和设备,超高速切削速度并不相同,有资料表明,超高速切削速度为常用切削速度的10倍左右。例如,切削铝合金为1500m/min～7500m/min,铜合金为3000m/min～4500m/min,铸铁为750m/min～5500m/min,钢为1000m/min以上。此外,超高速切削能有效地切削难加工金属材料。

2. 超高速切削原理的主要特点

(1) 超高速切削时,切削温度高,但有利于减小刀与工件表面间的摩擦,切屑流出阻力减小,因此,超高速切削时切削力较小。

(2) 超高速切削的切削温度虽骤增,但切屑带走的热量比例很高,留在机床、工件中相对较少。

(3) 超高速切削生产率很高,且在单位时间内对金属材料的切除率很多,因此,在相同切除率条件下,超高速切削的刀具寿命很高。

3. 超高速切削条件

目前高性能涂层刀具、CBN、PCD和陶瓷刀具的使用日益增多,为超高速切削提供了有利条件,但对超高速切削机床提出了极高的性能与结构要求,例如,机床结构、材料、动力、精度、刚性、轴承、润滑、排屑、安全、控制、刀具与机床间连接均需特殊和专门研究。我国已引进一些超高速车床、铣床、磨床和数控机床,并且已研制了各类超高速机床,对切削理论开展研究,取得了许多成果。

思考与练习

(1) 什么叫机械加工工艺过程?什么叫机械加工工艺规程?工艺规程在生产中起什么作用?

(2) 什么叫工序、工位、工步?

(3) 什么叫基准?粗基准和精基准选择的原则有哪些?

(4) 某机床厂年产C6136N型卧式车床350台,已知机床主轴的备品率为10%。废品率为4%。试计算该主轴零件的年生产纲领,并说明它属于哪一种生产类型,其工艺过程有何特点?

(5) 在制订机械加工工艺规程中为什么要划分加工阶段?

(6) 什么叫工序集中？什么叫工序分散？什么情况下采用工序集中？什么情况下采用工序分散？

(7) 什么叫加工余量？影响加工余量的因素有哪些？

(8) 什么叫时间定额？单件时间定额包括哪些方面？

(9) 什么叫工艺成本？工艺成本由哪些部分组成？如何对不同工艺方案进行技术经济分析？

(10) 提高机械加工生产率的工艺措施有哪些？

知识模块 6　机 床 夹 具

课题 1　概　　述

【学习目标】
　　(1) 掌握工件在机床上的装夹方法。
　　(2) 掌握夹具的组成、结构及分类。

【重点难点】
　　(1) 课题的重点是掌握工件的装夹方式。
　　(2) 课题的难点是可调夹具与组合夹具的区别与使用。

　　夹具是指对工件进行定位和夹紧的工艺装备的统称。它广泛应用于工件的焊接、机械加工、检测、装配等场合，如机床夹具、检验夹具、装配夹具等。无论哪种夹具均设计有定位元件、夹紧装置等，但由于应用场合不同，它们在设计中也有各自的特殊性。本知识模块主要介绍机床夹具及其设计原理。

6.1.1　机床夹具的功用

　　1. 机床夹具的主要功能
　　在机床上对工件进行机械加工时，必须使用夹具将工件装好、夹牢，即定位和夹紧。定位是指在机床上确定工件相对于刀具的某一正确位置的过程。夹紧就是对工件施加外力，在已经定好的位置上将工件夹紧、夹牢的过程。工件从定位开始到夹紧的全部过程，称为装夹。完成工件的装夹工作就是机床夹具的主要功能。装夹的好坏对工件精度有直接影响。定位不准确，会影响工件加工的尺寸精度与位置精度；夹紧不合理，会产生受力变形，影响工件的形状精度。

　　2. 工件在机床上的装夹方法
　　工件在机床上的装夹方法有三种：直接找正装夹、划线找正装夹、专用夹具装夹。
　　1) 直接找正装夹
　　直接找正装夹是用划针和百分表通过目测直接在机床上找正工件位置的装夹方法。图 6-1 所示是用四爪单动卡盘装夹套筒，先用百分表按工件外圆 A 进行找正后，再夹紧工件进行外圆 B 的车削，以保证套筒的 A、B 圆柱面的同轴度。
　　这种方法生产率低，适用于单件、小批量生产以及形状简单的零件，而且对工人技术水平要求高。

2）划线找正装夹

划线找正装夹是用划针根据毛坯或半成品上所划的线为基准，找正它在机床上正确位置的一种装夹方法。如图 6-2 所示的车床床身毛坯，为保证床身各加工面和非加工面的尺寸及各加工面的余量，可先在钳工台上划好线，然后在龙门刨床工作台用划针按线找正并夹紧。由于划线既费时，又需技术水平高的划线工，划线找正的定位精度也不高，所以划线找正装夹只用于批量不大、形状复杂而笨重的工件，或毛坯的尺寸公差很大而无法采用夹具装夹的工件。

这种方法生产率低，适用于单件、小批量生产，而且对工人技术水平要求高，适用于形状复杂的锻件和铸件。

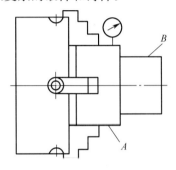

图 6-1 直接找正装夹

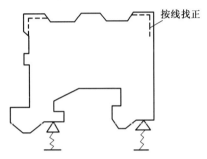

图 6-2 按划线找正装夹

3）专用夹具装夹

夹具的定位夹紧元件能使工件迅速获得正确位置，并使其固定在夹具和机床上。因此，工件定位方便，定位精度高而且稳定，装夹效率也高。当以精基准定位时，工件的定位精度一般可达 0.01mm。但是，由于制造专用夹具费用较高、周期较长，所以在单件小批生产时，很少采用专用夹具，而是采用通用夹具。这种方法生产率高，对工人技术水平要求低，广泛用于中、大批和大量生产。

图 6-3 是一套筒简图，图 6-4 为钻 $3\times\phi6H9$ 孔的钻床夹具。工件以内孔和端面

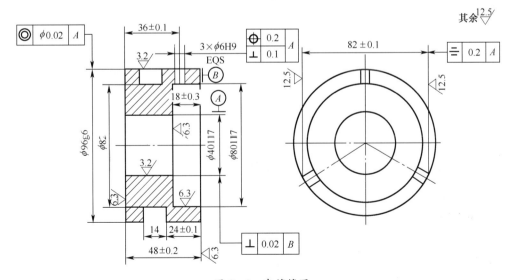

图 6-3 套筒简图

在定心轴 1 及其端面上定位，采用拧紧螺母 11 和开口垫圈 10 可实现对工件的快速装卸。被加工孔的尺寸精度（φ6H9）直接由定尺寸刀具保证，尺寸 36mm±0.03mm 的精度通过钻套对刀具的引导加以保证，而 3×φ6H9 孔的相互位置则由夹具上设置的分度装置保证。

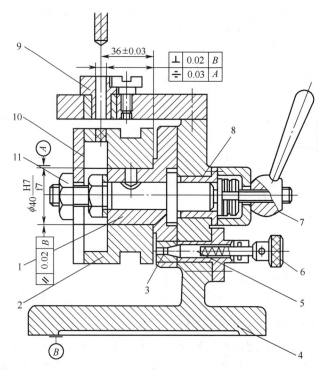

图 6-4　钻床夹具

1—定位心轴；2—工件；3—对定套；4—夹具体；5—对定销；6—把手；
7—手柄；8—衬套；9—快换钻套；10—开口垫圈；11—拧紧螺母。

通过上例分析，可知用专用夹具夹工件的方法具备下列特点。

（1）能够可靠地保证工件的加工精度（装夹基本上不受工人技术水平的影响），减少人为因素影响。

（2）可大大缩短工件装夹时间，提高劳动生产率，进而降低工件生产成本。

（3）可以扩大机床的工艺范围。

（4）可以改善工人的劳动条件，降低劳动强度。

6.1.2　机床夹具的分类

为了更好地了解各类夹具的不同特点和应用范围，掌握各类夹具设计中的普遍性原理，要对机床夹具进行分类。常采用的机床夹具分类方法有三种：按机床分类、按夹具动力源分类和按夹具用途、特点分类。

1. 按机床分类

按使用的机床分类时，夹具可分为车床夹具、铣床夹具、钻床夹具、镗床夹具、拉床夹具、磨床夹具和数控机床夹具等。

2. 按夹具动力源分类

按夹具夹紧动力源可将夹具分为手动和机动夹具。手动夹具可通过自锁性能和增力机构来保证安全生产；通过增力机构来减轻劳动强度。机动夹具有电动夹具、气动夹具、液压夹具、电磁夹具、真空夹具、离心夹具和气液夹具等。

3. 按夹具用途、特点分类

当按夹具用途、特点分类时，机床夹具分为下列几类。

(1) 通用夹具。指具有一定通用性的夹具，其结构尺寸已经规格化。这类夹具有专门厂家生产制造，有些已经作为机床附件，如三爪自定心卡盘、四爪单动卡盘、台虎钳、万能分度头、中心架等。通用夹具的特点是适应性强、成本低、可缩短生产准备周期；但其生产效率较低、定位精度较差。采用这种夹具不需调整（或稍加调整）就可以装夹一定形状范围内的各种工件，但较难装夹形状复杂的工件。因此，通用夹具多用于加工精度要求不高的单件小批量生产的场合。

(2) 专用夹具。针对某一工件的某一工序的加工要求而专门设计和制造的夹具，称为专用夹具。专用夹具特点是效率很高，结构紧凑，定位精度较高，针对性很强；但制造周期较长，成本较高，不具有通用性。专用夹具多用于生产批量较大的场合；小批量生产时，当工件加工精度较高或加工困难时也采用专用夹具。

(3) 可调夹具。通过更换和调整夹具上的个别定位元件和夹紧元件，就可以对不同结构尺寸工件进行装夹的夹具，称为可调夹具。可调夹具又分为通用可调夹具和成组夹具两种。通用可调夹具的适应性广，通用范围大，装夹工件不太固定。成组夹具是专门应用于成组工艺的夹具，调整范围只局限于本组内的工件。可调夹具克服了通用夹具和专用夹具的不足，多应用于多品种、小批量生产中。

(4) 组合夹具。由预先制造好的标准元件、合件组装而成的夹具，是一种模块化的夹具。组合夹具可多次拆装，重复使用，可减少夹具品种，降低加工成本，缩短生产准备周期。因此组合夹具非常适合于单件、小批、多品种生产及数控加工。

(5) 随行夹具。随行夹具是指在自动线加工中可随同工件一起移动的夹具。随行夹具必须要与固定安装在各加工工位的工位夹具配套使用。随行夹具不同于一般夹具的地方就是具有两套定位基准。加工时，先将工件装夹在随行夹具上，然后随行夹具带着工件沿自动线从一个工位移至下一个工位进行加工。

6.1.3 机床夹具的组成

夹具种类繁多。由于工件类型、大小和加工方法的差异，使夹具的结构形式有所不同。但它们的工作原理基本上是相同的。夹具上各部分元件和装置所起的功用不同，夹具一般分为下列几部分。

(1) 定位元件。是指与工件定位表面相接触或配合，用以确定工件在夹具中准确位置的元件，是夹具的主要功能元件之一。如图 6-4 中的定位心轴。定位元件的定位精度直接影响工件的加工精度。

(2) 夹紧装置。其作用是将工件压紧、夹牢，并保证在加工过程中工件的正确位置不变。如图 6-4 中的拧紧螺母 11 和开口垫圈 10。

(3) 对刀元件或导向元件。其作用是保证工件加工表面与刀具之间的正确位置。常见的这类元件有钻套、铣床夹具中的对刀块和镗套。如图 6-4 中的快换钻套 9。

（4）连接元件。其作用是将夹具紧固在机床上，并确定夹具相对于机床之间的准确位置。如台钳与机床工作台之间连接用 T 形槽螺栓。

（5）其他元件和装置。为了满足工件装卸和加工中其他需要所设置的元件及装置，如辅助支承、上下料装置、分度装置、抬起装置、工件顶出机构等。如图 6-4 中的对定销 5 及相关元件。

（6）夹具体。用来连接夹具其他各部分使之成为一个整体的基础件。一般情况下，夹具体为铸件结构、锻件结构、焊接结构等，如图 6-4 中的夹具体 4。

在夹具中，定位元件、夹具体、夹紧装置是基本组成部分。

课题 2　工件的定位

【学习目标】
（1）掌握六点定位原理。
（2）掌握定位的方式及定位中存在的问题。
（3）了解工件以平面定位的形式。
（4）了解工件以圆孔定位的形式。
（5）了解工件以外圆柱面定位的形式。
（6）掌握常见定位元件所能限制的自由度。

【重点难点】
（1）课题的重点是掌握六点定位原理、定位的方式。
（2）课题的难点是如何更好地理解六点定位原理。

6.2.1　工件定位的基本原理

1. 自由度的概念

工件在夹具中定位的实质就是工件相对于夹具应占有的准确几何位置。在定位前，工件相对于夹具的位置是不确定的。由刚体运动学可知，一个自由刚体，在空间有且只有六个自由度。即一个自由刚体在空间直角坐标系中有六个独立活动的可能性。其中有三个是沿坐标轴方向的移动，另外三个是绕坐标轴的转动，这种独立活动的可能性，称为自由度。

工件可以看作是一个自由刚体，用 $\vec{x}$、$\vec{y}$、$\vec{z}$ 分别表示沿着三个坐标轴 x、y、z 方向的移动自由度，用 $\hat{x}$、$\hat{y}$、$\hat{z}$ 分别表示绕三个坐标轴 x、y、z 的转动自由度，这就是工件在空间的六个自由度，如图 6-5 所示。

2. 六点定位原则

要使工件在某方向有确定的位置，就必须限制该方向的自由度，当工件的六个自由度均被限制后，工件在空间的位置就完全地被确定下来了。因此，定位的实质就是限制工件的自由度。

分析工件的定位，一般用一个支承点限制工件的一个自由度。用合理设置的六个点

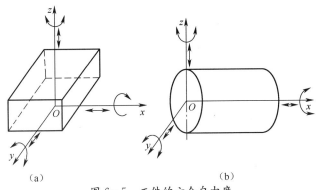

图 6-5 工件的六个自由度
(a) 距形工件；(b) 圆柱形工件。

支承限制工件的六个自由度，就可以完全确定工件的空间位置，这就是六点定位原则。

如图 6-6 (b) 所示，在 xOy 坐标平面内设置三个不共线的支承点 1、2、3，当工件底平面与三个支承点相接处且不背离的情况下，则工件沿 z 轴方向的移动自由度和绕 x 轴、y 轴的转动自由度就被限制，即限制工件的三个自由度：$\vec{z}$、$\hat{x}$、$\hat{y}$；在 yOz 坐标平面内设置支承点 4、5，则工件沿 x 轴方向的移动自由度和绕 z 轴的转动自由度就被限制，即 4、5 点限制了工件的 $\vec{x}$、$\hat{z}$ 两个自由度；在 xOz 坐标平面内设置支承点 6，限制了工件的一个 y 轴移动自由度。于是工件的六个自由度全部被限制了，实现了六点定位。在实际生产中，支承点是由夹具中的定位元件来体现的。

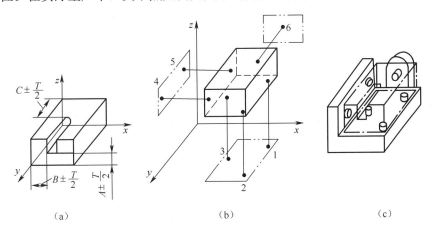

图 6-6 工件的六点定位
(a) 零件；(b) 定位分析；(c) 支承点布置。

在分析限制工件的自由度运用六点定位原则时应该注意几个主要的问题。

(1) 在分析支承点的定位作用时，不考虑力的影响。如果工件在某一方向的自由度被限制，就意味着工件的该方向可以保证获得较高的位置精度。但夹紧却不能做到这一点，所以说夹紧不等于定位。使工件在外力作用下不能运动，要靠夹紧装置来完成。

(2) 在分析限制自由度时，定位支承点与工件定位基准面始终保持接触，才能起到限制自由度的作用。这就是在上述举例中始终强调的工件与支承点相接处且不背离的原因所在。

（3）支承点对工件自由度的限制是由定位元件抽象而来的。工件在夹具中实际定位时，其自由度的具体限制是由定位元件实现的，即支承点不一定用点，而是用面和线来代替的。一条直线可以代替两个支承点，一个平面可以代替三个支承点。

3. 工件定位的几种形式

根据定位元件限制工件自由度的情况，将定位分为下列几种定位方式：

1) 完全定位

是指不重复地限制了工件的六个自由度的定位。当工件在 x、y、z 三个坐标方向都有尺寸或位置精度要求时，一般采用这种定位方式。图 6-7 为几种不同工件的完全定位。

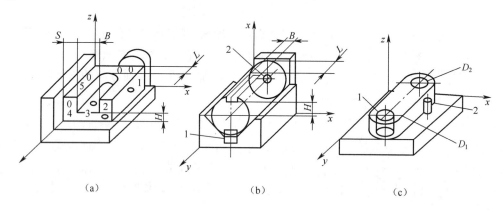

图 6-7 完全定位示例
(a) 板类工件的完全定位；(b) 轴类工件的完全定位；(c) 杆类工件的完全定位。

2) 不完全定位

根据工件加工要求，有时并不需限制工件的全部自由度，这种定位方式称为不完全定位。这种定位虽然没有完全限制工件的六个自由度，但保证加工精度的自由度已全部限制，是合理的定位。因此，工件在定位时要限制的自由度数目应由工序的加工要求而定，不影响加工精度的自由度可以不加限制。不完全定位在实际生产中普遍存在，图 6-8 所示为几种不完全定位方式。

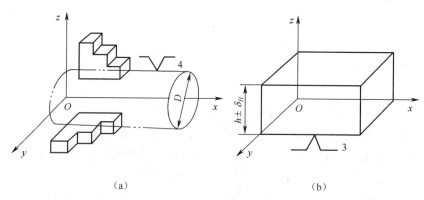

图 6-8 不完全定位示例
(a) 钻通孔；(b) 铣平面。

3) 欠定位

根据工件加工要求,需要限制的自由度没有完全被限制的定位称为欠定位。这种定位显然不能保证工件的加工要求,在工件加工中是绝对不允许的。如图6-6(b)中不设端面支承6,则槽的长度就无法保证。

4) 过定位

夹具上的两个或两个以上定位元件重复限制工件的同一个自由度的现象,这样的定位称为过定位。过定位可能导致定位干涉或工件装不上定位元件,进而导致工件或定位元件产生变形、定位误差增大,因此应该尽量避免过定位。消除或减少过定位引起的干涉,可以通过改变定位元件的结构和控制或者提高工件定位基准之间(或者定位元件工作表面之间)的位置精度等方法加以解决。图6-9(a)为一工件局部定位情况。长销与工件配合限制工件 $\vec{x}$、$\vec{y}$、$\hat{x}$、$\hat{y}$ 四个自由度,支承平面限制工件 $\vec{z}$、$\hat{x}$、$\hat{y}$ 三个自由度,其中 $\hat{x}$、$\hat{y}$ 两个自由度被重复限制,因此定位是过定位。由于工件孔与其端面间、长销与其台肩面间必然存在垂直度误差,因此工件定位时,将出现两平面不完全接触,当夹紧力 F_j 作用时,迫使其接触,从而导致定位销和工件的变形。采用图6-9(b)、(c)、(d)中的方案是合理的。

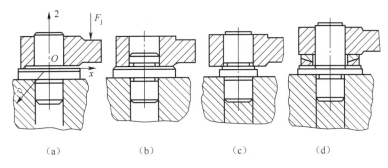

图6-9 过定位及消除方法示例
(a) 长销、大平面定位;(b) 短销、大平面定位;
(c) 长销、小平面定位;(d) 长销、自位面定位。

6.2.2 常用定位元件

工件要想在夹具中获得正确位置,在选择完定位基准后,就必须选择合适的定位元件。工件定位时,工件定位基准和夹具的定位元件接触从而形成了定位副,以实现工件的正确定位。定位元件是保证工件相对于夹具占有准确位置的夹具元件,是六点定位原则中的定位点在夹具中的具体体现。常用定位元件已经标准化,在夹具设计中可直接选用。

1. 定位元件应满足的基本要求

(1) 限位基面应具有足够的精度。定位元件具有足够的精度,才能保证工件的定位精度。因此,定位元件的精度,应能满足工件工序加工精度对定位精度的需要。

(2) 支承元件应有足够的刚度和强度。在工件的装夹和切削加工过程中,定位元件要承受重力、夹紧力和切削力的作用,这就要求定位元件必须有足够的刚度和强度,以减小变形和损坏。

(3) 限位基面应有一定的耐磨性。由于定位元件的工作表面经常与工件接触，易磨损，为了保证工件在夹具中定位精度的稳定性，就要求定位元件应有一定的耐磨性，也就是定位元件应有一定的硬度，以保持夹具的使用寿命以及定位精度。

(4) 定位元件应具有较好的工艺性且便于清理切屑。定位元件的结构应简单，便于制造与更换，同时便于清理切屑（防止切屑残留在夹具中影响加工和定位精度）。

2. 常用定位元件的类型与选用

由于定位元件的限位面要与工件的定位基准面接触，就要求定位元件限位面的形状、尺寸与工件定位基准面的形状和尺寸相吻合。因此，常用定位元件可按工件典型定位基准面来分类。

1) 用于平面定位的定位元件

当工件定位面是平面时，常用的定位元件有固定支承（支承钉和支承板）、可调支承、自位支承和辅助支承等。

(1) 支承钉。图 6-10 是标准支承钉的结构。以面积较小的已加工过的精基准平面定位时，应使用平头支承钉（A 型）；以没有经过加工的毛坯面或粗糙不平的基准面定位时，应使用圆头支承钉（B 型）；侧面定位时，应使用网状支承钉（C 型），以便利用其网纹限位面增大摩擦力。

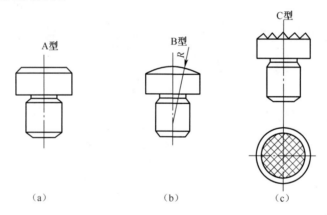

图 6-10 支承钉
(a) 平头支承钉；(b) 圆头支承钉；(c) 网状支承钉。

(2) 支承板。当以面积较大、平面精度较高的平面定位时，选用支承板。标准支承板是通过螺钉安装在夹具体上，其结构有两种，如图 6-11 所示。用于侧面和顶面定位时，选用 A 型支承板，其结构简单，但安装螺钉沉头孔部位易落入切屑且不易清理，影响定位的准确性；用于工件的底面定位时，选用 B 型支承板，在安装螺钉部位开有斜槽，槽深约为 2mm，落入沉头孔部位的切屑不会影响定位的准确性，并且便于清理切屑。

(3) 可调支承。以毛坯面作为基准平面，且支承高度需要在一定范围内变化时，常采用图 6-12 所示的可调支承，调节时可按工件质量和面积大小分别选用。其中，用于小型工件的定位时，采用手动调整（图 6-12 (a)）；用于大、中型工件的定位时，可用扳手操作（图 6-12 (b)、图 6-12 (c)）；用于重载或频繁操作的定位时，应采用

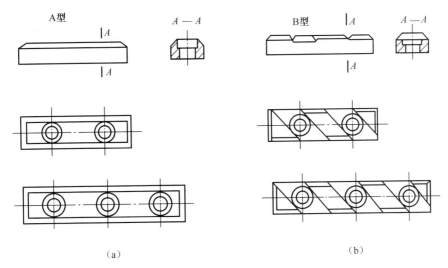

图 6-11 支承板结构
(a) 不带斜槽支承板；(b) 带斜槽支承板。

图 6-12 (b) 结构，以便可调支承的更换。图 6-12 (d) 为侧面定位用可调支承。可调支承利用螺纹副实现调整，由于螺纹副容易松动，因此必须设有防松措施。

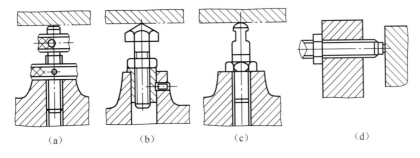

图 6-12 可调支承
(a) 手动可调支承；(b) 可换可调支承；(c) 大型工件定位用可调支承；(d) 侧定位可调支承。

(4) 自位支承。以毛坯面、阶梯平面、环形平面等作基准平面定位时，选用自位支承。它是一种多点接触定位支承，其接触点的位置可随工件定位面位置的变化而变化，如图 6-13 所示。

需要注意的是，自位支承虽是多点接触定位，但由于其本身的浮动结构特点，因此自位支承只能限制工件一个自由度，即自位支承只能作为一个支承点。自位支承不但能够提高工件的局部刚度和定位稳定性，又可以避免过定位。

(5) 辅助支承。当需要提高工件的定位刚度、可靠性以及稳定性时，应选用辅助支承，如图 6-14 所示。使用辅助支承时，其支承位置应选在有利于工件承受切削力和夹紧力的地方，每次加工都需要重新调整支承点高度。切记一点，辅助支承不起限制工件自由度的作用。

2) 用于孔定位的定位元件

当工件定位面是圆柱孔时，常用的定位元件有心轴、定位销和定心夹紧装置。

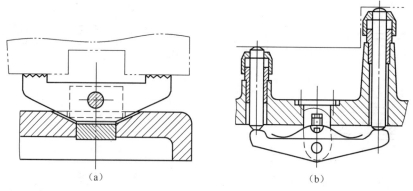

图 6-13 自位支承
(a) 毛坯面定位；(b) 阶梯平面定位。

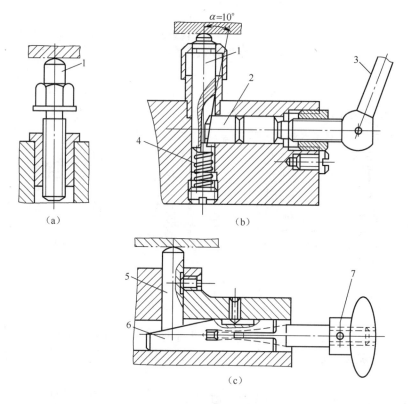

图 6-14 辅助支承
(a) 螺旋式；(b) 自位式；(c) 推引式。
1—支承；2—顶柱；3—手柄；4—弹簧；5—滑销；6—斜楔；7—手轮。

（1）定位销。工件上用于定位的内孔较小时，常选用定位销来定位，如图 6-15 所示。圆柱定位销的结构和尺寸都已标准化，实际加工中可根据工件定位内孔的直径来选择。按安装方式，定位销有固定式和可换式两种。固定式定位销一般直接与夹具体上的孔配合，其配合采用基孔制 H7/r6。当工件直径小于 10mm 时，通常将圆柱定位销倒出圆角，应用时在夹具体上锪出沉孔，使定位销圆角部分沉入孔内而不影响定位，如图

6-15（a）所示。大批量生产时，为了更换定位销可采用图 6-15（d）所示的带衬套的结构。

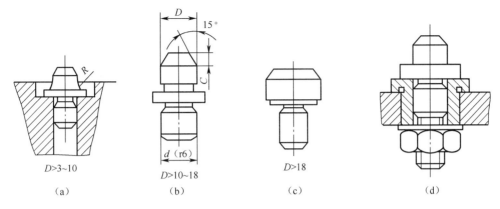

图 6-15　圆柱定位销

圆柱定位销分长定位销和短定位销，长定位销限制工件的 4 个自由度，短定位销限制工件的 2 个自由度，长、短定位销的区别取决于定位销的定位工作面与基准孔接触的相对长度。

当工件圆柱孔用孔端边缘定位时，需选用圆锥定位销。图 6-16 为圆柱孔的孔端边缘在圆锥定位销上定位的示例。当工件定位孔为毛坯孔或工件圆柱孔端边缘精度较差时，为了减少孔端边缘对定位的影响，采用图 6-16（a）所示结构；当工件圆柱孔端边缘精度较高时，采用图 6-16（b）所示结构。

在实际生产中，圆锥销更多的是用于组合定位。一般工件需要以平面和圆孔端边缘同时定位，此时选用浮动锥销。图 6-16（c）所示为圆锥销和平面的组合定位。为了避免过定位，圆锥销采用浮动结构。

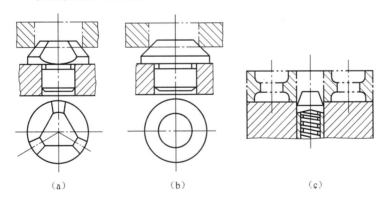

图 6-16　圆锥定位销
(a) 粗加工定位；(b) 精加工定位；(c) 组合定位。

（2）心轴。在套筒类、盘类零件的车削、磨削以及齿轮加工中，经常采用心轴定位。当工件定位内孔与孔端面垂直精度较高时，采用带台阶定位面的心轴，它是以孔和端面联合定位的，如图 6-17（a）所示；当工件内孔精度很高，并且加工时力矩很小时，往往选用小锥度心轴定位；当工件以内花键定位时，一般选用外花键轴，如图 6-17（b）

所示。

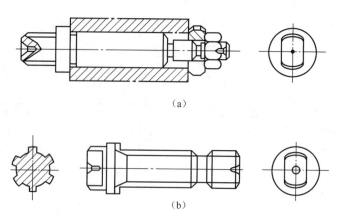

图 6-17 常见心轴结构
(a) 带台阶定位面的心轴;(b) 带外花键定位面的心轴。

3) 用于外圆柱面定位的定位元件

当工件以外圆柱面作定位基准时,根据工件外圆柱面的结构特点、加工要求和装夹方式,可采用 V 形块、套筒、半圆套等。

(1) V 形块。当工件的对称度要求较高时,常选用 V 形块定位。一般 V 形块两斜面间的夹角 α 有 60°、90°和 120°三种,其中应用最多的是 90°的 V 形块。90°V 形块已标准化,可根据定位圆柱面的长度和直径进行选择。图 6-18 为常用 V 形块的典型结构形式。图 6-18(a) 用于较短的精基准定位;图 6-18(b) 用于较长的精基准定位;图 6-18(c) 用于较长的粗基准定位;当工件直径较大且长度也大时,V 形块一般采用铸铁底座、V 形面采用淬火钢件,如图 6-18(d) 所示。另外,V 形块还有固定式、活动式和调整式之分。

V 形块定位的特点是:定位对中性好(工件定位基准轴线总在 V 形块对称面上,不受工件定位面尺寸变化的影响);应用范围广,粗、精基准定位皆可;工件装夹方便。

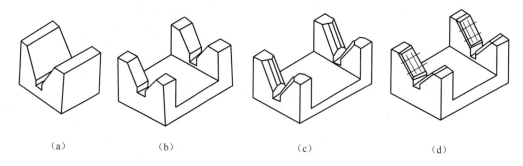

图 6-18 V 形块的典型结构
(a) 较短件精基准定位;(b) 较长件精基准定位;(c) 较长件粗基准定位;(d) 大质量工件定位。

(2) 定位套和半圆形定位座。当工件定位圆柱面精度较高时,常选用定位套和半圆形定位座定位。定位套一般直接安装在夹具体上的孔中,工件定位外圆面与其孔一般采用基孔制配合。图 6-19 为半圆形定位座的结构简图。下半圆为定位部分,上半圆为夹紧部分。这种定位方法主要用于大、中型轴类零件以及不便于轴向装夹的零件。

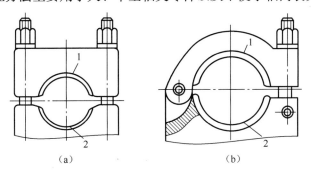

图 6-19 半圆形定位座
1—上半圆套；2—下上半圆套。
(a) 通用式；(b) 铰链式。

3. 常用定位元件所能限制的自由度

常用定位元件所能限制的自由度见表 6-1。

表 6-1 常用定位元件所能限制的自由度

工件定位基准面	定位元件	定位方式简图	定位元件特点	限制的自由度
平面	支承钉			$1,2,3—\vec{z},\hat{x},\hat{y}$ $4,5—\vec{y},\hat{z}$ $6—\vec{x}$
	支承板		每个支承板也可设计成 2 个以上小支承板	$1,2—\vec{z},\hat{x},\hat{y}$ $3—\vec{y},\hat{z}$
	固定支承与浮动支承		1,3—固定支承 2—浮动支承	$1,2—\vec{z},\hat{x},\hat{y}$ $3—\vec{y},\hat{z}$
	固定支承与辅助支承		1,2,3,4—固定支承 5—辅助支承	$1,2,3—\vec{z},\hat{x},\hat{y}$ $4—\vec{y},\hat{z}$ 5—增强刚性，不限制自由度

（续）

工件定位基准面	定位元件	定位方式简图	定位元件特点	限制的自由度
圆孔	定位销（心轴）		短销（短心轴）	$\vec{x}, \vec{y}$
			长销（长心轴）	$\vec{x}, \vec{y}, \hat{x}, \hat{y}$
	锥销		单锥销	$\vec{x}, \vec{y}, \vec{z}$
			1—固定销 2—活动销	$\vec{x}, \vec{y}, \vec{z}$ $\hat{x}, \hat{y}$
外圆柱面	支承板或支承钉		短支承板或支承钉	$\vec{z}$（或 $\hat{y}$）
			长支承板或2个支承钉	$\vec{z}, \hat{y}$

(续)

工件定位基准面	定位元件	定位方式简图	定位元件特点	限制的自由度
外圆柱面	V形块		窄V形块	$\vec{y},\vec{z}$
			宽V形块或2个窄V形块	$\vec{y},\vec{z}$ $\hat{y},\hat{z}$
	定位套		短套	$\vec{y},\vec{z}$
			长套	$\vec{y},\vec{z}$ $\hat{y},\hat{z}$
	半圆孔		短半圆孔	$\vec{y},\vec{z}$
			长半圆孔	$\vec{y},\vec{z}$ $\hat{y},\hat{z}$

(续)

工件定位基准面	定位元件	定位方式简图	定位元件特点	限制的自由度
外圆柱面	锥套		单锥套	$\vec{x}, \vec{y}, \vec{z}$
			1—固定锥套 2—活动锥套	$\vec{x}, \vec{y}, \vec{z}$ $\stackrel{\frown}{y}, \stackrel{\frown}{z}$

课题 3 定位误差的分析

【学习目标】
(1) 了解定位误差产生的原因。
(2) 了解组合表面定位及误差。

【重点难点】
掌握组合表面定位及误差。

六点定位原则解决了消除工件自由度的问题,即用定位元件可以解决工件相对于夹具的定位问题。但是,用定位元件对一批工件定位时,不同的工件相对于夹具所占有的空间几何位置是不一样的。这就要求解决工件位置"准与不准"的问题。这种位置的变化导致了工件工序尺寸和位置精度的变化,进而导致加工时工件的某一工序尺寸可能产生误差。这种只与工件定位有关的误差称为定位误差,用 Δ_D 表示。为了保证加工精度,一般限定定位误差不能超过加工误差的 1/3。

6.3.1 定位误差产生的原因

关于定位误差的产生原因有两种:一是定位基准与限位基准不重合产生的基准位移误差;二是定位基准与工序基准不重合产生的基准不重合误差。

1. 基准位移误差 Δ_Y

由于定位副的制造误差或定位副配合间所导致的定位基准相对其理想位置发生位置移动,其产生的最大位置变动量,称为基准位移误差,用符号 "Δ_Y" 表示。图 6-20 所示为某工件孔、销定位时的基准位移误差。设工件定位孔尺寸为 $D^{+\delta_D}_{\ 0}$,定位销直径尺寸为 $d^{\ 0}_{-\delta_d}$。由于孔和销的制造误差,当孔在销上定位时,孔的轴线就会相对销的轴线发生位置移动。若移动的方向是任意的，即孔和销的母线可能在任意方向上接触，则该位置移动的范围是一圆，圆直径就是其可能产生的最大移动量，其大小为

$$\Delta_y = X_{\max} = (D+\delta_D) - (d-\delta_d) = \delta_D + \delta_d + X_{\min} \tag{6-1}$$

式中　$X_{\min}$——定位销与定位孔的最小配合间隙；

　　　δ_D——工件孔的最大直径公差；

　　　δ_d——圆柱心轴与圆柱定位销的直径公差。

基准位移误差的方向是任意的，减小定位配合间隙，即可减小基准位移误差，从而提高定位精度。

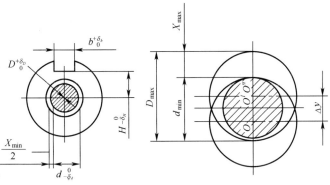

图 6-20　孔、销定位时的基准位移误差

2. 基准不重合误差 Δ_B

由于工序基准与定位基准不重合所导致工序基准有可能产生的最大位置变动量，称作基准不重合误差，用符号"Δ_B"表示，如图 6-21 所示。刀具以支承钉 3 的支承面作为定位基准，而工序尺寸 A 的工序基准为 D 面。显然工序基准与定位基准不重合，它们之间的尺寸为 $C\pm\delta_c$。由于尺寸 $C\pm\delta_c$ 是在本工序之前已加工好，那么在本工序定位中，其工序基准 D 相对于定位基准有可能产生的最大位置变化量就是 $2\delta_c$。这一位置变化会导致工序尺寸 A 产生 $2\delta_c$ 的加工误差。这个加工误差就是定位误差 Δ_D，即

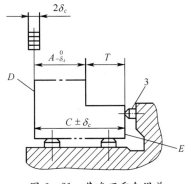

图 6-21　基准不重合误差

$$\Delta_D = \Delta_B = 2\delta_c$$

基准不重合误差是由于定位基准选择不当引起的，用 D 面作定位基准就可以消除误差。

从上述分析可知：基准不重合和基准位移是导致定位误差产生的原因。但基准不重合和基准位移均导致工序基准发生位置变动，才使工序尺寸产生加工误差。因此，可以说定位误差产生的根本原因，是由于工序基准的位置变化而引起的。

6.3.2　组合表面定位及误差

以上所述单一表面定位是工件在夹具中定位的一种简单形式，在实际生产中，更多

情况下需要工件上两个或多个表面共同参与定位，即采用组合表面定位。

组合表面定位的常见方式有一个孔加端面、一个轴加端面、一个平面加两个圆孔等。在实际生产中最常见的是"一面两孔"定位方式，比如箱体类零件的加工。"一面两孔"定位方式可以保证相对位置精度，符合基准统一原则。但这种定位方式容易产生过定位现象（支承平面限制三个自由度，每根短销限制两个自由度），因此，实际生产中必须正确处理过定位，通常把一个短圆柱销改为菱形销，采用一圆柱销、一菱形销和一支承板的定位方式。

工件以"一面两孔"定位或采用一圆柱销、一菱形销和一支承板的定位时，基准位移误差由直线位移误差和角度位移误差组成。

课题 4　工件的夹紧

【学习目标】
(1) 掌握夹紧装置的组成并了解其设计要求。
(2) 掌握夹紧力方向、大小、作用点的确定原则。
(3) 了解常用夹紧机构。
(4) 了解夹紧动力源装置、夹具体及其他装置。

【重点难点】
(1) 课题的重点是掌握夹紧力方向、大小、作用点的确定原则。
(2) 课题的难点是对斜楔进行受力分析。

夹紧是工件装夹过程的重要工作内容。工件定位后必须进行夹紧，才能保证工件不会因为切削力、重力、离心力、惯性力等外力作用而发生振动和位移。因此必须在夹具结构中设置一定的装置将工件夹牢。

6.4.1　夹紧装置的组成及其设计要求

工件定位后将其固定，使其在加工过程中保持已定位的位置不发生改变的装置，称为夹紧装置。

1. 夹紧装置的组成

夹紧装置一般由三部分组成，如图 6-22 所示。

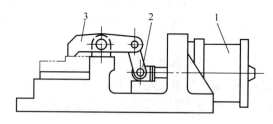

图 6-22　夹紧装置的组成
1—汽缸；2—杠杆；3—压板。

1) 动力源装置

动力源装置是产生夹紧作用力的装置,分为两类:手动夹紧和机动夹紧。手动夹紧比较费时费力,因此实际生产中大多采用机动夹紧,如气动、电动、液压、电磁、真空等夹紧动力装置。图 6-22 中的汽缸 1 就是动力源装置。

2) 夹紧元件

夹紧元件是与工件直接接触实施夹紧的执行元件。图 6-22 中的压板 3 就是夹紧元件。

3) 中间传力机构

中间传力机构是介于动力源装置和夹紧元件之间的传递动力的机构。它把动力源产生的力传递给夹紧元件。中间传力机构在夹紧装置中起到以下三方面的作用。

(1) 中间传力机构在传力过程中,可以改变力的大小。

(2) 中间传力机构在传力过程中,可以改变力的方向。

(3) 具有一定的自锁功能。如果夹紧力消失,该功能可以保证整个夹紧装置始终保持可靠的夹紧状态。图 6-22 中的杠杆 2 就是中间传力机构。

2. 夹紧装置的设计要求

夹紧装置的夹紧效果将直接影响工件的加工质量、生产效率、粗糙度和劳动强度等方面。为此,设计夹紧装置时应遵循下列基本要求。

(1) 夹紧过程中,工件不可以移动。夹紧装置应保证工件各定位面的定位可靠,不改变工件定位后所占据的正确位置。

(2) 应尽量减小工件的夹紧变形。这就要求夹紧力大小要适当,在保证工件加工所需夹紧力大小的同时,不产生加工精度所不允许的变形。

(3) 夹紧装置必须可靠、安全。这就要求夹紧装置要有足够的夹紧行程,同时具有可靠的自锁功能。

(4) 夹紧装置必须实用、经济。这就要求夹紧装置的夹紧动作要迅速,操作要方便、省力,同时应便于制造、维修,尽量采用标准化元件。

6.4.2 夹紧力的确定原则

大小、方向和作用点是力的三要素。因此,夹紧力的确定就包括大小、方向、作用点这三方面。在确定夹紧力时,先要考虑夹具的整体情况,再考虑加工方法、加工精度、工件结构、切削力等方面对夹紧力的影响。

1. 夹紧力方向的确定原则

夹紧力的方向与工件定位的配置、外力情况有关。选择夹紧力的方向时应遵循下列原则。

(1) 夹紧力的作用方向应垂直于工件的主要定位基面,要保证工件定位可靠、稳定,如图 6-23 所示。

(2) 夹紧力的作用方向应是工件刚性较好的方向,以尽量减小工件的变形。特别在夹紧薄壁零件时,必须使夹紧力的作用方向指向工件刚性最好的方向,如应采用图 6-24 (b) 所示的夹紧方式。

(3) 夹紧力的方向应有利于减小夹紧力。夹紧力 F_w 的方向尽量与切削力 F 和工件

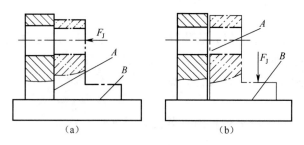

图 6-23 夹紧力方向与主要定位基面的关系
(a) 正确夹紧方式；(b) 不正确夹紧方式。

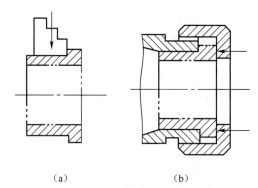

图 6-24 夹紧力的方向对工件变形的影响
(a) 不正确夹紧方式；(b) 正确夹紧方式。

重力 G 的作用方向重合。这几种力的可能分布如图 6-25 所示。为保证工件加工中定位可靠，显然图 6-25 (a) 最合理。

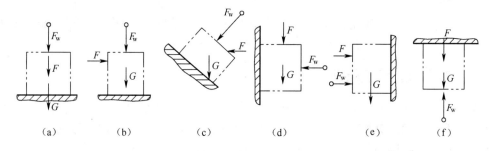

图 6-25 夹紧力方向对夹紧力大小的关系
(a) 垂直安装三力同向；(b) 夹紧力与其他两力不同向；(c) 倾斜安装三力不同向；
(d)、(e) 侧位安装三力不同向；(f) 夹紧力与其他两力反向。

2. 夹紧力作用点的确定原则

夹紧力作用点是指夹紧装置与工件接触的一小块区域，对其选择就是确定作用点的位置、数量、布局、作用方式。合理设计夹紧力作用点时应遵循下列原则。

(1) 夹紧力作用点应落在定位元件的支承范围内或落在多个定位元件所组成的定位区域内，最好使夹紧点与支承点对应，以防止破坏工件的定位。如图 6-26 (a) 中夹紧力夹紧时会破坏定位；图 6-26 (b) 的夹紧是正确的。

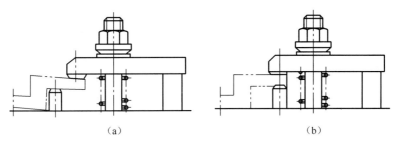

图 6-26 夹紧力作用点应在支承范围内
(a) 夹紧作用点不正确；(b) 夹紧作用点正确。

(2) 夹紧力作用点应选在工件刚性较好的部位上，特别是刚性较差的工件，以尽量减小工件的夹紧变形，如图 6-27 所示。

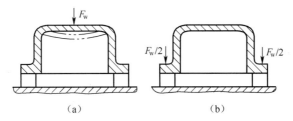

图 6-27 工件刚性对夹紧力作用点选择的影响
(a) 夹紧作用点不正确；(b) 夹紧作用点正确。

(3) 夹紧力作用点应尽量靠近加工表面，抵消部分切削力，防止工件产生振动以及变形，保持定位的可靠、稳定。如图 6-28 所示，F_1 的作用点距离加工部位较远，易引起加工时的振动，降低加工精度；F_2 作用点选择比较理想。

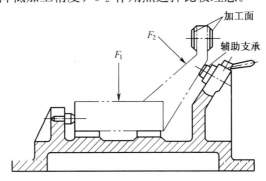

图 6-28 夹紧力作用点应靠近加工表面

另外，夹紧力作用点的作用形式、作用点的数量等，在选择夹紧力作用点时也应重点参考。

3. 夹紧力大小的确定原则

夹紧力的大小，对于工件定位的可靠性、工件的夹紧变形以及夹紧装置的结构尺寸，会产生很大的影响。因此，夹紧力的大小要适当。夹紧力过大，工件容易变形，影响加工质量；夹紧力过小，工件夹不紧，工件有可能发生移动，定位遭到破坏影响加工质量。确定夹紧力大小时，除了考虑作用于工件上的其他力，还应考虑工艺系统的刚度、夹紧装置的传递效率等。在实际设计中，确定夹紧力大小的方法有经验类比法、实验法和分析计算法。

采用分析计算法计算夹紧力时，首先以工件作受力体进行受力分析，受力分析时，一般只考虑切削力和工件夹紧力；然后建立静力平衡方程，求出理论夹紧力 F_L；最后将理论夹紧力再乘上一个安全系数 K，就得出工件加工所需要的实际夹紧力 F_j，即

$$F_j = K F_L \tag{6-2}$$

式中　K——安全系数（一般取 $K=1.5\sim3$，精加工取 $K=1.5\sim2$，粗加工取 $K=2.5\sim3$）。

6.4.3　常用夹紧机构

如何选择夹紧机构，要研究加工方法、夹紧力大小、工件结构、劳动生产率等方面的内容。因此，需要了解各种夹紧机构的夹紧力大小、自锁性能、夹紧行程、扩力比等工作特点。

1. 斜楔夹紧机构

斜楔是夹紧机构中最基本的增力元件，斜楔夹紧机构是利用斜楔块上的斜面将工件直接或间接夹紧的。图 6-29 为斜楔夹紧机构的工作原理图。由于力 F_Q 的作用，斜楔向左移动一定的距离，在斜楔块斜面的作用下，斜楔在垂直方向上产生一定的夹紧行程，实现了对工件的夹紧工作。图 6-30 为几种常见的斜楔夹紧机构。

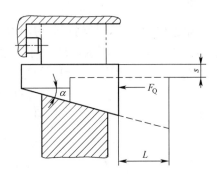

图 6-29　斜楔夹紧机构工作原理

1) 斜楔夹紧机构的夹紧力大小

将斜楔夹紧机构中的斜楔进行受力分析，如图 6-31 所示。

当斜楔处于平衡状态时，根据静力平衡，可知夹紧力大小为

$$F_w = \frac{F_Q}{\tan\varphi_1 + \tan(\alpha + \varphi_2)} \tag{6-3}$$

式中　F_Q——斜楔所受的源动力（N）；

　　　F_w——斜楔所能产生的夹紧力的反力（N）；

　　　φ_1、φ_2——斜楔与工件和夹具体间的摩擦角；

　　　α——斜楔的楔角。

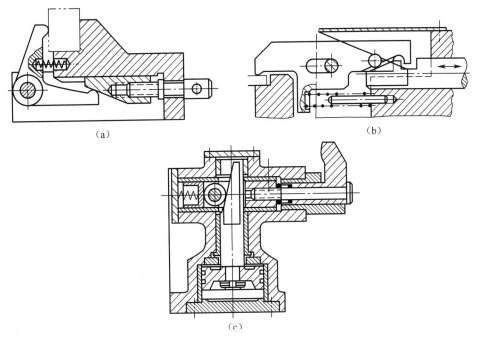

图 6-30 斜楔夹紧机构

由于 α、φ_1、φ_2 很小，可假设 $\varphi_1=\varphi_2=\varphi$，式（6-3）可简化为

$$F_w=\frac{F_Q}{\tan(\alpha+2\varphi)} \tag{6-4}$$

2）自锁条件

自锁是指消除源动力后，夹紧机构依靠静摩擦力仍能保持对工件的夹紧状态。手动夹紧机构必须具有自锁功能。当消除源动力后，斜楔受力分析如图 6-32 所示。

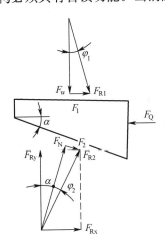

图 6-31 斜楔受力分析

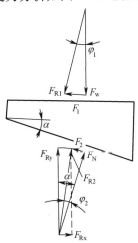

图 6-32 斜楔自锁时的受力分析

由图 6-32 可知，要使斜楔能够自锁，必须满足下列条件：

$$F_1 \geqslant F_{Rx}$$

即

$$F_w \tan\varphi_1 \geqslant F_w \tan(\alpha - \varphi_2)$$

由于角度 α、φ_1 和 φ_2 的值均很小，所以上式可近似写为

$$\varphi_1 \geqslant \alpha - \varphi_2$$

即

$$\alpha \leqslant \varphi_1 + \varphi_2 \qquad (6-5)$$

斜楔的斜角必须小于或等于斜楔与工件和夹具体的摩擦角之和，这就是斜楔夹紧的自锁条件。

一般情况下，摩擦角 φ_1 和 φ_2 的值为 $5°\sim 8°$。因此，$\alpha \leqslant 11°\sim 17°$。但为了可靠起见，通常取 $\alpha = 6°\sim 8°$。由于气动、液压系统本身具有自锁功能，所以采用气动、液压夹紧的斜楔楔角可以选取较大的值，一般在 $\alpha = 15°\sim 30°$ 内选择。

斜楔夹紧机构结构简单、操作方便，夹紧行程短，自锁能力差，斜楔夹紧机构多应用于机动夹紧，很少直接使用于手动夹紧。一般与其他夹紧机构复合使用手动夹紧。

2. 螺旋夹紧机构

使用螺旋直接夹紧工件或组合实现夹紧工件的机构称为螺旋夹紧机构，由螺钉、螺母、压板等元件组成。螺旋夹紧机构可以看作是一个螺旋斜楔，它是将斜楔面绕在圆柱上形成螺旋面。该机构结构简单、易于制造、自锁性能好、夹紧力和夹紧行程较大，应用广泛。

1) 简单螺旋夹紧机构

图 6-33 (a) 所示的机构，由于螺杆与工件的直接接触，容易使工件损伤、移动，因此，该机构适用于毛坯或粗加工的场合。图 6-33 (b) 所示的机构，是手动单螺旋夹紧机构，转动手柄，使压紧螺钉向下移动，通过压块将工件夹紧。压块可增大夹紧接触面积，并防止压紧螺钉旋转时有可能破坏工件的定位和损伤工件表面。

当夹紧行程较大时，采用简单螺旋夹紧机构装卸工件就比较费时。为了克服这个缺点，往往采用快速螺旋夹紧机构，如图 6-34 所示。

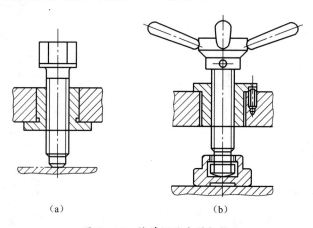

图 6-33 简单螺旋夹紧机构
(a) 与工件的直接接触；(b) 间接接触工件。

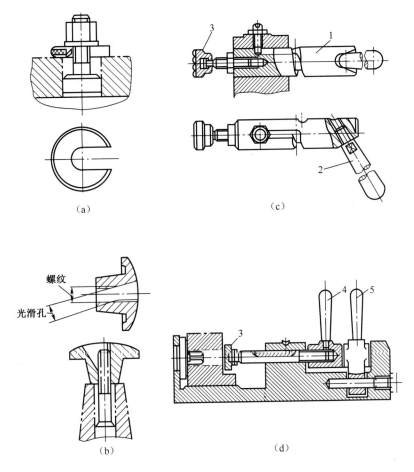

图 6-34 快速螺旋夹紧机构
1—夹紧轴；2、4、5—手柄；3—摆动压块。

2）螺旋压板夹紧机构

在实际应用中，简单螺旋夹紧机构常与杠杆压板构成螺旋压板夹紧机构。其结构形式变化多样，常见螺旋压板夹紧机构如图 6-35 所示。可依据夹紧力的大小、工件尺寸的变化等情况进行选择。

3. 偏心夹紧机构

偏心夹紧机构是由偏心元件来实现夹紧的一种夹紧机构。偏心元件有偏心轮和凸轮两种。其偏心方法分别采用了圆偏心和曲线偏心两种，其中，圆偏心结构简单、易于制造，应用广泛。

偏心夹紧机构实际是斜楔夹紧的另外一种形式——变楔角斜楔。其结构简单、易于制造、夹紧迅速、操作方便、自锁能力差、夹紧力和夹紧行程小。因此，偏心夹紧机构适用于夹紧行程比较小的场合，且多与其他夹紧元件组合使用。图 6-36 为常见偏心夹紧机构。

4. 联动夹紧机构

联动夹紧机构是指在夹紧过程中，使用多个夹紧元件实现对工件（有时需要夹持多

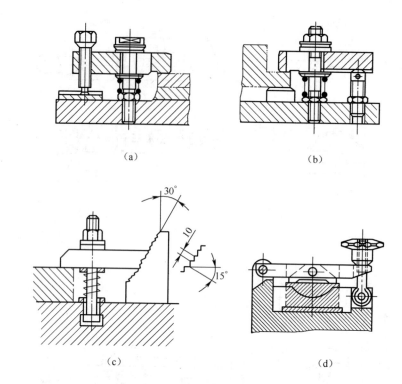

图 6-35 螺旋压板夹紧机构
(a) 移动压板式；(b) 移动压板式；(c) 通用压板式；(d) 铰链压板式。

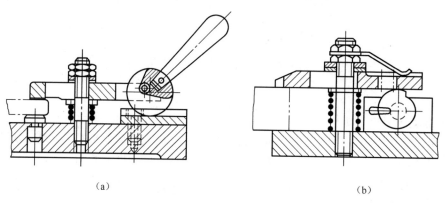

图 6-36 偏心夹紧机构
(a) 圆偏心式偏心夹紧机构；(b) 曲线偏心式偏心夹紧机构。

个工件）的多点、多向同时夹紧的夹紧机构。该机构可提高生产率、减少装夹时间、降低劳动强度。

1) 多件夹紧

当使用一个源动力，通过设置的机构对数个工件（可以相同也可以不同）进行夹紧，就是实现多件夹紧。图 6-37 为几个常见的多件夹紧机构。

2) 多点夹紧

当使用一个源动力，通过设置的机构用数个点对工件进行夹紧，就可以实现多点夹

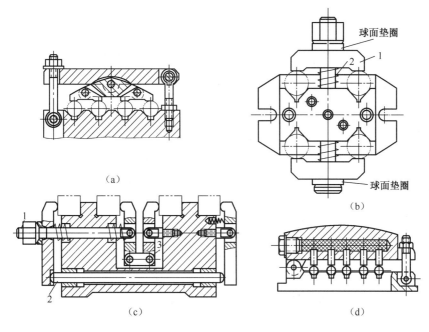

图 6-37 多件夹紧机构

紧。图 6-38 是多点联动夹紧机构。当向下旋转螺母时，压板 2 夹压工件，同时螺栓 3 上移并带动铰链杠杆转动，铰链杠杆的转动使螺栓 5 下移，使压板 6 同时对工件夹紧。在联动夹紧机构中，不同的夹紧元件之间必须用浮动元件，如图 6-38 中的螺栓、铰链杠杆。图 6-39 所示为几种常见的浮动夹紧机构。

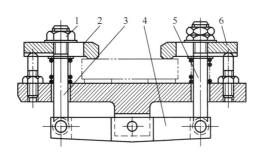

图 6-38 多点联动夹紧机构
1—拧紧螺母；2、6—压板；3、5—螺栓；4—铰链杠杆。

5. 定心夹紧机构

定心夹紧机构是指定心定位和夹紧两项工作同时进行的夹紧机构。其特点是：定位和夹紧为同一元件；元件之间通过准确的联系能同时等距离移动。图 6-40 所示是利用斜面、杠杆、弹性元件等作用的定心夹紧机构。

以上就是在机床夹具中所使用的常用夹紧机构，利用斜面的斜块是最基本的形式。通过上述实例分析，在实际夹紧机构的设计中必须注意以下几点。

（1）夹紧机构以及支承件等要有浮动的功能。

207

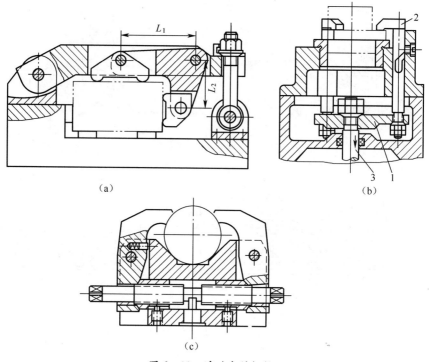

图 6-39 浮动夹紧机构
(a) 四点双向浮动夹紧;(b) 平行式多点浮动夹紧;(c) 多点浮动夹紧。

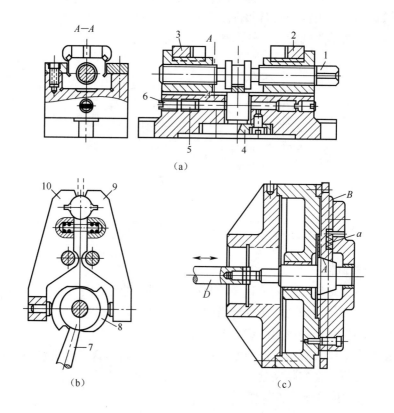

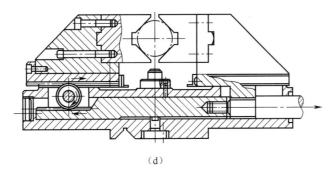

(d)

图 6-40 定心夹紧机构

(a)、(b)、(c) 斜面定心夹紧机构；(d) 齿轮齿条定心夹紧机构。
1—螺杆；2、3—V 型块；4—叉型零件；5、6—螺钉；
7—手柄；8—双面凸轮；9、10—夹爪。

(2) 夹紧机构中应更多地采用联动机构。
(3) 夹紧机构中应更多地采用增力机构来减轻源动力的大小。
(4) 夹紧机构中必须有自锁功能，以保持对工件的夹紧状态。

因此，夹紧机构主要包括压板、支承件及施力机构等，一个完整的夹紧机构应具备以一定的夹紧力夹紧工件选定夹紧点的功能。

6.4.4 夹紧动力源装置

夹具的动力源有多种，包括手动、液压、电动、气动、电磁、弹力等。实际生产中采用气动和液压的较多，具体在选择动力源时应考虑其经济性和是否与夹紧机构相适应。

1. 气动动力源

1) 气动动力源的特点

压缩空气是气动夹紧的动力来源，成本低廉、结构简单、动作迅速、便于维护；夹紧刚性较差、易于泄漏、噪声大；工作安全、无污染。

2) 气动动力源系统的组成

气动动力源系统由三部分组成，即气源、控制部分和执行部分，如图 6-41 所示。

2. 液压动力源

1) 液压动力源的特点

液压夹紧的动力来自于液压油。与气动夹紧相比，液压夹紧机构具有动作平稳、压力大、体积小、夹紧力稳定、吸振能力强、液压元件制造精密等优点，但缺点是成本较高、夹紧动作较为缓慢、结构复杂、调整和安装困难，因此液压动力源只适用于大量生产。

2) 液压夹紧系统的组成

采用液压夹紧时的压力油一般来自机床液压系统。气动夹紧系统的组成主要由油箱、液压泵、减压阀、滤油器、电动机、单向阀、蓄能器、活塞等元件组成。

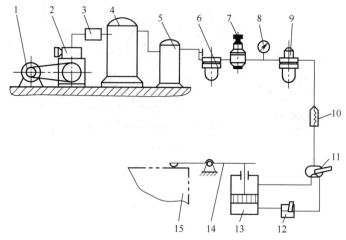

图 6-41 气动夹紧系统组成

1—电动机；2—空气压缩机；3—冷却器；4—储气器；5—过滤器；6—分水滤气器；7—调压阀；8—压力表；9—油雾器；10—单向阀；11—配气阀；12—调速器；13—汽缸；14—夹紧元件；15—工件。

6.4.5 夹具体及其他装置

夹具体是将各种元件连接成一个整体所不可缺少的部分。分度装置、辅助支承也是夹具上常有的组成部分。

1. 分度装置

当工件的圆周面或端面上要加工有等分位置要求的表面时（如铣花键），就要有带有分度装置的夹具。使用分度装置能集中工序，同时减少安装次数，提高生产率，因而广泛用于钻、铣、车、镗等各种加工中。分度装置可分为两大类：回转分度装置及直线分度装置。按回转轴的空间位置可将回转式分度装置分为立式分度、卧式分度和斜式分度。

2. 夹具体

1) 夹具体的性能要求

夹具体是安装夹具各种元件、机构和装置的基础件，并通过它将夹具安装在机床上。夹具体将直接影响整个夹具的强度与刚度、工件加工精度和安全生产等。因此，要求夹具体必须具备足够的强度和刚度、良好的结构工艺性、排屑方便、结构简单、便于装卸等。

2) 夹具体的类型

包括铸造夹具体、焊接夹具体、锻造夹具体、型材夹具体、装配夹具体等。

3. 辅助支承

辅助支承是指只能提高装夹刚度和稳定性作用的元件。辅助支承不起限制自由度的作用，更不允许因使用辅助支承而破坏原有定位。辅助支承应该在工件定位夹紧之后再调整锁紧，加工完成后应松开。如图 6-42 所示，工件以内孔及端面定位，若右端不设支承，工件装好后，A 处刚性较差，加工过程中会产生较大的变形。因此，应在 A 处设置辅助支承,以增加工件的装夹刚度。辅助支承的种类很多,常见的有螺旋式辅助支承、自动调节辅助支承、推引式辅助支承等三种,如图 6-43 所示。

(1) 螺旋式辅助支承。该支承结构简单、操作不方便、效率较低。

(2) 自动调节辅助支承。该支承工作时弹簧推动滑柱与工件接触,转动手柄通过顶柱锁紧滑柱。

(3) 推引式辅助支承。工件定位后,推动手轮使滑销与工件接触,然后转动手轮,使斜楔张开而锁紧。

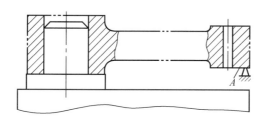

图 6-42 辅助支承的应用

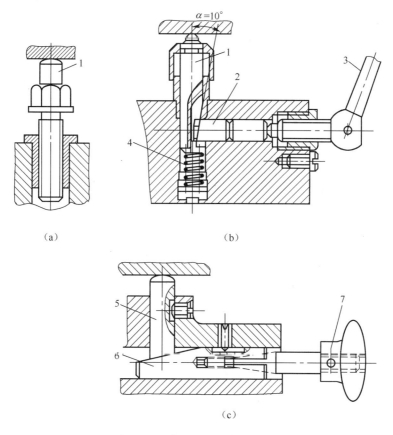

图 6-43 常见的辅助支承类型
(a) 螺旋式;(b) 自位式;(c) 推引式。

1—支承;2—顶柱;3—手柄;4—弹簧;5—滑销;6—斜楔;7—手轮。

课题 5　各类机床夹具

【学习目标】
（1）掌握车床夹具的分类、结构特点；了解车床夹具设计特点。
（2）掌握钻床夹具的结构类型并了解其设计特点。
（3）了解镗模的组成、镗套的结构。
（4）掌握铣床夹具的分类、通用铣床夹具的结构。
（5）了解典型专用铣床夹具的结构、设计特点。

【重点难点】
（1）课题的重点是掌握车床夹具和铣床夹具。
（2）课题的难点主要是结构性分析。

机床夹具一般由定位元件、夹紧装置、夹具体及其他装置组成。由于各类机床的工艺特点以及夹具与机床的连接方式不同，因此，每种机床夹具的结构和技术要求都有其各自特点。

6.5.1　车床夹具

1. 车床夹具的分类
车床主要用于加工零件的圆柱面、圆锥面、螺纹等回转成形表面，根据车床的加工特点及夹具在车床上的安装位置，车床夹具有安装在车床主轴上的和安装在床身上的两种。安装在车床主轴上的夹具随机床主轴一起转动，可保证工件被加工表面对其定位基准的位置精度，包括各种卡盘、顶尖、心轴等；安装在床身上的或滑板上的夹具是作进给运动的，而刀具随主轴一起转动，这种安装适合于形状不规则和尺寸较大的工件。另外，车床夹具按使用范围，又可以分为通用夹具、专用夹具和组合夹具三种。

2. 车床夹具结构特点
1）三爪自定心卡盘
三爪自定心卡盘装夹工件省时、方便、夹紧力小，工件装夹后不需要找正，卡盘上的三个爪同步运动，卡盘能自动定心，此类卡盘适用于外形规则的中、小型工件。图 6-44 所示是其结构。

2）四爪单动卡盘
四爪单动卡盘的夹紧力较大，但使用时找正较费时，这是由于卡盘的四个卡爪是各自独立运动的，在装夹工件时必须将加工部分的旋转中心找正（即与车床主轴旋转中心重合）才能车削。因此，四爪单动卡盘适用于装夹大型或形状不规则的工件。它又分为正爪和反爪两种，其中反爪用于装夹直径较大的工件。四爪单动卡盘的结构如图 6-45 所示。

3）拨动顶尖
拨动顶尖又可分为端面拨动顶尖、内拨动顶尖和外拨动顶尖等三种。端面拨动顶尖装夹工件时，是用端面拨动爪来带动工件旋转的，中心孔是其定位面。使用该顶尖可以

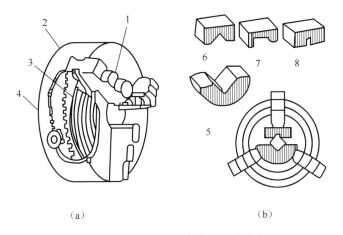

图 6-44 三爪自定心卡盘及方料装夹
(a) 卡盘简单结构；(b) 方料装夹。
1—卡爪；2—卡盘；3—锥齿端面螺纹圆盘；4—小锥齿轮；5—带 V 形槽的半圆件；
6—带 V 形槽的矩形件；7、8—带其他形状矩形件。

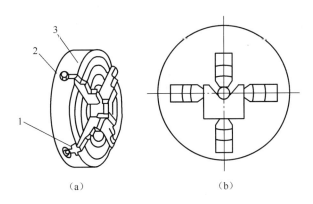

图 6-45 四爪单动卡盘
(a) 卡盘简单结构；(b) 装夹方式。
1—卡爪；2—螺杆；3—卡盘体。

在一次安装中加工出全部外表面，并且装夹迅速。比较适用于装夹外径在 $\phi50mm\sim\phi150mm$ 区间的工件。图 6-46 所示是其结构。

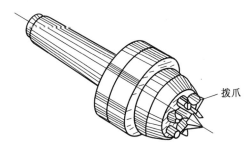

图 6-46 端面拨动顶尖

内拨动顶尖和外拨动顶尖的定位是锥面上的齿（能嵌入工件并且拨动旋转），使用该顶尖可以缩短装夹时间。图6-47（a）为外拨动顶尖，应用于套类零件的装夹；图6-47（b）为内拨动顶尖，应用于轴类零件的装夹。

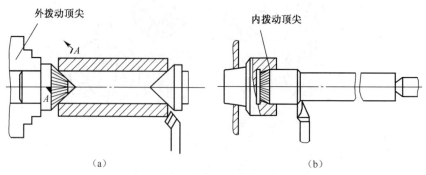

图6-47 内、外拨动顶尖

4）角铁式车床夹具

角铁式车床夹具的结构特点是类似于角铁的夹具体，主要应用于工件形状复杂、被加工表面的轴线与定位基准面成平行关系或构成一定的角度；也可以用于工件的形状虽不特殊，可是不易设计成对称式夹具时的情况。具体来讲角铁式车床夹具常用于加工壳体、接头、支座等零件的圆柱面。图6-48是角铁式车床夹具。为了使基准重合，工件用燕尾面在高度相等的固定支承板及活动支承板上定位，限制5个自由度；用 $\phi 12^{-0.006}_{-0.017}$ mm孔与活动菱形销配合，限制一个自由度。采用带浮动V形块的压板机构夹紧工件，使夹紧力均匀。角铁的另一端设置平衡块B的目的是为了保持夹具回转运动时平衡（有时可以在重的一侧钻平衡孔）。

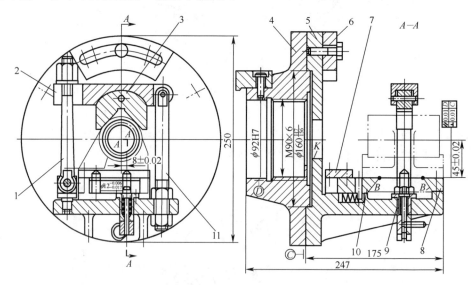

图6-48 角铁式车床夹具

1、11—螺栓；2—压板；3—浮动V形块；4—过渡盘；5—夹具体；6—平衡块；
7—盖板；8—固定支承板；9—活动菱形销；10—活动支承板。

5）心轴类车床夹具

心轴适合于工件以孔为定位基准的加工中。按照与机床主轴联接方式，心轴可分为顶尖式心轴和锥柄式心轴两类。

图 6-49 所示是顶尖式心轴，其结构简单、操作方便、夹紧可靠，适用于加工内、外圆无同轴度要求的零件及长筒形工件（被加工工件的内径在 32mm～100mm，长度在 120mm～780mm 的范围内），也可以将许多薄件串起来套在心轴上，然后用螺母夹紧。

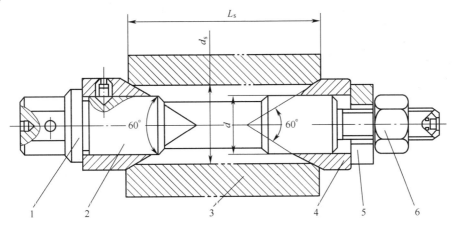

图 6-49 顶尖式心轴
1—固定顶尖；2—固定顶尖套；3—工件；4—活动顶尖套；5—活动顶尖；6—旋转螺母。

图 6-50 所示为锥柄式心轴，仅适用于加工短的套筒类或盘状工件。心轴的锥柄应和机床主轴锥孔的锥度一致。锥柄尾部的螺纹是当承受力较大时供拉杆拉紧心轴用的。

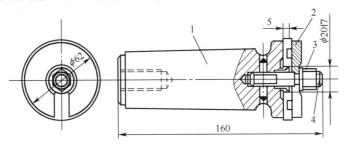

图 6-50 锥柄式心轴

6）花盘式车床夹具

花盘式车床夹具适用于形状复杂工件上的一个或几个与基准平面垂直孔的加工。图 6-51 为车齿轮泵壳体两孔的花盘式车床夹具。工件定位基准选择端面 A、外圆 $\phi 70_{-0.02}^{0}$mm 及小孔 $\phi 9_{0}^{+0.003}$mm，在转盘 2 的 N 面，圆孔 $\phi 70_{-0.003}^{+0.012}$ 和削边销 4 上定位，用螺旋压板夹紧，再用两副螺旋压板将转盘压紧在夹具体上。当 $\phi 35_{0}^{+0.027}$mm 孔完成后，拔出对定销并松开两副螺旋压板，将转盘连同工件一起回转 180°，对定销在弹簧力作用下插入夹具体上另一分度孔中，再夹紧转盘即可加工第二孔。

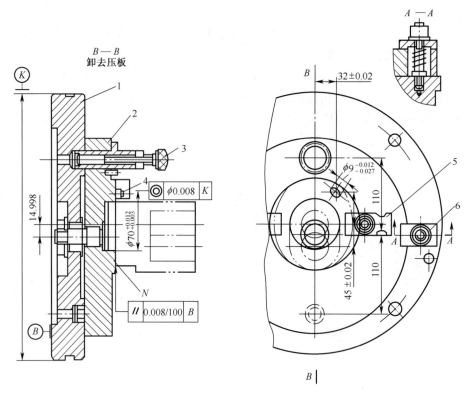

图 6-51 花盘式车床夹具
1—夹具体；2—转盘；3—对定销；4—削边销；5、6—螺旋压板。

3. 车床夹具设计特点

（1）车床夹具的设计应与所加工零件的外形结构相适应，对于加工轴套、盘类工件，采用定心式车床夹具或心轴式车床夹具；对壳体、支座等非规则零件，则用角铁式车床夹具或花盘式车床夹具。

（2）为了防止工件在加工过程中脱离定位元件的工作表面，必须有足够的夹紧力来保证夹紧机构的夹紧程度，同时要求良好的自锁性能。对回转部分尽可能做得光滑平整，避免尖角，并设置防护罩壳。

（3）为了保证夹具的回转精度，夹具的回转轴线与车床主轴轴线应尽可能在同一高度上。

（4）为了保证整个车床夹具与车床主轴一起回转，应尽量缩短夹具的悬伸长度，使重心靠近主轴，夹具的尺寸应尽量小些，质量要小，结构要紧凑，以减小惯性力和回转力矩。

（5）若夹具结构相对回转轴线不对称，则必须有平衡措施，以减少振动等影响，如加平衡块或减重孔。对于高速回转重要夹具，则应专门进行平衡实验。

6.5.2 钻床夹具

在钻床上进行孔加工（钻、扩、铰等）所用的夹具，称为钻床夹具。由于通过钻套引导刀具进行加工是钻床夹具的主要特点，所以钻床夹具又称钻模。钻削时，钻模既是被加工孔相对于定位基准的尺寸和位置精度的有利保证，也为各孔之间的尺寸和位置精度提供了支持。同时，钻模还可以提高刀具系统刚性，防止钻头引偏，显著提高生产率。

1. 钻床夹具的结构类型

钻模结构形式繁多，依据工件上被加工孔的分布位置情况和钻模板本身的特征，可将钻床夹具分为以下几种形式。

1) 固定式钻模

在加工过程中，钻模和工件在钻床上的位置是固定不变的，常用于立式钻床、摇臂钻床和多轴钻床上。在摇臂钻床使用固定式钻模可以加工平行孔系，在立式钻床使用固定式钻模加工时，一般只能加工单孔。在立式钻床上安装固定式钻模时，要先将装在主轴的钻头伸入钻套中，以确定钻模的位置，然后用压板压住，使钻模紧固在钻床工件台上。图6-52是加工杠杆小头孔的固定式钻模。工件以大头孔φ30H7mm和端面在定位销7上定位，用活动V形块将小头外圆对中。在大头，用螺旋压紧机构和开口垫圈将工件压紧。

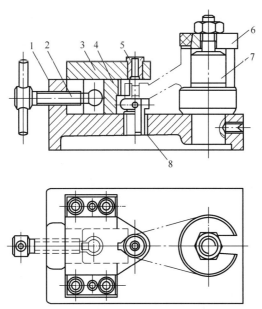

图6-52 固定式钻模
1—夹具体；2—固定手柄压紧螺锭；3—钻模板；4—浮动V形块；
5—钻套；6—开口垫圈；7—定位销；8—辅助支承。

2) 回转式钻模

回转式钻模主要用于加工在一个平面上成圆周分布系列孔，或者在圆周上成径向分布的系列孔。包括立轴、卧轴和斜轴回转三种基本形式。图6-53所示回转式钻模，工件以内孔和端面在定位心轴2和分度盘3定位，用开口垫圈和夹紧螺母5将工件夹紧。钻完一组孔，拧松锁紧螺母4，将对定销6拉出，即可转动回转台3到下一个加工位置，对定销在弹簧力作用下自动插入回转台3下一个槽中，实现分度对定，然后拧紧锁紧螺母4，通过定位心轴2，锁紧分度盘3。

217

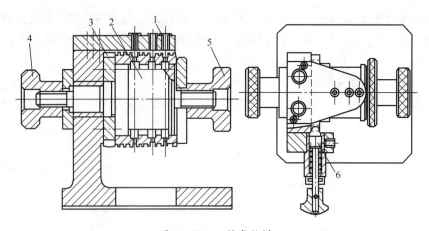

图 6-53 回转式钻模
1—钻套；2—定位心轴；3—分度盘；4—锁紧螺母；5—夹紧螺母；6—对定销。

3) 移动式钻模

移动式钻模主要用于中、小型零件同一表面上多个孔的加工。图 6-54 所示移动式钻模，用于加工连杆大、小头上的孔。通过手轮推动活动 V 形块压紧工件，螺钉转动（由手轮带动）压迫钢球胀开两半月键锁紧工件，工件是以端面及大、小头圆弧面作定位基面的，钻头在两个钻套中导入，完成两个孔的加工。

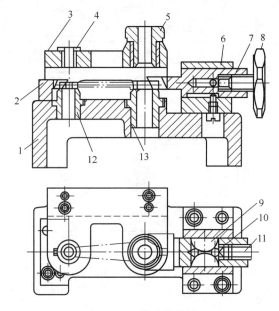

图 6-54 移动式钻模
1—夹具体；2—固动 V 形块；3—钻模板；4、5—钻套；6—支座；7—活动 V 形块；
8—手轮；9—半月键；10—钢球；11—螺钉；12、13—定位套。

4) 翻转式钻模

此类钻模主要用于加工中、小型工件分布在不同表面上的各个孔。其结构简单，适合于中小批量工件的加工。每钻一个孔就必须找正钻套和钻头的位置，生产效率低。考虑到加工时钻模需要在工作台上翻转，所以夹具的质量不宜过大，一般应小于 10kg。

图 6-55 是用来加工套筒上四个径向孔的翻转式钻模，工件以端面和孔在定位销上定位，用螺母和快换垫圈将工件夹紧。钻完一组孔后，将钻模翻转 60°钻另一组孔。

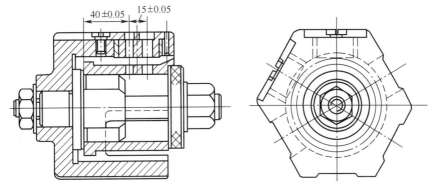

图 6-55 翻转式钻模

5）盖板式钻模

盖板式钻模没有夹具体，类似于钳工划线样板，钻套、定位元件和夹紧装置全部安装在钻模板上，结构非常简单。加工时只要将它盖在工件上定位夹紧即可，一般适于加工体积大而笨重的工件上的小孔，但盖板式钻模本身不宜过重（不超过 10kg 为宜，可采用加强肋、减轻孔的方式）。图 6-56 所示为盖板式钻模，是加工箱体端面螺纹底孔的，在钻模板上装有钻套和定位组件，定位组件由滚花螺母、钢球和三个径向分布的滑柱及锁圈组成，钻模板端面与工件端面接触定位。

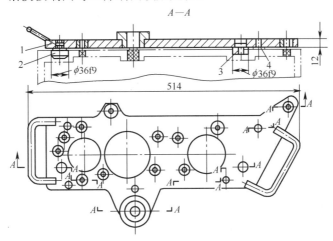

图 6-56 盖板式钻模

6）滑柱式钻模

滑柱式钻模是一种带有升降钻模板的通用可调夹具，其结构已标准化和规格化，又分为手动滑柱钻模和机动（如气动、液压）滑柱式钻模两类。正是由于钻模板可升降，从而导致间隙的存在，所以加工以后的孔尺寸及位置精度难以保证。不过由于其结构简单、自锁性能好且可以迅速操作，因此广泛用于中、小工件的批量生产中。图 6-57 是手动滑柱式钻模的通用结构。其机械效率较低，夹紧力小，由钻模板、斜齿条轴杆、滑

219

柱、夹具体和转动、锁紧机构组成。使用时，根据工件形状、尺寸和加工要求，配置相应的定位、夹紧元件和钻套，就可以组成一个滑柱式钻模。然后安装在钻模板的适当位置，转动操纵手柄，经斜齿轮，带动斜齿条轴杆移动，便可以带动钻模板升降，将工件夹紧。

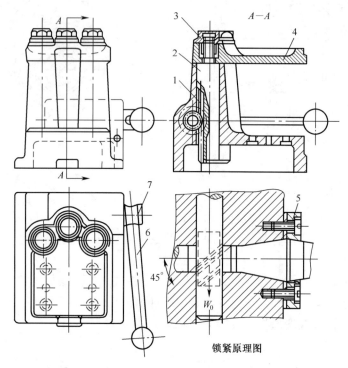

图 6-57　手动滑柱式钻模
1—夹具体；2—滑柱；3—锁紧螺母；4—钻模板；5—套环；6—手柄；7—螺旋齿轮轴。

2. 钻床夹具的设计特点

从以上几种钻床夹具结构特点来看，钻套和钻模板是特殊元件，钻套的作用是确定孔的位置及引导刀具，而钻模板的作用是安装钻套。设计时，根据工件的具体情况选定钻模类型。

1) 选择钻模类型

在设计钻模时，要根据工件的形状、尺寸、质量以及加工要求、生产批量等具体条件来选择夹具的结构类型。具体考虑以下几点。

(1) 在工件孔距公差要求不高（大于 0.15mm）时，才可采用钻模板和夹具体为焊接结构的钻模。

(2) 加工平面上平行孔系时，宜用固定式钻模在摇臂钻床上加工。

(3) 翻转式钻模适用于加工中小件，若总质量超过 10kg（包括工件）应采用有分度装置的钻模。

(4) 加工孔的垂直度允差大于 0.1mm 和孔距位置允差大于 0.15mm 的中小型工件，采用滑柱钻模；孔距位置允差小于 ±0.015mm 时，宜采用固定式钻模板和固定钻套。

(5) 工件的被加工孔径大于 10mm 时，夹具体应设有凸缘或凸台。

2) 钻套的类型

按钻套的结构和使用特点，可分为以下四种类型（前三种为标准钻套）。

（1）固定钻套。固定钻套安装在钻模板或夹具体中，配合为 H7/n6 或 H7/r6。其结构简单，钻孔精度高，适用于单一钻孔的工序及生产批量较少的场合。如图 6-58（a）、（b）所示，分 A、B 两种。

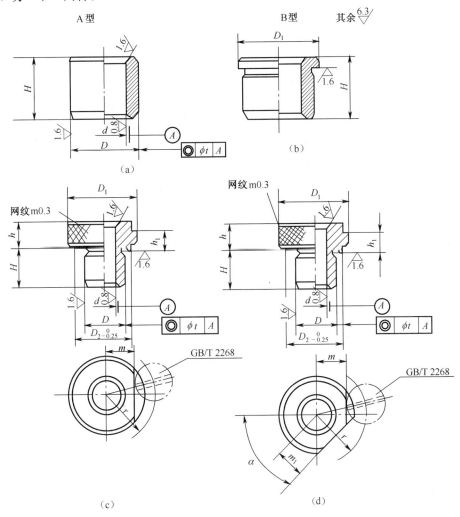

图 6-58 标准钻套
(a) A 型固定钻套；(b) B 型固定钻套；(c) 可换钻套；(d) 快换钻套。

（2）可换钻套。图 6-58（c）所示为可换钻套。在大批量生产中，当工件为单一钻孔工序时，为了更换已磨损的钻套，往往选用可换钻套。钻套装于衬套中，常用 F7/m6 或 F7/k6 配合。衬套和钻模板之间采用 H7/n6 配合。钻套由螺钉固定，以防止加工时钻套的转动，或在退刀时随刀具带起。

（3）快换钻套。如图 6-58（d）所示，当需进行钻、扩、铰多工序的孔加工时（此时刀具直径逐渐增大），应使用外径相同、内径不同的钻套来引导刀具，这时采用快换钻套可减少更换时间，其外径与衬套孔的配合为 F7/m6 或 F7/k6。将钻套削边沿逆时针方向转角，使螺钉头部对准钻套上缺口就可以拔出快换钻套。削边方向应考虑刀具的旋向，避免钻套自行拔出。

（4）特殊钻套。由于工件的形状、工序的加工条件或被加工孔位置的特殊性，需自行设计特殊结构的钻套。常见的特殊钻套如图6-59所示。图6-59（a）为加长钻套，一般在加工凹面上的孔时使用。应将钻套引导高度 H 以上的孔径放大，起到减少刀具与钻套摩擦的作用。图6-59（b）为斜面钻套，用于斜面或圆弧面钻孔，排屑空间的 $h<0.5mm$，为了避免钻头的引偏或折断，可增加钻头刚度。图6-59（c）为小孔距钻套，用定位销来确定钻套位置。图6-59（d）为兼有定位与夹紧功能的钻套，钻套与衬套之间设置一段起导向作用的圆柱间隙配合，一段起传动作用的螺纹联接，钻套下端为内锥面，可用于工件定位、夹紧及刀具的导向。

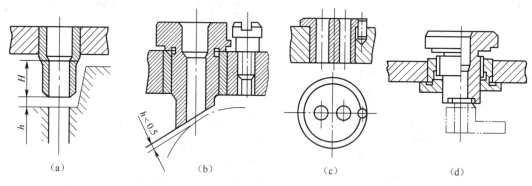

图6-59 特殊钻套
(a)加长钻套；(b)斜面钻套；(c)小孔距钻套；(d)定位与夹紧功能的钻套。

以上就是几种常见的钻套结构类型，在确定钻套的结构类型之后，还需要确定钻套的内孔尺寸、公差及钻套的材料。设计时，钻套导引孔与加工刀具的配合应按基轴制选取；钻套导引孔的基本尺寸应等于刀具直径的最大极限尺寸；钻套导引孔与刀具之间应具有一定的间隙。

3）钻模板的类型及设计

常见的钻模板有固定式钻模板、铰链式钻模板、可卸式钻模板和悬挂式钻模板等四种类型。如图6-60所示，其中固定式钻模板结构简单、钻孔精度高、使用广泛；铰链式钻模板存在配合间隙，加工的精度比较低；可卸式钻模板用于不便于装夹工件的场合；悬挂式钻模板的结构有利于装卸工件和清理切屑。

钻模板除了安装钻套外，个别有夹紧功能，为了防止钻模板变形而影响钻套的位置精度和引导性能，要求钻模板应有一定的刚度和强度。同时，钻模板不宜过重、不宜承受夹紧力，钻模板上安装钻套与定位元件的位置应具有足够的精度。

另外，在钻模的整体设计时，除了考虑上述元件外，还应在相对钻头送进方向的夹具体上设置支角，以提高夹具放置的平稳性。

6.5.3 镗床夹具

镗床夹具是用镗套作为导向元件引导镗孔刀具或镗杆进行镗孔加工的，所以镗床夹具常称为镗模。它具有钻模特点，由镗套保证孔或孔系的位置精度。镗模属于精密夹

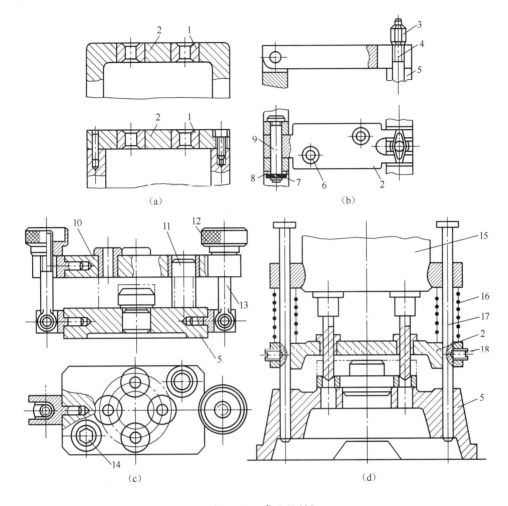

图 6-60 常见钻模板
(a) 固定式钻模板；(b) 铰链式钻模板；(c) 可卸式钻模板；(d) 悬挂式钻模板。
1—钻套；2—钻模板；3—菱形螺母；4—活节螺母；5—夹具体；6—固定钻套；7—开口销；
8—垫圈；9—铰链轴；10—可卸钻模板；11—圆柱销；12—螺母；13—活节螺栓；14—削边销；
15—多轴传动头；16—弹簧；17—导柱；18—紧定螺钉。

具，主要用来加工箱体类零件上的精密孔系，镗模的制造精度比钻模高得多。

1. 镗模的组成

一般镗模由定位元件、夹紧装置、导引元件（镗套）、夹具体（镗模支架和镗模底座）四部分组成。

图 6-61 所示为加工车床尾座孔用的镗模。由于被加工孔长度较长，采用两个镗套分别设置在工件的前、后端，镗刀杆 9 和主轴之间通过浮动接头 10 连接。工件以底面、槽及侧面在定位板及可调支承板上定位，限制六个自由度。拧紧夹紧螺钉 6，压板 5、8 同时将工件夹紧。镗模支架 1 上装有滚动回转镗套 2，用以支承和引导镗刀杆。镗模以底面 A 装在机床工作台上。

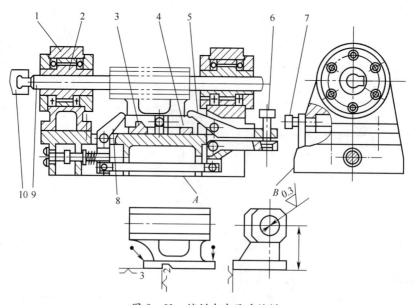

图 6-61 镗削车床尾座镗模
1—镗模支架；2—回转镗套；3—定位板；4—可调支承板；
5、8—压板；6—夹紧螺钉；7—螺母；9—镗刀杆；10—浮动接头。

2. 镗套的结构

由于镗套位置的准确程度和稳定程度是由其自身结构决定的，因此，镗套结构将直接影响到被加工孔的尺寸精度、几何形状和表面粗糙度。常用的镗套主要有固定式和回转式两类，都已标准化。

1）固定式镗套

图 6-62 为固定式镗套，它是固定在镗模支架上而加工时不随镗杆一起转动，其结构与钻套很相似。特点是外形尺寸小，结构简单，精度高，容易保证镗套位置的准确程度。由于镗套容易磨损（镗杆和镗套之间相对运动引起的摩擦），因此固定式镗套只适用于低速加工孔。其中 A 型不带油杯和油槽，靠镗杆上开的油槽润滑；B 型则带油杯和油槽，使镗杆和镗套之间充分润滑。

2）回转式镗套

回转式镗套在加工过程中随镗杆一起转动（这一特点要求镗套必须另用轴承支承），镗杆与镗套之间有相对移动而无相对转动，一方面减少了镗套的磨损，同时也不会因摩擦发热出现"咬死"现象，因此，它适合于高速加工孔。如图 6-63 所示，回转式镗套又可分为滑动镗套和滚动镗套两种。

（1）滑动镗套。如图 6-63（a）所示，内孔带有键槽，以便由镗杆上的键带动镗套回转。其结构尺寸较小，有较高的回转精度和减振性能，必须充分润滑，常用于精加工。

（2）滚动镗套。图 6-63（b）所示为滚动镗套，用于卧式镗孔。其允许的切削速度高，因径向尺寸较大，故回转精度较低。

此外，镗模支架和底座多为铸铁件，要求支架和底座有足够的强度、刚度和稳定性。镗模支架的作用是安装镗套并承受切削力。镗模支架与底座连接，一般采用螺钉紧

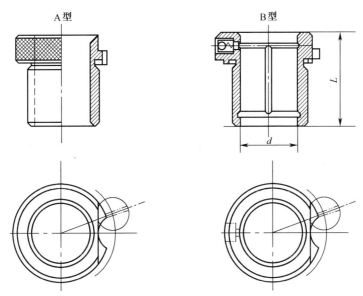

图 6-62　固定式镗套

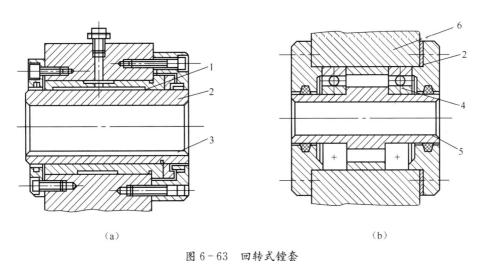

图 6-63　回转式镗套
（a）滑动镗套；（b）滚动镗套。
1—轴承套；2—镗套；3—键槽；4—滚动轴承；5—轴承盖；6—镗模支架。

固结构。镗模底座要承受安装在其上面的各种装置、工件的重力、切削力及夹紧力。

6.5.4　铣床夹具

铣床夹具比较适合在工件上加工平面、沟槽、缺口以及成形表面等。考虑到加工时的切削力、冲击和振动，铣床夹具要有足够大的夹紧力、有较好的强度和刚度。同时为了保证夹具与刀具、机床间正确位置，铣床夹具应有确定刀具位置和夹具方向的装置（对刀块和定位键）。

1. 铣床夹具的分类

铣床夹具的分类方法有很多种，最常用的是按使用范围，可分为通用铣床夹具、专用铣床夹具和组合铣床夹具三类。另外，按工件在铣床上加工的运动特点、进给方式，铣床夹具可分为直线进给夹具、圆周进给夹具和机械仿形夹具三种类型。按自动化程度和动力源的不同，铣床夹具可分为气动夹具、电动夹具和液压夹具等多种。还可按装夹工件数量的多少，分为单件夹具、双件夹具和多件夹具等。

2. 通用铣床夹具的结构

经常使用的通用铣床夹具是平口虎钳，主要用于装夹长方形工件、圆柱形工件等。图6-64所示结构为机用平口虎钳，它是通过钳体固定在机床上的。其中，固定钳口、钳口铁起垂直方向的定位作用；水平定位面是虎钳体上的导轨平面；夹紧元件是活动座、丝杠、紧固螺钉等；回转底座起角度分度作用；定向键起夹具定位作用。

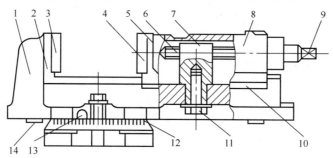

图6-64 机用平口虎钳

1—虎钳体；2—固定钳口；3、4—钳口铁；5—活动钳口；
6—丝杠；7—螺母；8—活动座；9—方头；10—压板；
11—紧固螺钉；12—回转底座；13—钳座零线；14—定向键。

3. 典型专用铣床夹具的结构

1) 加工键槽用的专用铣床夹具

如图6-65所示结构，V形块既是夹具体，同时又具有定位的功能；端面定位由对刀块来完成，同时用对刀块来调整铣刀和工件的相对位置；夹紧元件是压板、螺栓和螺母；定位键是夹具与机床的定位件。

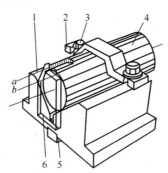

图6-65 加工键槽用的专用铣床夹具

1—V形块；2—定位板；3—螺栓；4—工件；5—定向键；6—对刀块。

2) 加工壳体用的专用铣床夹具

如图6-66所示结构，支承板和安装在其上的大圆柱销和菱形销是定位元件；夹紧装置采用螺旋压板的联动夹紧机构，拧紧螺母就可以使左右两个压板同时夹紧工件；铣刀的位置由对刀块来确定。

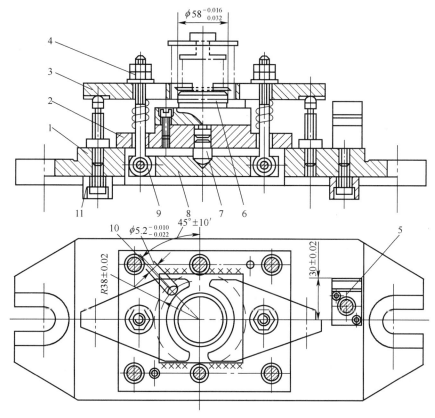

图 6-66 加工壳体用的专用铣床夹具
1—夹具体；2—支承板；3—压板；4—螺母；5—对刀块；6—大圆柱销；
7—球头钉；8—铰接板；9—螺杆；10—菱形销；11—定向销。

3）直线进给式专用铣床夹具

这类夹具安装在工作台上，随工作台按直线进给方式运动。多数采用多件装夹夹具结构和多工位装夹结构。图 6-67 为双工位铣床夹具。在双工位转台上安装了两个夹具：一个夹具在工作时，在另一个夹具上即可装卸工件；一个工件加工完毕后，将转台回转180°，即可加工第二个夹具上的工件。该夹具使加工时间和装卸时间重合，有利于生产率的提高。

4）圆周进给式专用铣床夹具

这类夹具多用在有回转工作台或回转鼓轮的铣床上，依靠回转台或回转鼓轮的旋转，将工件顺序送入加工区域，实现边切削，边装卸工件，使加工时间与辅助时间重合。图 6-68 所示是圆周进给铣削夹具的结构。

4. 铣床夹具的设计特点

1）铣床夹具的结构特点

由于铣削加工一般是多刀多刃断续切削，切削力较大且方向和大小是变化的，容易产生振动，因此要求工件定位稳定并且夹紧可靠。定位装置应尽量使主要支承面积大一

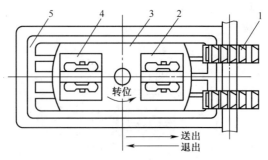

图 6-67 双工位铣床夹具
1—铣刀；2、4—工作夹具；3—双工位转台；5—工作台。

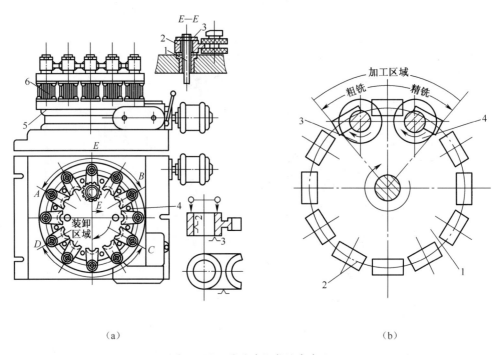

(a) (b)

图 6-68 圆周进给式铣床夹具
(a) 圆周进给式专用铣床夹具结构；(b) 圆周进给式专用铣床夹具应用。
1—拉杆；2—定位销；3—开口销；4—挡销；5—转台；6—液压缸。

些，夹紧装置要有足够的夹紧力和自锁能力，要尽量降低夹具的高度。

2) 铣床夹具的安装

为了确定夹具与机床工作台的相对位置，保证被加工表面的位置精度，一般在夹具体的底面上设置两个定位键。如图 6-69 中的定位键安装情况，用沉头螺钉固定在夹具体底面纵向槽的两端，通过定位键与铣床工作台上的 T 形槽配合，确定夹具在机床上的正确位置。两定位键的距离尽可能布置得远些（主要是为了提高安装精度）。定位键能承受铣削产生的转矩，加强夹具在夹紧过程中的稳固性。定位键有矩形和圆形两种，其结构尺寸已标准化，应按铣床工作台的 T 形槽尺寸选定。

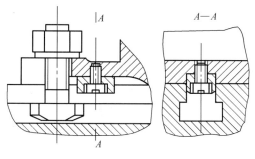

图 6-69 定位键

3）铣床夹具的对刀装置

对刀装置是用来确定刀具与夹具的相对位置的，由对刀块和塞尺组成。图 6-66 中的铣床对刀块即为对刀元件。常见标准对刀块如图 6-70 所示，圆形对刀块适合于加工水平面；方形对刀块适合于加工两相互垂直凹面；直角对刀块适合于加工两相互垂直凸面；侧装对刀块适合于加工两相互垂直面或铣槽。为了避免损坏切削刃或对刀块过早磨损，对刀时铣刀不能与对刀块的工作表面直接接触，应将塞尺放在刀具与对刀块工作表面之间，由塞尺的松紧度来判断铣刀的位置。图 6-71 所示为对刀装置的使用情况。常用塞尺有半塞尺和圆柱塞尺两种，如图 6-72 所示。

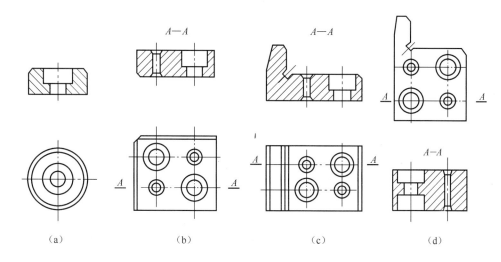

图 6-70 标准对刀块结构
(a) 圆形对刀块；(b) 方形对刀块；(c) 直角对刀块；(d) 侧装对刀块。

4）夹具体

由于铣削不但切削力大，振动也大，设计铣床夹具的夹具体时，应注意提高夹具体的刚度和强度，尽可能控制夹具体的高度，降低承受切削力的部位，适当增大夹具体底面尺寸，以提高夹具工作稳定性。在承受切削力等外力部位，酌情增加夹具体壁厚或增设加强肋板。为了把夹具紧固在铣床工作台上，夹具体两端应设置耳座（供 T 形螺栓穿过以夹紧夹具用）。

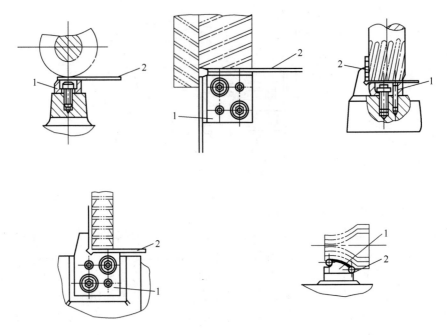

图 6-71 对刀装置使用
1—对刀块；2—对刀塞尺。

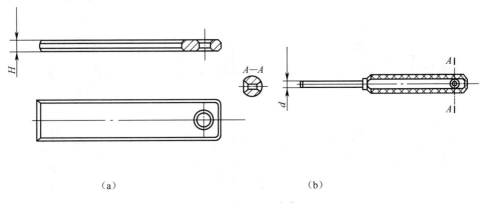

图 6-72 对刀用标准塞尺
（a）平塞尺；（b）圆柱塞尺。

课题6 专用夹具的设计

【学习目标】

(1) 了解专用夹具的设计步骤。

(2) 了解专用夹具的基本要求。

【重点难点】

拟定夹具的结构方案。

各类专用夹具的设计一些基本问题是有共同规律的。夹具设计质量的高低，应以保证加工质量、提高生产效率、降低成本、方便排屑、安全操作及易于维护等为衡量指标。

6.6.1 专用夹具的基本要求

1. 保证工件的加工精度

专用夹具必须按六点定位原则去确定定位方法和定位元件，必要时进行定位误差分析和计算。同时，要合理地确定夹紧力的方向、大小和作用点，减少因切削、振动产生的变形。夹具结构要合理、刚性要好。

2. 提高生产率和经济性

根据生产批量的大小，设计不同复杂程度的高效夹具，以缩短辅助时间；尽量采用标准元件和结构，力求结构简单，制造容易，以缩短设计和制造周期，降低夹具制造成本，提高经济性。

3. 使用性能好

夹具的操作要尽量做到省力和方便，尽可能采用气动、液压等自动化夹紧装置。同时，要从结构上保证操作的安全，必要时要配备安全防护装置。

4. 便于排屑

排屑不畅影响夹具定位精度的准确性，影响加工质量，同时增加切削辅助时间。

5. 良好的结构工艺性

在保证设计要求前提下，应便于制造、检验、装配和维修。夹具上应设置调整和修配装置来保证最终精度。

6.6.2 专用夹具的设计步骤

1. 明确设计要求，收集设计资料

（1）研究零件的零件图、工序图、毛坯图及技术要求。

（2）了解零件的生产纲领、生产组织等信息。

（3）了解零件的切削用量、工艺规程；了解工件的定位基面、夹紧表面、所用机床、刀具、量具等。

（4）了解所用机床、刀具、量具、辅助工具的有关资料。对于机床来说，主要是机床与夹具连接部分的尺寸。

（5）了解本厂制造夹具的经验与能力，收集国内外同类夹具资料，吸收其中先进而又结合本厂的实际情况的合理部分。

2. 拟定夹具的结构方案并绘制草图

（1）确定工件定位方案，在满足工件位置精度前提下，确定定位方式以后，选择、设计定位元件。

（2）确定夹紧方案，设计夹紧机构，验算夹紧力。

（3）确定夹具的其他组成部分，设计刀具的导向装置，确定夹具体的形式及夹具在机床上的安装方式。

（4）绘制夹具草图，正确地画出工件定位、夹紧机构、重要的配合尺寸及公差等，以及相应的技术要求。

3. 绘制夹具总装图及零件图

应按国家规定标准绘制，尽量采用1∶1的比例，工件用双点画线绘制，尽量表明夹具的定位原理及各元件的位置关系。对于夹具非标准零件要按总图提出要求，画出零件图，并标注出全部尺寸、表面粗糙度、尺寸和形位公差、材料及热处理和技术要求。

夹具总图绘制顺序为：工件→定位元件→导引元件→夹紧装置→其他装置→夹具体→标注必要尺寸公差及技术要求→绘制夹具明细表及标题栏。

【小结】

（1）掌握机床夹具的功用、工件在机床上的装夹方法、机床夹具的分类、机床夹具的组成。工件在机床上的装夹方法有三种：直接找正装夹、划线找正装夹、专用夹具装夹。按夹具用途、特点分类时，机床夹具分为通用夹具、专用夹具、可调夹具、组合夹具和随行夹具。机床夹具一般由定位元件、夹紧装置、对刀元件、导向元件、连接元件和夹具体等组成。

（2）掌握工件定位的基本原理、工件定位的形式、常用定位元件种类。用合理设置的六个点支承限制工件的六个自由度，就可以完全确定工件的空间位置，这就是六点定位原则。根据定位元件限制工件自由度的情况，将定位分为完全定位、不完全定位、欠定位和过定位。常用定位元件包括支承钉、支承板、可调支承、自位支承、定位销、定位心轴、V形架、定位套等。

（3）掌握定位误差原理、夹紧装置的组成、夹紧力的确定原则、常用夹紧机构种类。定位误差包括基准不重合误差和基准位移误差。夹紧装置一般由动力源装置、夹紧元件和中间传力机构三部分组成。夹紧力确定应该考虑夹紧力的三要素：大小、方向、作用点。常用夹紧机构包括斜楔夹紧机构、螺旋夹紧机构、偏心夹紧机构、联动夹紧机构和定心夹紧机构。

（4）掌握各类机床夹具。车床夹具包括三爪自定心卡盘、四爪单动卡盘、拨动顶尖、角铁式车床夹具和心轴类车床夹具等。钻床夹具包括固定式钻模、回转式钻模、移动式钻模、翻转式钻模、盖板式钻模和滑柱式钻模等。铣床夹具分为通用铣床夹具、专用铣床夹具和组合铣床夹具三类。铣床夹具主要有平口虎钳、加工键槽用的专用铣床夹具、加工壳体用的专用铣床夹具、直线进给式专用铣床夹具及圆周进给式专用铣床夹具。

【知识拓展】

分度头的使用和维护

分度头是铣床的精密附件，必须正确使用和维护才能保持精度并延长使用寿命。使用和维护应注意以下几点。

（1）分度前分开主轴紧固手柄，分度完毕应及时拧紧，只有在铣削螺旋面时，主轴作连续转动才不用紧固。

（2）分度手柄应顺时针方向转动，转动时速度要均匀。若转过了预定位置，应反转半圆以上，再按原方向转到规定位置。

（3）定位削应慢慢插入孔内，切勿让定位销自动弹入。

（4）安装分度头时不得随意敲打，应经常保持清洁并做好润滑工作，存放时应将外露的加工表面涂上防锈油。

思考与练习

（1）什么是机床夹具？举例说明夹具在机械加工中的作用。

（2）机床夹具通常由哪些部分组成？每个组成部分起何作用？

（3）通用夹具与专用夹具在组成上有何根本区别？各适用于什么场合？

（4）什么是工件的定位？简述工件定位的基本原理。

（5）举例说明过定位可能产生哪些不良后果？如何处理出现的过定位？

（6）辅助支承与自位支承有何不同？

（7）在三爪自定心卡盘中夹持工件外圆，如图 6-73 所示。图 6-73（a）为相对夹持较长，图 6-73（b）为相对夹持较短。试问相对夹持长度不同对限制工件的自由度有何影响？

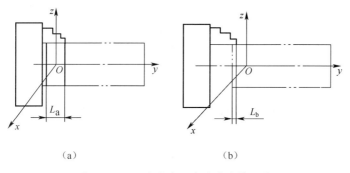

（a） （b）

图 6-73 三爪自定心卡盘中夹持工件

（8）工件在夹具中夹紧的目的是什么？夹紧和定位有何区别？对夹紧装置的基本要求是什么？

（9）定心夹紧机构的实质是什么？哪些场合最适宜选用？

（10）车床夹具有何特点？本书介绍了哪几类车床夹具？各用于何种场合？

（11）钻床夹具分为几类？各有何特点？

（12）镗套分为哪几种类型？各有何特点？

（13）在铣床夹具中，使用对刀块和塞尺起什么作用？使用塞尺和对刀块对调刀尺寸产生什么影响？

知识模块 7　典型零件加工工艺

常用机械零件按其形状特征和用途不同，主要分为轴类零件、套类零件、轮盘类零件和箱体类零件四大类。它们各自在机械上的重要程度、工作条件不同，对性能的要求也不同。因此，正确选择零件的材料种类和牌号、毛坯类型和毛坯制造方法，合理安排零件的加工工艺路线，具有重要意义。本知识模块以几个典型零件为例进行分析。

课题 1　轴类零件的加工

【学习目标】
　　(1) 掌握轴类零件的结构特点、毛坯及热处理。
　　(2) 掌握轴类零件的技术要求、轴类零件的装夹方式。
　　(3) 了解轴类零件的材料选用。

【重点难点】
　　(1) 课题的重点是掌握轴类零件的技术要求、结构特点。
　　(2) 课题的难点是热处理的具体安排。

7.1.1　轴类零件的基本概况

1. 轴类零件的分类及特点

轴在机械中主要用于支承齿轮、凸轮、连杆、带轮等传动件，承受载荷并且传递扭矩。轴类零件是回转体类零件，常见的有光轴、阶梯轴、凸轮轴、曲轴等，如图 7-1 所示，它是各种机械设备中重要的受力零件，其中阶梯轴应用最多。

轴类零件的主要特点是长度远大于直径；有一定的回转精度；加工表面多为内外圆柱面、圆锥面、花键、螺纹等。

2. 轴类零件的技术要求

(1) 尺寸精度。与轴承内圈配合的外圆表面称为支承轴颈，尺寸精度要求较高，一般为 IT5～IT7，用于确定轴的位置并且支承轴。与各种传动件配合的外圆表面称为配合轴颈，尺寸精度要求为 IT6～IT9。

(2) 形状精度。包括轴颈表面、锥面等一些表面的圆度、圆柱度。误差应控制在尺寸公差范围内。

(3) 相互位置精度。精度包括圆的径向跳动，端面与轴心线的垂直度，内、外表面间的同轴度以及端面间的平行度等。

(4) 表面粗糙度。轴的加工表面都要求适当的粗糙度，支承轴颈一般 Ra 为

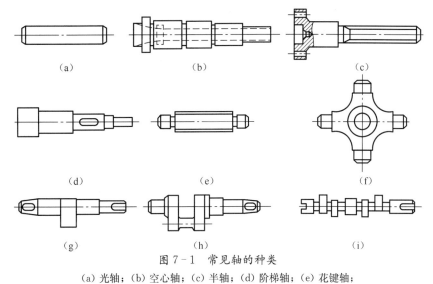

图 7-1 常见轴的种类

(a) 光轴；(b) 空心轴；(c) 半轴；(d) 阶梯轴；(e) 花键轴；
(f) 十字轴；(g) 偏心轴；(h) 曲轴；(i) 凸轮轴。

$0.2\mu m \sim 1.6\mu m$，配合轴颈 Ra 为 $0.4\mu m \sim 3.2\mu m$。

7.1.2 轴类零件的材料、热处理及装夹方式

1. 轴类零件的材料

一般轴类零件选用 45 钢，中等精度的轴采用 40Cr，高精度的轴选用轴承钢 GCr15、弹簧钢 65Mn，高速、重载的轴选用渗碳钢 20CrMnTi/20Cr 或渗氮钢 38CrMoAl。

2. 轴类零件的毛坯

光轴或直径相差不大的轴选用棒料，比较重要轴大多选用锻件，大型及复杂的轴选用铸件。

3. 轴类零件的热处理

大多数轴类零件需在加工前正火或退火处理，以便于消除应力、降低材料硬度及改善切削加工性。要求较高的轴类零件一般在粗车和半精车之间进行调质处理，其目的是为了消除残余应力得到良好的力学性能。精度要求很高的轴，局部淬火或粗磨后，再进行低温时效处理。

4. 轴类零件的装夹方式

(1) 采用两中心孔定位装夹。此方式一次装夹可以加工多个表面，符合基准重合及基准统一，适于长径比较大的轴类零件。这是先以外圆面为粗基准定位，加工出两端的中心孔，然后以两中心孔为定位精基准加工其他表面。

(2) 采用外圆表面定位装夹。通常采用三爪卡盘、四爪卡盘等，适用于空心轴、短轴等。

(3) 采用堵头或拉杆心轴定位装夹。小锥孔时用堵头，大锥孔时采用带堵头的拉杆心轴，如图 7-2 所示。

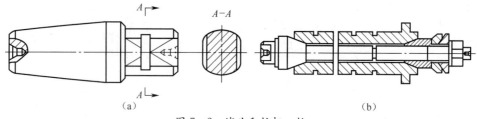

图 7-2 堵头和拉杆心轴
(a) 堵头；(b) 拉杆心轴。

7.1.3 轴类零件工艺过程实例

下面以图 7-3 所示的 C616 车床主轴为例进行分析。

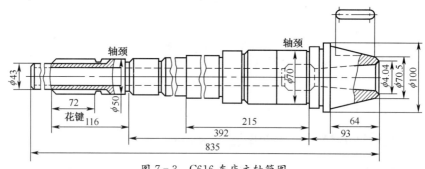

图 7-3 C616 车床主轴简图

1. 车床主轴的工作条件和性能要求

(1) 承受交变的弯曲应力和扭切应力，有时受到冲击载荷作用。
(2) 主轴大端内锥孔和锥度外圆，经常与卡盘、顶尖和刀具锥体有相对摩擦。
(3) 花键部分与齿轮经常有磕碰或相对滑动。

由于该主轴是在滚动轴承中运动，承受中等载荷、转速中等，有装配精度要求，且受一定冲击力。由此确定其性能要求如下：①主轴应具有良好的综合力学性能；②内锥孔和外锥圆表面、花键部分应有较高的硬度和耐磨性。

2. 材料选择

轴类零件的材料一般选碳素钢、合金钢或铸铁。根据上述主轴的工作条件和性能要求，确定主轴材料选用 45 钢。

3. 毛坯选择

该轴为阶梯轴，最大直径（$\phi100mm$）与最小直径（$\phi43mm$）相差较大，选圆钢毛坯不经济，又考虑该零件是机床中重要的零件，故应选锻造毛坯为宜，在单件小批生产时，可选用自由锻生产毛坯；成批大量生产时，应采用模锻生产毛坯。

4. 加工工艺路线及分析

生产中，该主轴的加工工艺路线如下：

下料—锻造—正火（退火）—粗切削加工—调质—半精切削加工—锥孔及外锥体的局部淬火、回火—粗磨（外圆、外锥体、锥孔）—铣花键及键槽—花键高频表面淬火、回火—精磨（外圆、锥孔及外锥体）。

其中正火、调质为预先热处理，锥孔及外锥体的局部淬火、回火和花键的淬火、回火属于最终热处理。它们的作用分别如下：

（1）正火。主要是为了消除毛坯的锻造应力，降低硬度以改善切削加工性，同时也均匀组织、细化晶粒，为调质处理做组织准备。

（2）调质。主要是使主轴具有良好的综合力学性能。调质处理后，其硬度达220HBS～250HBS，强度可达 σ_b=682MPa。

（3）淬火、回火。主要是为了锥孔、外锥体及花键部分获得所要求的高硬度。锥孔和外锥体部分可用盐浴快速加热并水淬，经回火后，其硬度应达45HRC～50HRC。花键部分用高频加热淬火，以减少变形，经回火后，表面硬度应达48HRC～53HRC。

为了减少变形，锥部淬火应与花键部淬火分开进行，并且锥部淬火、回火后，需用磨削纠正淬火变形。然后再进行花键部分的加工与淬火。最后用精磨消除总的变形，从而保证主轴的装配质量。

粗加工阶段，包括粗车各挡外圆、钻中心通孔等；半精加工阶段，包括半精车各挡外圆及两端锥孔、精镗中心通孔等；精加工阶段，包括粗、精磨各挡外圆或锥孔。其他次要表现适当穿插在各个阶段进行。

机加工顺序的安排依据"基面先行，先粗后精，先主后次"的原则进行。对主轴零件一般是准备好中心孔以后，先加工外圆，再加工内孔，并注意粗精加工分开进行。

另外，外圆表面的加工顺序应先加工大直径外圆，然后加工小直径外圆，以避免一开始就降低了工件的刚度；主轴上的花键、键槽等次要表面的加工一般应安排在外圆精车或粗磨之后，精磨外圆之前进行。如果在精车前就铣出键槽，在精车时会产生振动，既影响加工质量，又容易损坏刀具，同时键槽的尺寸要求也难以保证。这些表面加工也不宜安排在主要表面精磨后进行，以免破坏主要表面的精度；主轴上螺纹表面加工宜安排在主轴局部淬火之后进行，以免由于淬火后的变形而影响螺纹表面和支撑轴颈的同轴度。

课题 2　套筒类零件的加工

【学习目标】

（1）了解套筒类零件的特点。

（2）掌握套筒类零件的主要技术要求。

（3）掌握套筒零件的材料、毛坯及热处理。

【重点难点】

重点掌握套筒类零件的主要技术要求、热处理。

7.2.1　套筒类零件的基本概况

1. 套筒类零件的分类、特点

套筒类零件是指在回转体零件中的空心薄壁件，是机械加工中常见的一种零件，主要起支撑和导向的作用。由于功能不同，其形状、结构和尺寸有很大的差异，常见的有支承回转轴的各种形式的轴承圈、轴套；夹具上的钻套和导向套；内燃机上的汽缸套和液压系统中的液压缸、电业伺服阀的伐套等都属于套类零件。其结构如图7-4所示。

套筒类零件的结构一般都具有以下特点：外圆直径一般小于其长度，通常L/d小于5；内孔与外圆直径之差较小，故壁薄易变形；内外圆回转面的同轴度要求较高；结构比较简单。

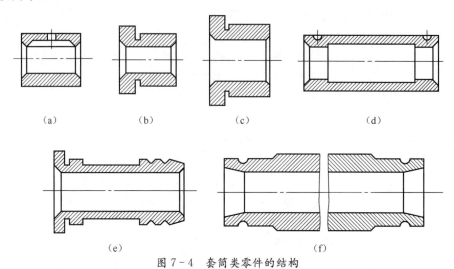

图7-4 套筒类零件的结构
(a)、(b) 滑动轴承；(c) 钻套；(d) 轴承衬套；(e) 汽缸套；(f) 液压缸。

2. 套筒类零件的技术要求

(1) 内孔与外圆的尺寸精度要求。外圆直径精度通常为IT5～IT7，表面粗糙度Ra为$5\mu m$～$0.63\mu m$，内孔作为套类零件支承或导向的主要表面，要求内孔尺寸精度一般为IT6～IT7，表面粗糙度Ra值要求更小（为保证其耐磨性要求）。

(2) 几何形状精度要求。通常将外圆与内孔的几何形状精度控制在直径公差之内即可。对较长套筒除圆度有要求以外，还应有孔内的圆柱度要求。套筒类零件外圆形状精度一般应在外径公差内。

(3) 位置精度要求。位置精度主要是应根据套类零件在机器中功用和要求而定。如果内孔的最终加工是在套筒装配（如机座或箱体等）之后进行时，可降低对套筒内、外圆表面的同轴度要求；如果内孔的最终加工是在装配之前进行时，则同轴度要求较高。端面与外圆和内孔轴心线的垂直度要求较高，一般为0.05mm～0.02mm。

3. 套筒类零件的材料、毛坯及热处理

套筒类零件一般用钢、铸铁、青铜或黄铜和粉末冶金材料制成。有些特殊要求的套类零件可采用双层金属或选用优质合金钢。

孔径较大（一般直径大于20mm）时，常采用型材（如无缝钢管）、带孔的锻件和铸件；孔径较小（一般小于20mm）时，一般多选择热轧或冷拉棒料，也可采用实心铸件；大批量生产时，可用冷挤压、粉末冶金等先进工艺。

套筒类零件的热处理方法有渗碳处理、表面淬火、调质、高温时效。

7.2.2 套筒类零件工艺过程实例

图7-5所示为一轴承套，材料为ZQSn6-6-3，每批量数量为400只。加工时，

应根据工件的毛坯材料、结构形状、加工余量、尺寸精度、形状精度和生产纲领，正确选择定位基准、装夹方法和加工工艺过程，以保证达到图样要求。其主要技术要求为：φ34js7mm 外圆对 φ22H7mm 孔的径向圆跳动公差为 0.01mm；左端面对 φ22H7mm 孔的轴线垂直度公差为 0.01mm。该零件的内孔和外圆尺寸精度和位置精度要求均较高，其机械加工工艺过程见表 7-1。

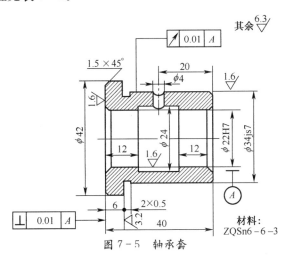

图 7-5 轴承套

表 7-1 轴承套机械加工工艺过程

工序号	工序名称	工序内容	定位基准
1	备料	棒料，按 6 件合 1 加工下料	
2	钻中心孔	1. 车端面，钻中心孔 2. 调头车另一端面，钻中心孔	外圆
3	粗车	车外圆 φ42 长度为 6.5mm，车外圆 φ34js7mm 为 φ35mm，车空刀槽 2×0.5mm，取总长 40.5mm，车分割槽 φ20×3mm，两端倒角 1.5×45°，6 件同加工，尺寸均相同	中心孔
4	钻	钻 φ22H7mm 孔至 φ20mm 成单件	φ42mm 外圆
5	车、铰	1. 车端面，取总长 40mm 至尺寸 2. 车内孔 φ22H7mm 为 $\phi 22^{-0.08}_{0}$ 至 φ20mm 3. 车内槽 φ24mm×16mm 至尺寸 4. 铰孔 φ22H7mm 至尺寸 5. 孔两端倒角	φ42mm 外圆
6	精车	车 φ34js7mm（±0.012）至尺寸	φ22H7 孔心轴
7	钻	钻径向油孔 φ4mm	φ34js7mm 外圆及端面
8	检验	检验入库	

该轴承套属于短套，其直径尺寸和轴向尺寸均不大，粗加工可以单件加工，也可以多件加工。由于单件加工时，每件都要留出工件被装夹的长度，因此原材料浪费较多，所以这里采用多件加工的方法。

该轴承套的材料为 ZQSn6-6-3。其外圆为 IT7 级精度，采用精车可以满足要求；内孔的精度也是 IT7 级，铰孔可以满足要求。内孔的加工顺序为钻—车孔—铰孔。

课题 3　圆柱齿轮加工

【学习目标】
　　(1) 了解齿轮类零件的结构特点。
　　(2) 了解齿轮传动的特点、工作条件。
　　(3) 了解齿轮类零件的材料、毛坯及热处理。
【重点难点】
　　掌握齿轮类零件的结构特点、性能要求。

　　齿轮是各类机械中的重要传动零件，主要用来传递转矩，有时也用来换挡或改变传动方向，有的齿轮仅起分度定位作用。齿轮的转速可以相差很大，齿轮的直径可以从几毫米到几米，工作环境也可有很大差别。因此，齿轮的工作条件是较复杂的，但大多数重要齿轮仍有共同特点。

7.3.1　齿轮的基本概况

　　1. 齿轮的工作条件
　　(1) 由于传递转矩，齿根承受较大的交变弯曲应力。
　　(2) 齿的表面承受较大的接触应力，在工作中相互滚动摩擦和滑动，表面受到强烈的摩擦和磨损。
　　(3) 由于换挡、启动或啮合不良，轮齿会受到冲击。
　　2. 齿轮的性能要求
　　根据上述齿轮工作条件，要求齿轮材料应具备以下性能。
　　(1) 齿面有高的硬度和耐磨性。
　　(2) 齿面具有高的接触疲劳强度和齿根具有高的弯曲疲劳强度。
　　(3) 轮齿心部要有足够的强度和韧性。
　　3. 圆柱齿轮的分类及结构特点
　　齿轮的结构形状按使用场合和要求不同而不同，分为盘形齿轮、内齿轮、联轴齿轮、套筒齿轮、扇形齿轮、齿条、装配齿轮等，如图 7-6 所示。
　　4. 齿轮的精度要求
　　(1) 运动精度。要求齿轮每转 1r，转角误差不能超过允许值，以确保齿轮准确的传递运动和恒定的传动比。
　　(2) 工作平稳性。要求齿轮传动的瞬时速比不能过大，以确保传动平稳，振动、冲击、噪声小。
　　(3) 齿面接触精度。应保证传动中载荷分布均匀，齿面接触均匀。
　　(4) 齿侧间隙。要求传动中的非工作面留有间隙，以补偿误差及储存润滑油。
　　5. 齿轮材料和毛坯的选择
　　由以上分析可知，齿轮一般应选用具有良好力学性能的中碳结构钢和中碳合金结构钢；承受较大冲击载荷的齿轮，可选用合金渗碳钢；一些低速或中速低应力、低冲击载

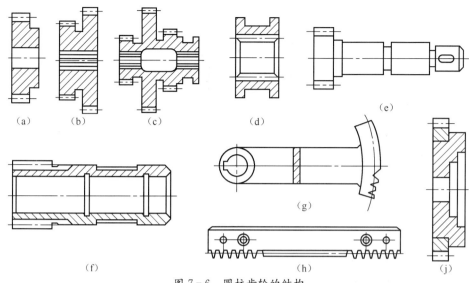

图 7-6 圆柱齿轮的结构

荷条件下工作的齿轮,可选用铸钢、灰铸铁或球墨铸铁;一些受力不大或在无润滑条件下工作的齿轮,可选用塑料(如尼龙、聚碳酸酯等)。

中、小齿轮一般选用锻造毛坯(图7-7(a));大量生产时可采用热轧或精密模锻的方法制造毛坯;在单件或小批量生产的条件下,直径100mm以下的小齿轮也可用圆钢为毛坯(图7-7(b));直径500mm以上的大型齿轮,锻造比较困难,可用铸钢、灰铸铁或球墨铸铁铸造毛坯,铸造齿轮一般以辐条结构代替锻造齿轮的辐板结构(图7-7(c));在单件生产的条件下,常采用焊接方法制造大型齿轮的毛坯(图7-7(d))。

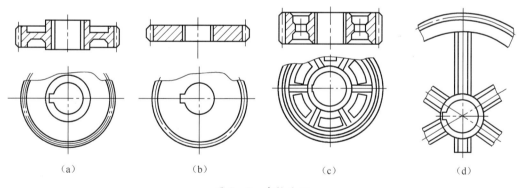

图 7-7 齿轮毛坯

7.3.2 圆柱齿轮零件加工工艺过程实例

1. 机床齿轮

图7-8所示是C6132车床的传动齿轮。该齿轮工作时受力不大,转速中等,工作较平稳且无强烈冲击,工作条件好。

性能要求:对齿面和心部的强度、韧性要求均不太高;齿轮心部硬度220HBS～

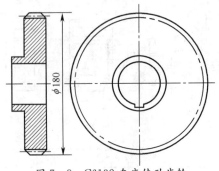

图 7-8 C6132 车床传动齿轮

250HBS，齿面硬度 45HRC～50HRC。

适用材料：根据齿轮的工作条件和性能要求，该齿轮材料选 45 钢或 40Cr、40MnB 为宜。

毛坯的制造方法：该齿轮形状简单，厚度相差不大，可用圆钢作毛坯，但齿轮的性能稍差，故应选锻造毛坯为宜。在单件小批量生产时，可采用自由锻生产；在成批大量生产时，宜采用模锻等方法生产。

工艺路线：齿轮毛坯采用锻件时，其加工工艺路线一般如下：

下料—锻造—正火（退火）—粗加工—调质—精加工—锥孔及外锥体的局部淬火、回火—粗磨（外圆、外锥体、锥孔）—齿部表面淬火＋低温回火—精磨

2. 汽车变速箱齿轮

图 7-9 所示是某载货汽车变速箱一速齿轮。其工作条件比机床齿轮恶劣。工作过程中，承受着较高的载荷，齿面受到很大的交变或脉动接触应力及摩擦力，齿根受到很大的交变或脉动弯曲应力，尤其是在汽车起动、爬坡行驶时，还受到变动的大载荷和强烈的冲击。

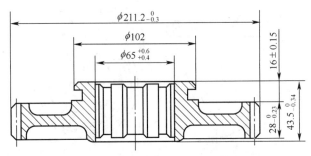

图 7-9 某载货汽车变速箱变速齿轮简图

性能要求：要求齿轮表面有较高的耐磨性和疲劳强度，心部保持较高的强度和韧性，要求根部 $\sigma_b > 1000$ MPa，$\alpha_k > 60$ J/cm^2，齿面硬度为 58HRC～64HRC，心部硬度为 30HRC～45HRC。

适用材料：根据齿轮的使用条件和性能要求，确定该齿轮材料为 20CrMnTi 或 20MnVB。

毛坯的生产方法：该齿轮形状比机床齿轮复杂，性能要求也高，故不宜采用圆钢毛坯，而应采用模锻制造毛坯，以使材料纤维合理分布，提高力学性能。单件小批生产

时,也可用自由锻生产毛坯。

工艺路线及分析:根据所选材料,确定该齿轮的加工工艺路线如下:下料—锻造—正火—粗、半精切削加工(内孔及端面留余量)—渗碳(内孔防渗)、淬火、低温回火—喷丸—校正花键孔—磨端面—磨齿—最终检验

该工艺路线中热处理工序的作用如下:

(1) 正火。主要是为了消除毛坯的锻造应力,获得良好的切削加工性能;均匀组织、细化晶粒,为以后的热处理作组织上的准备。

(2) 渗碳。为了提高齿轮表面的含碳量,以保证淬火后得到高硬度和良好耐磨性的高碳马氏体组织。

(3) 淬火。其目的是为了使齿轮表面有高硬度,同时使心部获得足够的强度和韧性。由于20CrMnTi是细晶粒合金渗碳钢,故可在渗碳后经预冷直接淬火,也可采用等温淬火以减小齿轮的变形。

工艺路线中的喷丸处理,不仅可以清除齿轮表面的氧化皮,而且是一项可使齿面形成压应力,提高其疲劳强度的强化工序。

课题 4　箱体类零件

【学习目标】
(1) 了解箱体类零件的特点、功用。
(2) 掌握箱体类零件的主要技术要求。
(3) 掌握箱体零件的材料、毛坯及热处理。

【重点难点】
掌握主要技术要求、热处理。

7.4.1　箱体类零件概述

1. 箱体类零件结构特点及功用

这类零件一般结构复杂,有不规则的外形和内腔,且壁厚不均匀,包括各种机械设备的机身、底座、支架、横梁、工作台以及齿轮箱、轴承座、阀体、泵体等。质量从几千克至数十吨,工作条件也相差很大。其中一般的基础零件如机身、底座等,以承压为主,并要求有较好的刚度和减振性;有些机械的机身、支架往往同时承受压、拉和弯曲应力的联合作用,或者还受冲击载荷;箱体零件一般受力不大,但要求有良好的刚度和密封性。

箱体类零件是将机器和部件中的轴、套、齿轮等有关零件连接成一个整体,并使之保持正确的相互位置,以传递转矩或改变转速来实现规定运动的零件。

2. 箱体类零件的主要技术要求

(1) 孔径精度。孔的尺寸精度和几何形状误差会使轴承与孔配合不良,比如松、紧或不圆;影响回转精度,引起噪声、振动、径向跳动,影响寿命。主轴孔尺寸精度为IT6级,其余孔为IT6~IT7级。

(2) 孔与孔的位置精度。包括同一轴线上各孔的同轴度误差、孔端面对轴线垂直度

误差等,误差会引起轴安装歪斜,致使主轴径向跳动和轴向窜动,加剧轴承磨损,影响啮合效果。

(3) 孔与平面的位置精度。主要是限制主要孔和主轴箱安装基面的平行度,规定在垂直和水平两个方向上,只允许主轴前向上和向前偏。

(4) 主要平面的精度。规定底面和导向面必须平直和相互垂直,平面度、垂直度公差等级为 5 级。

3. 箱体类零件的材料、毛坯及热处理

鉴于箱体类零件的结构特点和使用要求,通常都以铸件为毛坯,且以铸造性能良好、价格便宜,并有良好耐压、耐磨和减振性能的铸铁为主;受力复杂或受较大冲击载荷的零件,则采用铸钢件;受力不大,要求自重轻或要求导热良好,则采用铸造铝合金件;受力很小,要求自重轻等,可考虑选用工程塑料件。在单件生产或工期要求紧迫的情况下,或受力较大,形状简单、尺寸较大,也可采用焊接件。

如选用铸钢件,为了消除粗晶组织、偏析及铸造应力,对铸钢件应进行完全退火或正火;对于铸铁件一般要进行去应力退火或时效处理;对铝合金铸件,应根据成分不同,进行退火或淬火时效处理。

7.4.2 箱体类零件加工工艺过程实例

图 7-10 所示为中等尺寸的双级圆柱齿轮减速器箱体结构简图。由图可以看出,其上有三对精度较高的轴承孔,形状复杂。该箱体要求有较好的刚度、减振性和密封性,轴承孔承受载荷较大,故该箱体材料选用 HT250,采用砂型铸造,铸造后应进行去应力退火。单件生产也可用焊接件。

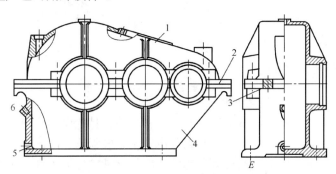

图 7-10 双级圆柱齿轮减速器箱体结构简图
1—盖;2—对合面;3—定位销孔;4—底座;5—出油孔;6—油面指示器孔。

该箱体的工艺路线为:铸造毛坯—去应力退火—划线—切削加工。其中去应力退火是为了消除铸造内应力,稳定尺寸,减少箱体在加工和使用过程中的变形。

【小结】

(1) 掌握轴类零件的结构特点、毛坯种类及热处理方法;掌握轴类零件的技术要求、装夹方式;掌握轴类零件的材料选用。轴类零件是回转体类零件,常见的有光滑轴、阶梯轴、凸轮轴、曲轴等。轴类零件的主要特点是:长度远大于直径;有一定的回转精度;加工表面多为内外圆柱面、圆锥面、花键、螺纹等。一般轴类零件选用 45 钢,中等精度的轴采用40Cr，高精度的轴选用轴承钢、弹簧钢，高速、重载的轴选用渗碳钢或渗氮钢。轴类零件采用两中心孔定位装夹、外圆表面定位装夹和堵头或拉杆心轴定位装夹等方式。

（2）掌握套筒类零件的特点；掌握套筒类零件的主要技术要求；掌握套筒零件的材料、毛坯种类及热处理方法。套筒类零件是指回转体类零件中的空心薄壁件，主要起支撑和导向的作用。套筒类零件一般用钢、铸铁、青铜或黄铜和粉末冶金材料制成。套筒类零件的热处理方法有渗碳淬火、表面淬火、调质、高温时效及渗碳。

（3）掌握齿轮类零件的结构特点；掌握齿轮传动的特点、工作条件；掌握齿轮类零件的材料、毛坯种类及热处理方法。齿轮是各类机械中的重要传动零件，主要用来传递转矩，有时也用来换档或改变传动方向，有的齿轮仅起分度定位作用。齿轮的结构分为盘形齿轮、内齿轮、联轴齿轮、套筒齿轮、扇形齿轮、齿条、装配齿轮等。齿轮一般应选用中碳结构钢和中碳合金结构钢、承受较大冲击载荷的齿轮可选用合金渗碳钢。

（4）掌握箱体类零件的特点、功用；掌握箱体类零件的主要技术要求；掌握箱体零件的材料、毛坯种类及热处理方法。一般箱体类零件结构复杂，有不规则的外形和内腔，且壁厚不均。箱体类零件是将机器和部件中的轴、套、齿轮等有关零件连接成一个整体，并使之保持正确的相互位置，以传递转矩或改变转速来实现规定运动的一种零件。箱座类零件材料包括铸铁、铸钢、铸造铝合金件等。

【知识拓展】

磨削过程

磨削时，由于径向分力的作用，致使磨削时工艺系统在工件径向产生弹性变形，使实际磨削深度与每次的径向进给量有所差别，所以实际磨削过程可分为三个阶段。

1. 初磨阶段

在砂轮最初的几次径向进给中，由于工艺系统的弹性变形，实际磨削深度比磨床刻度所显示的径向进给量要小，工艺系统刚性越差，此阶段愈长。

2. 稳定阶段

随着径向进给次数的增加，机床、工件、夹具工艺系统的弹性变形抗力也逐渐增大。直至上述工艺系统的弹性变形抗力等于径向磨削力时，实际磨削深度等于径向进给量，此时进入稳定阶段。

3. 光磨阶段

当径向进给量达到磨削余量时，径向进给运动停止。由于工艺系统的弹性变形逐渐恢复，实际径向进给量并不为零，而是逐渐减小。因此，再无切入情况下，经过数次轴向往复进给，磨削火花逐渐消失，使实际磨削量达到磨削余量，砂轮的实际径向进给量逐渐趋于零。与此同时，工件的精度和表面质量也在这一光磨过程中逐渐提高。

因此，在开始磨削时，可采用较大的径向进给量，压缩初磨和稳定阶段以提高生产效率。适当增长光磨时间，可更好地提高工件表面的质量。

思考与练习

（1）主轴的结构特点及主要技术要求有哪些？

(2) 主轴的机械加工工艺路线大致过程是怎样安排的？

(3) 套筒类零件的结构特点及主要技术要求有哪些？

(4) 如何划分套筒类零件的机械加工工艺路线？

(5) 箱体零件的结构特点及主要技术要求有哪些？这些要求对保证箱体零件在机器中的作用和机器的性能有何影响？

(6) 圆柱齿轮规定了哪些技术要求和精度指标？二者是如何影响加工工艺的？

知识模块 8　装 配 工 艺

课题 1　概　　述

【学习目标】
(1) 掌握装配、组件、部件的概念及相互关系。
(2) 掌握装配工作的基本内容。
(3) 掌握装配精度与零件精度的关系。

【重点难点】
(1) 课题的重点是掌握装配工作的基本内容。
(2) 课题的难点是区分理解装配精度与零件精度的关系。

8.1.1　装配的概念

机器的装配是整个机器制造工艺过程中的最后一个环节，它包括装配（部装和总装）、调整、检验和试验等工作。装配工作十分重要，对机器质量影响很大。若装配不当，即使所有机器零件加工都合乎质量要求，也不一定能够装配出合格的、高质量的机器。

例如，磨床头架主轴滑动轴承和主轴的加工精度都符合要求，若装配时其间隙调整得不合适，仍可能使主轴回转精度达不到要求，甚至由于间隙过小而产生"咬轴"现象。反之，若零件制造质量并不很高，只要在装配过程中采用合适的工艺方法，也可能使机器达到规定的要求。

根据规定的技术要求，将零件结合成部件，并且进一步将零件和部件结合成机器的过程，称为装配。把零件装配成部件的过程称为部件装配；把零件和部件装配成最终产品的过程称为总装配。

任何一台机器都是由若干零件、合件、组件和部件组成的。

零件是组成机器的基本单元，它由整块金属或其他材料组成。零件一般预先装成合件、组件、部件后才装入机器，直接装入机器的零件并不太多。

合件是指由几个零件的永久性连接（如焊接、铆合、压配等）或连接后再经加工而成，如装配式齿轮、发动机连杆（小头孔中压入铜套后再精加工孔）等。

组件是指由若干个零件或合件组成的，结构和装配上有一定独立性的组合体。如主轴组件，即由主轴与主轴上的齿轮、套、键、轴承和垫片等组合而成。

部件是由若干个零件、合件、组件组成的结构和装配上独立并且具有一定完整功能的组合体，如机床的主轴箱、溜板箱、走刀箱等。

图 8-1 为部件和产品装配系统图。它可以表明部件和产品装配单元的层次关系。

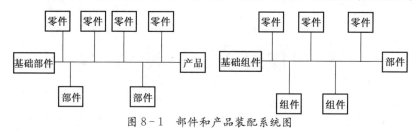

图 8-1 部件和产品装配系统图

8.1.2 装配工作的基本内容

机器的装配，并不仅仅是将合格的零件、合件、组件、部件简单地连接在一起，而是应根据装配的技术要求，通过调整、修配、校正和反复检验等来保证装配的技术要求。

1. 清洗

清洗工作对保证机器装配质量、延长机器使用寿命均有重要意义，尤其是对那些精密配合件、密封件更为重要。清洗的目的是除去零件表面上的油污及杂质，常用的清洗液有煤油、汽油、碱液以及化学清洗液等。清洗时可采用擦洗、浸洗、喷洗、超声波清洗等方法。

2. 连接

将两个或两个以上的零件结合在一起的工作称为连接。装配过程中有大量的连接工作。连接方式一般有两种：一种是可拆卸连接，如螺纹连接、键连接和销连接等，拆卸后的零件还可重新装在一起；另一种是不可拆卸连接，如焊接、铆接和过盈连接等，拆卸时会损坏零件，其中过盈连接常用于轴和孔的连接，连接方式一般采用压入法。

3. 校正、调整与配作

校正是指采用平尺、角尺、水平仪、光学准直仪等工具，找正或调整机器中有关零件间的相互位置。调整工作除调整有关零件间的相互位置外，还包括运动副和配合副间的间隙，如轴承间隙、导轨间隙、齿轮啮合间隙等。配作是指在装配过程中完成的加工工作，以达到所要求的装配精度，如配钻、配铰、配刮、配研等。校正、调整与配作往往是结合进行的。

4. 平衡

对于高速转动并有平稳性要求的机器，必须对旋转体进行平衡。一般只需静平衡，但要求高时还需动平衡，或在总装后进行工作状态下的整机平衡。平衡时可采用减重法、加重法或调整法（调整平衡块位置）等。

5. 验收、试验

机器装配完以后，还应根据有关技术标准和规定，对机器进行全面的检验和试验。各种机器有不同的质量要求，其检验方法也不相同。常见的金属切削机床的试验项目有几何精度试验、工作精度试验、空运转试验、负荷试验等。

8.1.3 装配精度与零件精度的关系

机器的装配精度，一般包括以下三个方面。

(1) 各零部件间的位置精度：指相关零部件间的距离精度和垂直度、平行度等位置精度。

(2) 运动部件的运动精度：指有相对运动的零部件间在运动方向和相对运动速度上的精度。

(3) 配合表面的配合精度和接触精度：配合精度指配合表面之间的间隙或过盈是否达到规定的大小；接触精度指配合表面之间的接触面积和接触点的分布是否达到要求。

各装配精度之间有着亲密的关系，位置精度是运动精度的基础，配合精度和接触精度又是位置精度和运动精度的保证。

机器和部件是由零件装配而成的，零件的精度，特别是关键零件的加工精度对装配精度有很大的影响。因而在设计、加工零件时必须严格控制其尺寸、形状、位置精度以及表面质量。

例如，在卧式车床装配时，要满足尾座移动对溜板移动的平行度要求，就应在车床床身加工时保证导轨 A 与导轨 B 之间的平行度，如图 8-2 所示。

但是并不是说，只要保证了零件的加工质量，就一定能够装配出合乎精度要求的产品，特别是当装配精度要求较高，影响装配精度的零件数较多的情况下，装配精度若完全由有关零件的制造精度来保证将导致加工成本增加，或根本无法制造。因此，需要采用合理的装配方法，在装配过程中对有关零部件做必要的选择、调整或修配工作，以保证装配精度。

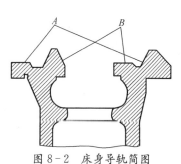

图 8-2 床身导轨简图
A—溜板移动导轨；B—尾座移动导轨。

如图 8-3 中卧式车床床头箱和尾座两顶尖有较严格的等高要求，其高度差 A_0 与主轴箱 1 的尺寸 A_1、底板的厚度 A_2 及尾座尺寸 A_3 都有关系，如果光靠提高这三个零件的尺寸精度来保证装配精度是比较困难的。为此，当生产批量不大时，可将相关零件按经济精度制造，然后在装配时对底板进行修刮，改变 A_2 尺寸，从而保证装配精度要求，并能进一步提高底板与床身导轨面间的接触精度。当然，在大批量生产中应尽可能不用这种生产率低的装配方法。

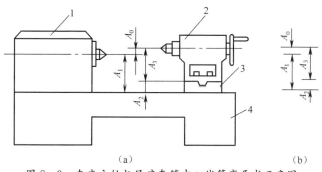

图 8-3 车床主轴与尾座套筒中心线等高要求示意图
1—主轴箱；2—尾座；3—底板；4—床身。

因此，机器的装配精度与零件的加工精度有很密切的关系，零件的精度是保证装配精度的基础，但装配精度并不完全取决于零件精度，还与其装配方法有关。如果装配方法得当，还可能在保证装配精度的前提下，降低对零件的加工要求。

课题 2 装配方法

【学习目标】
　　了解常用的装配工艺方法。
【重点难点】
　　理解分组装配法。

　　理想的装配工作是既能保证装配精度要求，又能降低成本，提高效益。为此，应根据产品的性能要求、结构特点、生产类型和生产条件，采用不同的装配方法。常用的装配工艺方法有互换法、选择装配法、修配法和调整法等。

　　1. 互换装配法

　　互换装配法是指在装配过程中，零件互换后仍能达到装配精度要求的一种装配方法。这种装配方法的装配精度主要取决于零件的加工精度，其实质是用控制零件的加工误差来保证产品的装配精度。

　　按零件的互换程度的不同，互换法可分为完全互换法和不完全互换法两种。

　　1）完全互换法

　　完全互换法装配，是指相关的每一个零件都具有互换性，同类型零件无需选择、加工或调整，装配后即能达到规定的装配精度要求。

　　完全互换法装配的特点是：装配质量稳定可靠；装配过程简单，生产率高；易于实现装配机械化、自动化；便于组织流水作业和零部件的协作与专业化生产；有利于产品的维护和零、部件的更换。

　　2）不完全互换法（概率互换装配法）

　　完全互换法装配虽然简单可靠，但由于它是根据极大极小的极端情况来建立封闭环与各组成环的关系式，比较保守。当封闭环的公差较小，组成环数又多时，各组成环获得的公差很小，使零件加工困难，成本增大，甚至无法加工。此时可考虑采用不完全互换法。

　　这种装配方法的特点是：零件所规定的公差比完全互换法所规定的公差大，有利于降低零件加工成本，而装配过程又与完全互换法一样简单、方便；但在装配时，应采取适当工艺措施，以便排除个别产品因超过公差成为废品的可能性。

　　2. 选择装配法

　　在成批和大量生产条件下，对于装配精度要求很高而组成环环数较少的情况，若采用互换法，会导致相关零件的公差过严，甚至可能无法加工。这时，可考虑采用选择装配法。该方法是将各组成环的公差放大到经济可行的程度，然后选择合适的零件进行装配，从而保证规定的装配精度要求。选择装配法有三种：直接选择装配法、分组装配法和复合选择装配法。

3. 修配装配法

在单件小批生产中，装配精度要求较高而组成环数较多时，可将各组成环先按经济精度加工，装配时通过修配某一组成环（该环称为修配环），改变其尺寸，使封闭环达到规定的装配精度要求，这种方法称为修配法。

如车床主轴顶尖与尾座中心线等高度要求（图8-3），若采用完全互换法，则相关零件精度要求很高，单件小批生产时也没有条件采用不完全互换法，此时可选用修配法。即先按经济精度制造 A_1、A_2、A_3，然后选择 A_2 作为修配环，装配时根据实际状况，通过修配 A_2 来满足装配精度 A_0 的要求。

修配法装配对零件的加工要求不高，但增加了修配工作量，生产率较低，同时要求工人有较高的技术水平，故一般适用于单件小批生产、组成环环数较多而装配精度要求高的场合。

4. 调整装配法

对于精度要求高且组成环数又较多的部件或产品，如果不宜采用互换法装配，除了可用修配法外，还可采用调整法来保证装配精度。

调整装配法实质上与修配装配法相似，即各相关零件仍可按经济精度加工，也选择一个组成环为补偿环（又称调整件），但改变补偿环尺寸的方法有所不同。调整法不是靠去除修配环的修配量，而是靠正确选择预先制造好的补偿环，或者改变补偿环的位置来保证装配精度，常见的调整方法包括可动调整法、固定调整法和误差抵消调整法等三种。

课题3　装配工艺规程的制定

【学习目标】

(1) 了解工艺规程的基本原则和原始资料。

(2) 掌握制定装配工艺规程的方法、步骤。

【重点难点】

掌握制定装配工艺规程方法、步骤。

装配工艺规程是指导装配生产的主要技术文件，制定装配工艺规程是生产技术准备的一项重要工作。装配工艺规程对保证装配质量、提高装配生产效率、缩短装配周期、减轻工人劳动强度、缩小装配占地面积、降低生产成本等都有重要影响。本课题讨论制定装配工艺规程中的有关问题。

1. 制定装配工艺规程的基本原则和原始资料

制定装配工艺规程的基本要求，是在保证装配质量的前提下，尽量提高劳动生产率、降低生产成本。其基本原则如下：

① 保证产品装配质量，力求有一定的精度储备，以延长产品的使用寿命。

② 合理安排装配顺序和工序，尽量减少装配工作量，特别是手工工作量，提高装配效率，缩短装配周期。

③ 尽可能减少车间生产面积，减少工人数量和技术等级要求，降低成本。

制定装配工艺规程时，要有以下四种原始资料。

（1）产品装配图。产品装配图应包括产品总装图和部装图，应能清楚地表达零部件的相互连接情况及其联系尺寸、装配技术要求和零件的明细表等。

（2）产品验收技术标准。它是产品总装后验收产品的一种主要技术文件，是制定装配工艺规程的主要依据之一，它主要规定了产品主要技术性能的检验、试验工作的内容及方法。

（3）产品的生产纲领。生产纲领确定了产品的生产类型，不同类型的装配具有不同的装配工艺特征，如装配方法、组织形式、设备及工艺装备的专业化或通用化水平和工人的技术等级要求等。各种生产类型的装配工作特点见表8-1。

（4）现有生产条件和标准资料。它包括现有装配工艺装备、生产车间面积、工人技术水平及各种工艺资料和标准参数等，从而能使工艺人员从实际出发，合理地制订装配工艺规程。

表8-1 各种生产类型装配工作的特点

生产类型 装配工作特点	大批量生产	成批生产	单件小批生产
基本特征	产品固定，生产活动经常重复，生产周期一般较短	产品在系列化范围内变动，分批交替投产或多品种同时投产，生产活动在一定时期内重复	产品经常变换，不定期重复生产，生产周期一般较长
组织形式	多采用流水装配线，有连续移动、间隔移动及可变节奏等移动方法，还可采用自动装配机或自动装配线	产品笨重、批量不大的产品多采用固定流水装配，批量较大时采用流水装配，多品种平行投产时用多品种可变节奏流水装配	多采用固定装配或固定式流水装配进行总装，同时对批量较大的部件亦可采用流水装配
装配工艺方法	按互换法装配，允许有少量简单的调整，精密偶件成对供应或分组供应装配，无任何修配工作	主要采用互换法，但灵活运用其他保证装配精度的装配工艺方法，如调整法、修配法及合并法，以节约加工费用	以修配法及调整法为主，互换件比例较少
工艺过程	工艺过程划分很细，力求达到高度的均衡性	工艺过程的划分须适合于批量的大小，尽量使生产均衡	一般不订详细工艺文件，工序可适当调整，工艺也可灵活掌握
工艺装备	专业化程度高，宜采用专用高效工艺装备，易于实现机械化、自动化	通用设备较多，但也采用一定数量的专用工、夹、量具，以保证装配质量和提高工效	一般为通用设备及工艺装备
手工操作要求	手工操作比重小，熟练程度容易提高，便于培养新工人	手工操作占一定的比重，对工人的技术水平要求较高	手工操作比重大，要求工人有高技术水平和多方面的工艺知识
应用实例	汽车、拖拉机、内燃机、滚动轴承、手表、缝纫机、电气开关	机床、机车车辆、中小型锅炉、矿山采掘机械	重型机床、重型机器、汽轮机、大型内燃机、大型锅炉

2. 制定装配工艺规程的方法、步骤

根据上述原则和原始资料，可按下列六个步骤来制定装配工艺规程。

1) 研究产品装配图和验收技术标准

通过研究，初步确定保证产品装配精度的方法，采用的装配组织形式，各部件装配顺序的安排，验收用的检查和试验方法等。对图纸的完整性、技术要求及结构的装配工艺性等进行审查，发现问题，及时向设计人员提出建议。

产品结构的装配工艺性是指产品的结构在满足使用要求的前提下，装配、维修的可行性和经济性。产品结构好的装配工艺性主要是指能够分解成独立的装配单元；装配中的修配工作和机加工工作尽可能少；便于装拆和调整。

2) 确定装配方法

装配方法随生产纲领和现有生产条件不同而变化。所以，在制订装配工艺规程时，要对设计人员确定的装配方法进行重新研究，综合考虑加工和装配间的关系，使产品的整个制造过程获得最佳效益。

3) 确定装配的组织形式

产品装配工艺规程的制订与其组织形式有关，如总装、部装的划分，装配工序的集中、分散程度，产品装配的运输方式，工作场地的组织等。装配组织形式的选择取决于产品的结构特点、生产纲领和现有条件。

4) 划分装配单元，确定装配顺序

划分装配单元就是从装配工艺角度出发，将产品分解为可单独进行装配的装配单元。划分装配单元后，可以确定各装配单元顺序。首先选择装配的基准件（可以是一个零件或低一级的装配单元）进入装配，然后根据装配结构的具体情况，按先下后上、先内后外、先难后易、先精密后一般、先重大后轻小的一般规律，确定其他零件和装配单元的装配顺序。装配顺序确定后，可绘制装配单元系统图。

装配单元系统图有产品装配单元系统图和部件装配单元系统两种，如图 8-4 所示。

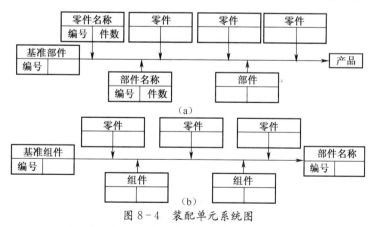

图 8-4 装配单元系统图

(a) 产品装配单元系统图；(b) 部件装配单元系统图。

系统图中每个零件、合件、组件、部件，都用长方格表示，长方格上方注明装配单元名称，左下方填写装配单元编号，右下方填写装配单元数量，装配单元的编号必须和装配图及零件的明细表中的编号一致。

装配工艺系统图比较清楚、全面地反映装配单元的划分，装配顺序和装配工艺方法，是装配工艺规程中的主要文件之一。

5）划分装配工序

装配工序是指在某装配工位上对产品的某部位连续完成的装配工作。

装配顺序确定后，就可将装配工艺过程划分为若干工序，进行具体的装配工序设计，确定各个工序的工作内容、所需设备和工夹量具、工时定额等。装配工序还应包括检查与试验工序。

6）填写工艺文件

单件小批生产仅要求填写装配工艺过程卡；中批生产时，一般也只需填写装配工艺过程卡，对复杂产品还需填写装配工序卡；大批大量生产时，不仅要求填写装配工艺过程卡，而且还要填写装配工序卡，以便指导工人进行装配。

【小结】

（1）装配是指按照规定的技术要求，将零件组合成组件，并进一步结合成部件以至整台机器的过程，装配工作的基本内容包括清洗、连接、校正、调整与配作、平衡和验收试验。

（2）装配的方法和手段很多，各有特点，注意他们的区别及用法。常用装配方法有互换装配法、分组装配法、修配装配法和调整装配法。

（3）装配顺序是先下后上，先内后外，先难后易，先精密后一般，先重后轻。

【知识拓展】

装配方法

1. 压入法

用手捶加垫块敲击压入，方法简便，但导向性不好，容易产生歪斜；适用于配合要求较低或配合长度较短的过度配合连接件的单件生产。

压入法常用螺旋压力机、专用螺旋的 C 型夹头和齿条压力机，用这些设备进行压合时，其导向性比敲入法好，适用于装配过度配合和小过盈量的配合。

2. 热胀法

热胀法是利用物体受热膨胀的原理，将孔件加热，使孔径增大，然后将轴件套入孔中，待冷却后，轴与孔便紧固地连接在一起。热胀法的加热方法应根据配合零件的尺寸大小来选择。一般中小型零件在燃气炉或电炉中进行加热，也可浸入油中加热；对于大型零件，可用感应加热器等加热。

3. 冷缩法

冷缩法则是利用物体温度下降时体积缩小的原理将轴件冷却，使轴件尺寸缩小，然后将轴件套入孔中。当温度回升后，轴与孔便紧固连接。

冷缩法可采用干冰冷缩（可冷至－78℃），也可用液氮冷缩（可冷至－195℃），其冷缩时间短，生产效率高。

冷缩法与热胀法相比，变形量小，多用于过度配合，有时也用于小过盈配合。

思考与练习

(1) 产品的装配精度包括哪些内容?
(2) 什么是机器的装配?装配工作的基本内容是什么?
(3) 机器装配精度与零件精度的关系是什么?
(4) 保证机器或部件装配精度的主要方法有哪几种?各适用于什么场合?
(5) 装配工艺规程的内容有哪些?有何作用?
(6) 简述制订装配工艺规程的步骤。

知识模块 9　现代制造新工艺

【学习目标】
(1) 了解典型特种加工方法的原理和用途。
(2) 了解典型受迫成型工艺的特点和用途。
(3) 初步了解现代精密加工和超精密加工方法。
(4) 了解机械制造自动化基本知识。

【重点难点】
掌握电火花加工的特点及加工条件。

课题 1　特种加工工艺

特种加工是指切削加工以外的一些新的加工方法，它不是采用常规的刀具或磨具对工件进行切削加工，而是直接利用电能、电化学能、声能或光能等能量，或选择几种能量的复合形式对材料进行加工。特种加工能解决各种难切削材料的加工问题，解决各种复杂零件表面的加工问题，解决各种精密的、有特殊要求的零件加工问题，下面介绍一些常见的特种加工方法。

9.1.1　电火花加工

电火花加工是在一定的液体介质中，利用脉冲放电所产生的高温对导电材料的表面进行熔蚀，从而使零件的尺寸、形状、表面质量达到预定技术要求的一种加工方法。它是利用工具电极和工件电极间瞬时火花放电来实现加工的。

1. 电火花加工的特点

(1) 可加工任何用普通方法难以加工或无法加工的高强度、高韧性、高硬度、高脆性以及高纯度的导电材料，如不锈钢、钛合金、工业纯铁、淬火钢、硬质合金等。

(2) 电火花加工是一种非接触式的加工，加工时不产生切削力，不受工具和工件刚度的限制，有利于进行小孔、深孔、弯孔、窄缝、薄壁弹性件等的加工。

(3) 脉冲参数可根据需要进行调节，只需更换工具电极，就可以在一台机床上进行粗加工和精加工。

(4) 因放电时间极短，所以放电温度很高也不会对加工表面产生热影响，适合加工热敏感很高的材料。

(5) 电火花机床结构简单，加工时电脉冲参数的调节和工具电极的自动进给，都可以通过一定措施自动化，实现数控加工。

2. 电火花加工的条件

(1) 必须采用脉冲电源，以形成瞬时的脉冲放电。脉冲电源电压波形如图 9-1

所示。

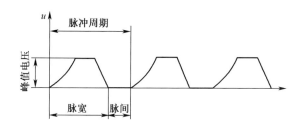

图 9-1 脉冲电源电压波形

（2）必须采用自动进给调节装置，以保持工具电极与工件电极间微小的放电间隙。

（3）火花放电必须在具有一定绝缘强度的液体介质中进行，如煤油、造化液、去离子水等。工作液除有利于产生脉冲式的火花放电外，还有利于排出放电过程中产生的点蚀产物和冷却电极以及工作表面。

3. 电火花加工的应用

（1）电火花成形加工

电火花成形加工是通过工具电极相对于工件做进给运动，将工具电极的形状和尺寸复制在工件上，从而加工出所需要的零件。

（2）电火花线切割加工

电火花线切割是利用连续移动的金属丝作为工具电极，按预定的轨迹进行脉冲放电切割零件的一种加工方法，适用于加工各种冲裁模、样板，以及各种形状复杂的型孔、型面和窄缝等。电火花线切割机床加工原理图如图 9-2 所示。

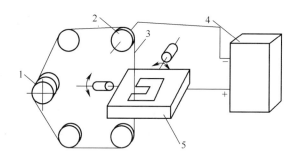

图 9-2 电火花线切割机床加工原理图
1—储丝筒；2—导轮；3—工具钼丝；4—脉冲电源；5—工件。

（3）电火花磨削加工

电火花磨削加工是利用数控和伺服技术，来精确跟随或复现某个过程的反馈控制技术，利用脉冲电源以及旋转工具电极可解决各种超硬导电材料的磨削加工问题。

9.1.2 激光打孔、切割、焊接、打标

激光是一种具有高亮度、高单色性和高方向性等特点的新光源，利用透镜聚焦，可将激光束光斑直径缩小到微米级，从而获得 $105W/cm^2 \sim 1015W/cm^2$ 的激光功率密度，

每小时可以产生 10000kW 以上的能量。当此极小的光斑照射工件的被加工部位时，能在千分之几秒甚至更短的时间内使被加工材料熔化或蒸发，并在冲击波作用下将融融物质喷射出去，达到加工工件的目的。

激光加工可用于打孔、切割、电子器件的微调、焊接、热处理以及激光储存等各个领域。

1. 激光打孔

激光打孔是最早达到实用化的激光加工技术，也是激光加工的主要应用领域之一。随着近代工业和科学技术的发展，高硬度、高熔点材料的使用越来越多，而传统的加工方法已不能满足或无法实现某些加工工艺的要求。比如在硬质碳化钨上加工几十微米的小孔、在宝石上加工几百微米的深孔等，用常规机械加工方法很难实现，而用激光打孔则并不困难。激光束的高功率密度几乎可以在任何材料上进行激光打孔，与其他常规打孔方法相比，激光打孔具有以下优点：

（1）速度快，效率高，经济效益好。
（2）可获得大的深宽比。
（3）可在硬、脆、软等各种材料上进行。
（4）为无接触加工，不存在工具损耗。
（5）可在难加工材料的倾斜面上加工小孔。
（6）不仅能对置于空气中的工件打孔，还能对置于真空或其他条件下的工件进行打孔。

2. 激光切割

激光切割是应用激光聚焦后产生的高功率密度能量来实现的。它是通过脉冲使激光器放电，从而输出受控的重复高频脉冲激光，该脉冲激光经过光路传导及反射，并通过聚焦透镜组聚焦在加工物体的表面上，以瞬间高温熔化或者气化被加工材料。每一个高能量的激光脉冲把物体表面溅射出一个细小的孔，在计算机控制下，激光加工头与被加工材料按预先绘好的图形进行连续相对运动打点，这样就会把物体加工成想要的形状。激光切割的有机玻璃如图 9-3 所示。

图 9-3 激光切割的有机玻璃

切割时，切割头会喷出一股与光束同轴的气流，将融化或气化的材料从切口的底部吹出。气流具有冷却已切割表面，提供切割所需的附加能源，减少热影响区和保证聚焦镜不受污染的作用。

与传统的板材加工方法相比，激光切割具有高切割质量、高切割速度、高柔性、材料适应性广等优点。

3. 激光焊接

激光焊接是激光材料加工技术应用的重要方面之一，主要分为脉冲激光焊接和连续激光焊接。脉冲激光主要用于 1mm 厚度以内薄壁金属材料的点焊和缝焊，其焊接过程属于热传导型，优点是工件整体温升很小，热影响范围小，工件变形小。连续激光焊接大部分是高功率激光器,优点是深宽比大,焊接速度快,热变形小。

激光焊接高功率激光器主要有两大类:

(1) 固体激光器,主要优点是产生的光束可以通过光纤传送,因此可以省去复杂的光束传送系统,适用于柔性制造系统或远程加工,通常用于焊接精度要求比较高的工件。

(2) 气体激光器,又称 CO_2 激光器,以分子气体作为工作介质,可以连续输出很高的功率,标准激光功率在 2kW~5kW 之间。

与其他焊接技术比较,激光焊接的优点主要如下:

(1) 激光焊接可进行微型焊接。例如集成电路引线、钟表游丝,小型元件的组焊中,由于采用了激光焊,不仅生产效率高,且热影响区小,焊点无污染,大大提高了焊接的质量。

(2) 激光焊接可焊接难以接近的部位,施行非接触远距离焊接,且具有很大的灵活性。激光束易实现光束按时间与空间分光,能进行多光束同时加工及多工位加工,为更精密的焊接提供了条件。

4. 激光打标

激光打标技术是激光加工最大的应用领域之一。激光打标是利用高能量密度的激光对工件进行局部照射,使表层材料气化或发生颜色变化的化学反应,从而留下永久性标记的一种打标方法。激光打标可以打出各种文字、符号和图案等,字符大小可以从毫米到微米量级。图9-4所示为激光在金属上打标示例。

图 9-4 激光在金属上打标示例

聚焦后的极细激光束如同刀具,可将物体表面材料逐点去除,其先进性在于标记过程为非接触性加工,不产生机械挤压或机械应力,因此不会损坏被加工物品。因为激光聚焦后的尺寸很小,热影响区域小,加工精细,所以可以完成一些常规方法无法实现的工艺。

9.1.3 电子束加工和离子束加工

1. 电子束加工

在真空条件下,由电子枪中产生的电子经加速、聚集,形成高能量大密度的细电电子束,轰击工件被加工部位,使该部件材料的温度高至熔点,从而被熔化、汽化蒸发去除,达到加工的目的。电子束加工原理如图9-5所示。

电子束加工与其它加工方法相比具有以下特点:

(1) 电子束能够极其微细地聚焦,甚至能聚焦到 $0.1\mu m$,故适合深孔加工。

(2) 由于在极小的面积上具有高能量,故可加工微孔、窄缝等,且加工速度快,生产率高。

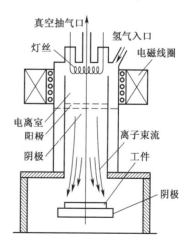

图 9-5 电子束加工原理

(3) 加工中电子束压力小,主要靠瞬时蒸发,故工件的应力及变形均很小。

(4) 加工中产生的污染小，无杂质渗入和不产生氧化，故特别适于加工易氧化金属及合金材料，以及纯度要求特别高的半导体材料。

(5) 控制方便，容易实现自动化。可以通过电场或磁场对电子束的强度和位置等进行直接控制，因而整个加工过程便于实现自动化。

(6) "能量射线"既不存在损耗又不受发热限制。

机械制造业中，利用电子束可加工特硬、难溶的金属与非金属材料，穿孔时孔径可小至几微米；加工在真空中进行，可防止工件被污染和氧化。但由于需高真空、高电压条件，且需防止X射线溢出，故设备较复杂，多用于细微加工和焊接等方面。

2. 离子束加工

离子束加工是利用离子束对材料进行成形或表面改性的加工方法。离子束的加工原理类似于电子束的加工原理。在真空条件下，把氩、氪、氙等惰性气体，通过离子源电离产生离子束并经过加速、集束聚焦后投射到工件表面的加工部位，产生溅射效应和注入效应。

离子束加工具有如下特点：

(1) 由于离子束流密度及离子的能量可以精确控制，因而能控制加工效果。

(2) 加工应力小，变形微小对材料适应性强，尤其适宜对脆、薄半导体材料、高分子材料加工。

(3) 由于加工在较高真空度中进行，故产生污染少，特别适于加工易氧化的材料。

离子束加工的应用日益广泛，它不仅可对工件被加工表面进行切割、剥离、蚀刻、研磨、抛光等，而且经严格精确定量控制，还可以对材料实现"纳米级"或"原子级"加工。此外，还用离子束抛光超声波压电晶体，提高其固有频率；进行离子注入和离子溅射镀覆，从而打破"分离去除"加工和"结合镀覆"加工的界限。

9.1.4 超声波加工

超声波加工是利用工具端面做超声频震动，通过磨料悬浮液加工硬材料的一种成形方法。超声波加工原理如图9-6所示。

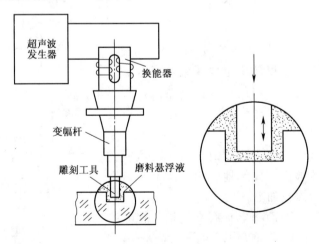

图9-6 超声波加工原理

1. 超声波加工的特点

（1）主要用于各种不导电的硬脆材料，如玻璃、陶瓷、石英、宝石等。对于导电的硬质合金、淬火钢等，也能加工，但生产率要低一些。

（2）超声波加工对工件材料宏观作用力小，热影响小，特别适宜加工某些不能承受较大机械力的薄壁、窄缝和薄片零件等。

（3）由于工具不需要旋转，因此，易于加工出各种复杂形状的型孔、型腔和成形表面等。

（4）超声波加工的生产率低，加工的尺寸精度达 0.01mm，表面粗糙度 Ra 为 $0.63\mu m \sim 0.1\mu m$。

2. 超声波加工的应用

目前，超声波加工主要用于硬脆材料的孔加工，套料、切割、雕刻以及研磨金刚石拉丝模等。另外，在加工难切硬质金属材料及贵重脆性材料时，利用工具进行高频振动，还可以与其他加工方法配合，进行复合加工。

9.1.5 电解加工

电解加工是利用金属在电解液中产生阳极溶解的电化学反应，将工件加工成形的一种方法，也称电化学加工。

1. 电解加工过程

电解加工时，在工件和工具电极之间接入低电压、大电流的直流电源，在两极间狭小间隙内有高速电解液通过，这时工件就会不断溶解。

开始时，两极之间的间隙大小不等，间隙小处的电流密度大，金属去除速度快；而间隙大处电流密度小，金属去除速度慢。随着工件表面金属材料的不断溶解，工具阴极不断向工件进给，溶解的电解产物不断被电解液冲走，工件表面也就逐渐被加工成接近于工具电极的形面。如此继续，直至将工具的形面复印到工件而得到所需形面。

2. 电解加工的特点

（1）能以简单的进给运动一次加工出形状复杂的型面和型腔，生产率比电火花加工高 5 倍~10 倍。

（2）可加工高硬度、高强度和高韧性等难切削的金属材料。

（3）加工中无切削力，适合于薄壁零件的加工。

（4）工具电极在理论上不会损耗，可长期使用。

（5）加工尺寸精度不太高，电解液对设备有腐蚀作用，电解产物难以处理、回收。故应该采取防护措施。

课题 2　受迫成型工艺

机械制造工艺实质上就是材料成型工艺，从材料成型学观点上可分为受迫成型、去除成型和添加成型三种。我们前面学习的车、铣、刨、磨等传统加工工艺和电火花、激光切割等特种加工工艺都是属于把一部分材料有序地从基体中分离的去除成型；而焊接等将材料有序合并连接的成型方法就是添加成型；铸造、锻压和近年出的粉末锻压、高分子材料注射成型等是利用材料的可成型性,在特定边界和外力约束条件下的成形方法,称为受迫成型。

9.2.1 先进铸造工艺

铸造是一种利用液态金属成型的加工工艺,至今仍是制作复杂形状零件毛坯的主要方法。先进的铸造工艺是以熔体洁净、铸件组织细密、表面光洁、尺寸精度高为主要特征,不断地向高效率、高智能化、高柔性、洁净和集约化的方向发展。

1. 精密铸造技术

随着精密成型技术的发展,铸造毛坯的的成形精度也越高,从近精确成型逐渐发展为精确成型。图9-7所示为通过精密铸造得到的精密工件。到目前为止,获得精密铸件的工艺技术有如下几种。

(1) 特种铸造技术

包括压力铸造、低压铸造、金属型铸造、真空吸铸、挤压铸造及半固态铸造等,以刚性取代砂型,非重力浇筑取代重力浇注,适用于有色金属中小件铸造。

图9-7 精密铸造件

(2) 自硬砂精确砂型铸造

主要有改性水玻璃砂和合成树脂砂,适用于生产大中型近精度铸件。近年来采用冷芯盒树脂砂发展起来的"精确砂芯组芯造型"技术,可以生产壁厚仅有2.5mm的缸体、缸盖、排气歧管等复杂的铸件。

(3) 高紧实度半刚性砂型铸造

主要有高压、射压、气压和静压等造型方法。铸型虽然不烘干,但由于紧实度大大提高了,所以铸件表面质量也可以提高2级~3级,适用于大批量铸件的生产。

(4) 采用"强迫铸型"生产铸件

所谓"强迫铸型"是通过一定措施,避免起模及刷涂料时引起的铸型精度及表面质量下降,使其完全等同于模样的水平。主要方法有实形铸造、转移法铸造等。

2. 清洁铸造技术

日趋严格的环境与资源的约束,使以清洁生产为特征的绿色制造技术越来越重要,它将成为21世纪制造业的重要特征。

清洁铸造技术的主要内容有如下几条。

(1) 采用洁净的能源,以电熔化代替冲天炉熔化
(2) 采用无砂铸造、少砂铸造。
(3) 采用高溃散性型砂工艺。
(4) 开发推广多种废弃物的再生和综合利用技术。
(5) 研究采用洁净无毒的工艺材料。
(6) 研制、开发低噪声的铸造设备及在恶劣条件下工作的铸造机器人。

3. 金属基复合材料的铸造技术

钢铁为代表的金属材料目前仍是机械工程材料的主体,但是大量的新型结构材料已开始登上机械制造的舞台,并得到越来越广泛的应用,这些新材料主要有超硬材料、高分子材料、复合材料、非晶微晶合金及功能材料等。

目前颗粒增强金属基复合材料还处于研究开发阶段，将来可在航天、航空及汽车工业得到应用。

9.2.2 高分子材料注射成型工艺

高分子材料与钢材、水泥、木材并列为现代工业四大基本工程材料。高分子材料成型加工技术主要有注射成型、挤出成型、吹塑成型、压延成型、压制成型等。

注射成型原理如图9-8所示，将粉粒状塑料从塑斗送入料筒，油柱塞或螺杆推进，将塑粒送入加热区转变为熔融状，继而通过分流梭和喷嘴，将熔融塑粒注入模腔中，冷却后打开模具即可获得所需形状的塑料制品。

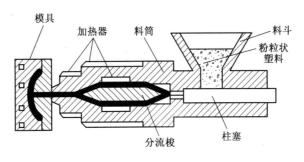

图9-8 注射成型原理

注射成型作为高分子材料成型加工的主要方式之一，因其可以生产和制造形状复杂的制品，在高分子材料成形加工中一直占着极其重要的地位。近年来出现了许多注射成型新技术，这里简要介绍气体辅助成型、注射压缩成型。

1. 气体辅助成型

气体辅助成型是在熔融塑料充填（不完全充填）完成后，利用型腔内熔融体冷却前的时间差，将具有一定压力的惰性气体迅速地注入成形体内部，此时气体可在成品壁较厚的部分形成空腔，这样可使成品壁厚变得均匀，防止表面缩痕或收缩翘曲，提高表面质量。

与传统的注射成型相比，气体辅助注射成型技术有许多优点，如提高产品强度、刚度、精度，可消除缩痕从而提高制品表面质量，简化浇注系统和模具设计，减小产品成形应力和翘曲，节省塑料材料，解决大尺寸和壁厚差别较大产品的变形问题，降低注射压力和成型压力等。

2. 注射压缩成型法

注射压缩成型法能增加注塑零件的流注长度与壁厚的比例，采用更小的锁模力和注射压力，模具费用低，制品内应力减少，在国外得到了迅速发展，它不是依靠螺杆向型腔传递压力，而是通过压缩行为来压实制品，低压注射，使得制品表面具有均匀的压力分布，制品内部分子取向分布均匀，保证了成型制品的尺寸精度高且稳定。注射压缩成型法有整体压缩法和部分压缩法之分。

课题3 精密加工和超精密加工与机械制造自动化

现代制造工业中，精密和超精密加工技术和制造自动化两大领域之间有密切的关系，前者追求加工上的精度和表面质量极限，后者包括了产品设计、制造和管理的自动化。许多精密加工和超精密加工要依靠自动化技术以达到预期指标，而不少自动化技术依靠精密加工才能准确实现。两者具有全局的、决定性的作用，是先进制造技术的支柱。

9.3.1 精密加工和超精密加工

精密加工要求加工工件的尺寸误差小于0.005mm，形位误差小于0.005mm；而超精密加工则是指被加工零件的尺寸精度高于$0.1\mu m$，表面粗糙Ra小于$0.025\mu m$，以及所用机床定位精度的分辨率和重复性高于$0.01\mu m$的加工技术，亦称之为亚微米加工技术，且正在向纳米级加工技术发展。它是先进制造技术的基础和关键，是衡量一个国家制造技术水平的重要标志之一。

常用的精密和超精密加工方法见表9-1

表9-1 常用的精密和超精密加工方法

分类	加工方法	加工刀具	精度/μm	表面粗糙度值 $Ra/\mu m$	被加工材料	应用
切削	精密、超精密车削	天然单金刚石刀具、人造聚晶金刚石刀具、立方氮化硼刀具、陶瓷刀具、硬质合金刀具	1~0.1	0.05~0.008	金刚石刀具、有色金属及其他合金等软材料、其他材料刀具、各种材料	球、磁盘、反射镜
	精密、超精密铣削					多面棱体
	精密、超精密镗削					活塞销孔
磨削	精密、超精密砂轮磨削	氧化铝、碳化硅、立方氮化硼、金刚石等磨料（砂轮）	5~0.5	0.05~0.008	黑色金属硬脆材料、非金属材料	外圆、孔、平面
	精密、超精密砂带磨削	（砂带）				平面、外圆、磁盘、磁头
研磨	精密、超精密研磨	铸铁、硬木、塑料等研具，氧化铝、碳化硅、金刚石等磨料	1~0.1	0.025~0.008	黑色金属硬脆材料、非金属材料	外圆、孔、平面
	油石研磨	氧化铝油石、玛瑙油石、电铸金刚石油石	1~0.1	0.025~0.008	黑色金属硬脆材料、非金属材料	平面
	磁性研磨	磁性磨料	10~1	0.01	黑色金属	外圆去毛刺
	滚动研磨	固结磨料、游离磨料、化学或电解作用液体	10~1	0.01	黑色金属等	型腔
抛光	精密、超精密抛光	抛光器氧化铝、氧化铬等磨料	1~0.1	0.025~0.008	黑色金属、铝合金	外圆、孔、平面

9.3.2 机械制造自动化

机械制造自动化是利用机械设备、仪表和电子计算机等技术手段自动完成产品的部分或全部机械加工的生产过程。机械制造属于离散生产过程，与石油化工等连续生产过程相比，实现自动化的难度较大，因此进展较慢。下面简单介绍几种典型的制造自动化技术。

1. 数字控制技术

数控技术是指用数字化信号对设备进行运行及控制其加工过程的一种自动化技术，它是一种可编程的自动控制方式。数控机床是采用了数控技术的机床，将零件加工程序输入专用或通用计算机，经过运算后发出信号，控制执行机构，驱动机床工作台或刀具进行加工。

数控机床显著特点是适应性强，生产准备时间短，当加工对象改变时，除了重新装卡工件和更换刀具外，一般只需要更换控制介质如穿孔卡片、纸带、磁带，或改变拨码开关的位置，而不是需要对机床进行大的调整。

2. 工业机器人

工业机器人是指广泛适用的能够自主动作，且多轴联动的机械设备。它们在必要情况下配备有传感器，其动作步骤都是可编程控制的（即在工作过程中，无需任何外力的干预）。它们通常配备有机械手、刀具或其他可装配的加工工具，能够执行搬运操作与加工制造的任务。

工业机器人能代替人做某些单调、频繁和重复的长时间作业，或是在危险、恶劣环境下作业，以及在原子能工业等部门中，完成对人体有害物料的搬运或工艺操作。

3. 加工中心

数控机床的出现，不仅解决了采用常规方法难以解决的复杂零件加工问题，而且为单一品种中小批量生产加工自动化开辟了新途径。以计算机数控机床为基础，配以刀具库或多轴箱库，即构成了加工中心。

加工中心可根据加工程序更换刀具或多轴箱。工件在一次装夹之后，可以完成4个面甚至5个面以上的各种加工工序。加工中心的应用大大减少了设备台数和占地面积，减少了工件周转时间和装夹次数，有利于工艺管理，同时也提高了生产率和加工精度。

4. 柔性制造系统

在数控机床、加工中心的基础上，再配以柔性的工件自动装卸、自动传送和自动存取装置，并利用计算机进行管理和监督，组成可自动连续加工多种零件的柔性制造系统。应用柔性制造系统可以减少制品的库存量并进一步提高设备利用率。

【小结】

本知识模块主要介绍了现代机械制造中的一些新工艺、新方法，认识和了解了电火花加工、激光加工、电子离子加工等特种加工方法的工艺特点和应用，对一些典型的受迫成型工艺也分别作了介绍，最后学习了关于精密加工和超精密加工的相关知识，了解了机械制造自动化的基本概念。

【知识拓展】

水射流切割

水射流切割又称液体喷射加工。该方法利用高压、高速水流对工件的冲击作用来去除材料，有时简称水切割，俗称水刀。

采用水或带有添加剂的水，以 500m/s～900m/s 的高速冲击工件进行加工或切割，加工深度取决于液压喷射的速度、压力以及压射距离。水射流切割的喷嘴越小，加工精度越高，但材料去除速度降低。

水中加入添加剂可以改善切割性能并减少切割宽度，有时为了提高切割速度和厚度，会在水中混入磨料细粉。

水流切割时，作为工具的射流束是不会变钝的，喷嘴的寿命也比较长。水流切割已采用了程序控制和数字控制，操作非常方便。

水射流切割可以加工很薄、很软的金属和非金属材料，例如铜、铝、铅、石材、木材、橡胶纸等。

思考与练习

(1) 什么是特种加工？
(2) 电火花加工的条件是什么？
(3) 电子束加工和离子束加工的区别是什么？
(4) 什么是电解加工？
(5) 什么是受迫成形？
(6) 精密和超精密加工技术和机械制造自动化之间有何联系？

参 考 文 献

[1] 孙红. 机械基础 [M]. 北京：国防工业出版社，2008.
[2] 吴拓. 机械制造技术基础 [M]. 北京：清华大学出版社，2007.
[3] 蔡广新. 汽车机械基础 [M]. 北京：高等教育出版社，2005.
[4] 肖智清. 机械制造基础 [M]. 北京：机械工业出版社，2001.
[5] 聂建武. 金属切削与机床 [M]. 西安：西安电子科技大学出版社，2006.
[6] 刘建亭. 机械制造基础 [M]. 北京：机械工业出版社，2001.
[7] 魏康民. 机械制造技术基础 [M]. 重庆：重庆大学出版社，2004.
[8] 周光万. 机械制造工艺学 [M]. 成都：西南交通大学出版社，2010.
[9] 苏建修. 机械制造基础 [M]. 北京：机械工业出版社，2006.
[10] 杨峻峰. 机床与夹具 [M]. 北京：清华大学出版社，2005.
[11] 孙红，丁韧. 机械基础（第2版）[M]. 北京：国防工业出版社，2011.
[12] 兰建设. 机械制造工艺与夹具 [M]. 北京：机械工业出版社，2004.
[13] 金捷. 机械制造技术 [M]. 北京：清华大学出版社，2006.
[14] 朱淑萍. 机械加工工艺及装备 [M]. 北京：机械工业出版社，2005.
[15] 张建华. 精密与特种加工 [M]. 北京：机械工业出版社，2003.
[16] 曾家驹. 机械制造技术 [M]. 北京：机械工业出版社，1999.
[17] 李洪. 机械加工工艺手册 [M]. 北京：北京出版社，1990.
[18] 朱焕池. 机械制造工艺学 [M]. 北京：机械工业出版社，2000.
[19] 于俊一. 典型零件制造工艺 [M]. 北京：机械工业出版社，1990.
[20] 陈日曜. 金属切削原理 [M]. 北京：机械工业出版社，1993.
[21] 白胜. 金属切削技术 [M]. 呼和浩特：内蒙古大学出版社，1998.
[22] 孙学强. 机械加工技术 [M]. 北京：机械工业出版社，1999.
[23] 吴桓文. 机械加工工艺基础 [M]. 北京：高等教育出版社，1998.
[24] 吴圣庄. 金属切削机床概论 [M]. 北京：机械工业出版社，1992.
[25] 戴曙. 金属切削机床 [M]. 北京：机械工业出版社，1986.
[26] 冯之敬. 机械制造工程原理 [M]. 北京：清华大学出版社，1999.
[27] 薛源顺. 机床夹具设计 [M]. 北京：机械工业出版社，1995.
[28] 刘守勇. 机械制造工艺与机床夹具 [M]. 北京：机械工业出版社，1994.
[29] 曾晔昌. 工程材料及机械制造基础 [M]. 北京：机械工业出版社，1990.
[30] 吴善元. 金属切削机床与刀具 [M]. 北京：机械工业出版社，1995.
[31] 周炳章. 铣工工艺学 [M]. 北京：中国劳动出版社，1997.
[32] 薛源顺. 磨工工艺学 [M]. 北京：中国劳动出版社，1998.
[33] 程荣安. 车工工艺学 [M]. 北京：机械工业出版社，1989.
[34] 杨洪林. 机械基础 [M]. 北京：机械工业出版社，2005.
[35] 陈立德. 机械设计基础 [M]. 北京：高等教育出版社，2003.
[36] 张绍甫. 机械基础 [M]. 北京：高等教育出版社，1994.
[37] 李华. 机械制造技术 [M]. 北京：机械工业出版社，2000.
[38] 张萍. 机械制造技术——机械加工基础技能训练 [M]. 北京：理工大学出版社，2012.
[39] 周兰菊. 机械制造基础 [M]. 北京：人民邮电出版社，2013.

[40] 王宏宇,姜银方. 机械制造基础学习指导 [M]. 北京:化学工业出版社,2006.
[41] 潘晓弘,陈培里. 工程训练指导 [M]. 浙江:浙江大学出版社,2008.
[42] 韩春明. 机械制造基础工程实训 [M]. 北京:化学工业出版社,2007.
[43] 张贻摇. 机械制造基础技能训练 [M]. 北京:北京理工大学出版社,2007.
[44] 谭雪松,漆向军. 机械制造基础 [M]. 北京:人民邮电出版社,2013.
[45] 陈霖,甘露萍. 机械设计基础 [M]. 北京:人民邮电出版社,2013.